AF411395

INSTRUCTION

SUR

LES BOIS

DE MARINE.

INSTRUCTION
SUR LES BOIS
DE MARINE ET AUTRES.

CONTENANT des détails relatifs à la Physique & à l'Analyse du Chêne ; à l'Arpentage des Forêts ; au Toisé & au Transport des Bois ; des Méthodes simples & peu dispendieuses sur les Plantations & l'Amélioration des Forêts, d'où il résulte qu'on doit ajouter peu de foi sur cet objet aux anciens systêmes , & même aux nouveaux des Sieurs *Pannellier, Dannel & autres , sur l'aménagement des Forêts.*

SUIVI d'un apperçu des Bois & des Consommations dans le Royaume ; des moyens d'augmenter, garder les Forêts , & d'économiser la charpente pour en procurer une plus grande quantité à la Marine.

AVEC un Abrégé des Loix sur les Bois de Marine ; le Tarif fait à Brest en 1765 , qui indique la proportion des Bois de construction des Vaisseaux de Roi, & 10 planches gravées, pour perfectionner le sciage & le rendre avantageux, ainsi qu'en Hollande.

PAR M. TELLÈS D'ACOSTA , Grand-Maître des Eaux & Forêts de France , ancien Intendant de Feue Madame la Dauphine , Mère du Roi, Seigneur de l'Étang , Paroisse de Marne.

A PARIS,

Chez
{
La Veuve DUCHESNE, Libraire , rue St-Jacques.
CLOUSIER, Libraire-Imprimeur, rue de Sorbonne.

M. DCC. LXXXII.

Avec Approbation , & Privilége du Roi.

AVERTISSEMENT
DE
L'AUTEUR,
SUR
LES FORÊTS.

L'ARTICLE 144, page 216 de cet Ouvrage, contient un apperçu des Forêts du Royaume. L'Auteur n'a pu, sur cet objet, donner des calculs certains, n'étant point inſtruit du nombre des Forêts qui ne ſont pas de ſon Département.

Il ſeroit bien intéreſſant de ſavoir combien il y a d'arpens de bois en France, & de connoître les reſſources qu'on peut eſpérer pour la Marine.

Un recenſement général donneroit bien des lumières ſur l'état des Forêts. Il eſt aiſé de le faire. C'eſt le ſeul moyen de ſavoir s'il y a aſſez de bois pour les différens uſages, & de s'aſſurer du nombre d'arbres propres aux conſtructions. D'après ce recenſement, on pourroit ſe décider à faire des plantations dans les terres incultes, & à réſerver pour la Marine, un plus grand nombre d'arbres dans les coupes ordinaires.

Voilà ce qu'il ſeroit à propos d'exécuter pour empêcher que les Bois ne manquaſſent jamais en France, & pour éviter d'avoir recours à l'Etranger : moyen qu'on ne peut employer qu'avec des grandes difficultés, des frais & des riſques, & en faiſant ſortir beaucoup d'argent du Royaume.

Sur les Arbres Foreſtiers.

LE Public ayant paru déſirer connoître tous les Arbres Foreſtiers, dont il n'a pas été parlé dans cet Ouvrage, l'Auteur ſe diſpoſe de le ſatisfaire dans un ſecond Volume, où il ſera fait mention de leur nature & de leurs différens uſages.

TABLE
DES MATIÈRES.

a 4

T I T R E   I I.

*Des Terres, des expositions propres
au Chêne.*   22

a 5

TITRE V.

De la culture & plantation du Chêne & du Pin.   43

TITRE VI.

Des Taillis & des Futaies.   56

INTRODUCTION. *Idem.*

TITRE VII.

Des Maladies, des Défauts, des Qualités du Chêne.   80

TITRE VIII.

De la pesanteur , de la densité &
de la force du Chêne , & de l'é-
corcement.   93

TITRE   IX.

De l'Exploitation du Chêne. Idem.

TITRE X.

Du choix & du débit des Chênes pour la Marine. 130

INTRODUCTION. *Idem.*

T I T R E   X I.

Des Bois blancs à l'usage de la Ma-
rine, & de ceux employés par les
Anciens ; des blancs Bois & des
morts-Bois.   157

TITRE XV & dernier.

Des Bois en général, & des moyens pour en procurer à la Marine.   210

INTRODUCTION.   *Idem.*

Fin de la Table.

ORDONNANCE.

Nous, DOMINIQUE-ANTOINE TELLÈS D'ACOSTA, Chevalier, Seigneur de l'Etang, ancien Intendant de feue Madame la Dauphine, Conseiller du Roi en ses Conseils, Grand-Maître-Enquêteur & Général-Réformateur des Eaux & Forêts de France au Département de Champagne, Comté de Chigny & Duché de Luxembourg :

SUR ce qui Nous a été représenté par les Officiers des Eaux & Forêts de notre Département, que tous les Règlemens que nous avions rendus, en différens tems, sur la Police & l'Administration des Bois, n'ayant eu pour but, que de rappeller les Loix qui y sont relatives, ils désiroient avoir une Instruction particulière sur les Bois de Marine, pour leur apprendre à distinguer les Bois propres aux constructions Navales ; que voyant, avec peine, s'accréditer tous les jours une infinité de projets sur la partie économique des bois, il leur étoit intéressant d'être éclairés sur les anciens & nouveaux systêmes, afin de mieux connoître celui qu'ils devoient adopter. Nous, pour répondre aux vues des Officiers de notre Département, dont nous connoissons tout le zèle, avons fait la présente Instruction, dont Nous ordonnons l'enregistrement aux Greffes des Maîtrises de notre Département.

DONNÉ à Troyes, dans le cours de nos visites en réformation, le vingt-un Décembre mil sept cent soixante dix-neuf.

A MESSIEURS les Officiers des Eaux & Forêts du Département de Champagne.

J'aurois souhaité, MESSIEURS, vous donner plutôt le travail que j'ai fait, sur les objets qui m'ont paru vous intéresser. Ayant été obligé de renoncer aux Copistes, à cause de leur peu d'exactitude, & de la longueur de l'ouvrage, je me suis déterminé pour l'impression, ce qui a pris beaucoup de tems.

Je désire que cet Essai puisse remplir vos vues ; & qu'il vous fasse naître des idées pour la conservation, l'augmentation & la perfection des Bois, qui sont les moyens d'en procurer à la Marine. Vous me ferez plaisir de m'adresser vos Observations, & de m'accuser la réception de cette Instruction, lorsque vous l'aurez fait enregistrer au Greffe de votre Maîtrise. A Paris, le 30 Novembre 1780.

SOMMAIRE

De l'instruction sur les Bois.

LE desir que j'avois d'acquérir des connoissances sur les bois à l'usage de la Marine, m'a conduit plus loin que je ne voulois. Mon but n'étoit dans le principe, que d'entrer dans des détails sur l'exploitation des Bois de construction, & sur les anciens & nouveaux systêmes sur les Bois. Les Ouvrages que j'ai parcourus, & les personnes instruites que j'ai consultées, m'ayant appris des choses très-intéressantes, j'ai risqué, sans être Physicien ni Chymiste, d'entrer dans le détail de ces sciences, en ce qu'elles ont de rapport au Chêne : c'est ce qui m'a fait débuter, article premier, par la physique du Chêne, dont je donne au Titre 14. une idée de la décomposition. J'ai pensé ensuite qu'il convenoit ne rien omettre de tout ce qui concerne cet arbre, dont les plus petits détails sont intéressans ; les Titres suivans le feront connoître.

LE Titre 2. indique les terreins, les expositions & les climats les plus propres aux Chênes, & ceux où ils acquièrent plus de qualité.

LES Titres 3. & 4. annoncent les espèces de Chênes à préférer, & les objets qui ont rapport à cet arbre.

LE Titre 5. renferme des détails sur les plantations économiques, faites en différentes Provinces. On y démontre qu'on peut planter un arpent de 1344

toifes quarrées pour 30 liv., fans l'achat du plant
ou du gland, & que dans les plus mauvais terreins
on peut obtenir un revenu proportionné au fol &
à la dépenfe, en les plantant en Bois.

Le Titre 6. fait voir combien il eft avantageux
d'aménager les taillis à un âge avancé. Il preferit
les réferves de baliveaux & d'arbres de différens
âges à faire, lorfqu'on exploite foit en coupes réglées ou autrement. On y prouve que les forêts
en maffifs de futaies, qu'on a cherché à profcrire,
& même les lifières, font utiles, & que c'eft la
prévoyance qui les a fait établir. On démontre
auffi qu'il feroit dangereux d'adopter une foule de
projets, qui ne tendent qu'à la deftruction des forêts,
pour ne procurer que des fecours momentanés d'argent, attendu qu'il faut plus de 150 ans pour réparer les fautes commifes dans la partie des bois.
On convient à la page 73 de ce Titre, que c'eft
un défaut de couper à un âge trop avancé, parce
que le terrein s'épuife, & ne réproduit plus la même
efpèce de Bois. M. de Bommare cite à ce fujet
les Regiftres de la Ville d'Orléans, qui conftatent
que la forêt de ce nom a été pendant un grand
laps de tems en nature de Chêne, & qu'après avoir
été coupée, le recru a été en Châtaigniers, & qu'enfuite, après avoir été coupée vraifemblablement à
un âge trop avancé, cette forêt a changé de dé-
coration, & a reparu en nature de Chêne. Cette
métamorphofe n'eft pas toujours fi avantageufe ;
car je fais des parties de Bois de mon Département, qui de nature de Chêne font venues en nature de Hêtre & de Bouleau.

Les Titres 7. & 8. analyfent les maladies, les défauts & les qualités du Chêne. Ses qualités font dé-
veloppées par la pefanteur & la denfité. On rapporte
les expériences qui ont été faites en France & dans

les pays Etrangers, pour favoir s'il convient écorcer le Chêne avant de l'abattre, foit pour en rendre le Bois plus dur, ou pour n'en point perdre,
par le retranchement de l'aubier.

LE Titre 9. traite de l'exploitation dans les différentes faifons, & de l'avantage de refendre les bois
dans les forêts. L'article 100. fur le fciage, eft
très-étendu, & fait voir pages 128 & 129 les bénéfices immenfes des Hollandois. Il ne faut point être
étonné fi le bois de menuiferie ou de fciage qui
vient d'Hollande eft fi cher à Paris. Les 10 figures
gravées qu'on trouve à cet article, fervent à démontrer ce qu'on avance. Ce Titre préfente au
commerce des moyens pour perfectionner le fciage
qui a été trop négligé. Il en eft réfulté des dépenfes
& des confommations répétées, par la mauvaife
manière du fciage, qui a forcé de recommencer
les ouvrages qu'on avoit faits. On voit que le Bois
fcié fur la maille eft à préférer, & qu'il eft en quelque forte éternel.

LE Titre 10. a pour objet de donner des connoiffances fur ce qui concerne le choix & le débit des
Chênes pour les conftructions navales. On y a
joint le Tarif fait à Breft, qui explique quelles
dimenfions doivent avoir les Bois de Marine, pour
être admis dans les différentes efpèces ou claffes.

LE Titre 11. indique les autres arbres que la
Marine emploie. On y voit la manière de les conferver, & l'on fait connoître qu'ils peuvent être dépofés dans l'eau. Cela eft prouvé par les bois qu'on
retire des démolitions de ponts & ailleurs, dans les
conftructions hydrauliques. On a trouvé depuis peu
dans le Vervins, en fupprimant un étang, des bois
qui y avoient été mis il y a 600 ans : ils n'avoient
pas la moindre altération. On rappelle à ce titre les
bois mis en ufage par les anciens pour les conf-

tructions de leurs bâtimens de mer, & on le termine par une définition des bois blancs, des blancs
bois & même des morts-bois, que l'on confond
souvent les uns avec les autres.

Le Titre 12. trace quelques principes sur l'ancien
arpentage des bois, & sur celui qu'on a voulu introduire, afin de donner une idée de cet art, qui
contribue à la perfection & à l'abondance des bois
de Marine, par l'ordre qu'il met dans les forêts,
en les réglant à différens âges suivant le sol.

Le Titre 13. contient simplement une notice très-
abrégée des Loix sur les bois de Marine.

Le Titre 15. & dernier, constate des faits im-
portans sur les bois depuis 1694, & des détails
qui ont pour but de faire voir qu'en observant
généralement une bonne économie & un régime
suivi, on procurera nécessairement plus de bois de
constructions pour les bâtimens navals & civils. Ce
Titre contient des calculs qu'on a été obligé de
faire sur des suppositions & des vraisemblances,
pour parvenir à établir qu'il y a de grandes
ressources en France, & que ce Royaume n'est pas
dans une position aussi fâcheuse sur les bois, qu'on
a cherché à le persuader. On ne prétend pas garantir absolument la justesse des apperçus, on souhaite
seulement qu'ils puissent conduire à en donner de
plus exacts & de plus rapprochés ; mais on ne
croit pas qu'on puisse jamais prouver qu'il n'y a
point assez de bois en France, & qu'on soit à
la veille d'en manquer.

J'ai fait ensorte, dans tout ce que j'ai exposé,
de chercher tout ce qui pouvoit concourir à multiplier & à conserver les bois, pour en procurer
une plus grande quantité à la Marine, afin de pouvoir se passer de l'Etranger. Quoique je me sois

plus étendu que je ne voulois, cependant je n'ai traité que de ce qui m'a paru essentiel. Si l'on veut avoir de plus grandes connoissances, on ne peut mieux faire que de lire les Œuvres, sur les Bois, de M. le Comte de Buffon & de M. Duhamel, célèbres Académiciens, qui sont au-dessus des éloges qu'on pourroit en faire. On y verra des expériences très-curieuses. Je leur rends hommage sur cette partie que je pratique depuis 27 ans, quoiqu'elle ait fait mon occupation principale par devoir d'état & par inclination, je sens que je puis encore acquérir des connoissances, & je dis sans rougir:

Docete me & ego tacebo, & si quid forte ignoravi instruite me. Job. 6. 24.

INSTRUCTION

INSTRUCTION

SUR

LES BOIS

DE MARINE.

TITRE PREMIER.

De la Physique du Chêne.

INTRODUCTION.

LA Physique est une partie de la Philosophie, qui tend à expliquer les causes & les effets de la nature. C'est par cette science qu'on va développer l'organisation du chêne, qui est l'arbre le plus utile, particulièrement pour la Marine. On ne peut parvenir à faire connoître toutes les parties de cet arbre, qu'en entrant dans des détails étendus ; une trop grande précision feroit perdre des choses essentielles : ce qu'on présente ici n'est cependant qu'un abrégé.

Ce titre peut intéresser ceux qui désirent avoir des

A

lumières fur les myftères de la nature, & connoître toutes les parties qui contribuent à la perfection du chêne. Cet arbre eft la bafe des conftructions navales ; il eft le plus beau & le plus utile de tous les végétaux de fon rang ; fon premier développement, prefque le même que celui des plantes ordinaires, n'annonce pas des progrès auffi étonnans que ceux qui vont être rapportés. On va voir cet arbre dans tous fes différens états.

ARTICLE PREMIER. *De l'analyfe du Chêne.*

Les parties étroitement unies & refferrées du chêne, qu'on nomme le bois parfait, ou le cœur, font extérieurement recouvertes d'une enveloppe appellée écorce.

Entre l'écorce & le bois, on trouve l'aubier qui eft un bois imparfait.

Le bois parfait eft un corps folide, qui eft vraifemblablement formé comme les os, par le périofte, ce qui fait dire qu'il s'offifie, lorfqu'il prend de la folidité. Il eft compofé de fibres longitudinales & tranfverfales, de trachées, de tiffu cellulaire & de moëlle.

Le bois eft en quelque forte la charpente ou le fquelette qui foutient toutes les parties à leurs places, concourant avec elles aux fonctions vitales auxquelles il participe.

L'écorce & la moëlle paroiffent conftituer effentiellement le corps végétal.

En cherchant l'origine des parties extérieures, on reconnoît que les feuilles & les calices font le prolongement de l'écorce. Les pétales & les étamines des fleurs, le prolongement du liber & les piftils une production de la moëlle.

De la tige du chêne, naiffent des boutons à fleurs ou à fruit, à feuilles ou à bois, qui font les rudimens des fruits, des feuilles & des branches.

Les fleurs du chêne mâle & femelle, contribuent à fa reproduction ; elles font compofées d'étamines, de piftils, de fibres, de trachées de vaiffeaux, d'utri-

cules, de pulpe, de corolle, de calice. Toutes ces parties font néceſſaires pour former le gland qui eſt le
fruit du chêne.

La féve alimente toutes les parties du chêne ; elle
forme les couches ligneuſes du tronc & des branches,
dont on voit fenfiblement le progrès & l'arrangement.

A r t. 2. *Du Gland & de la Semence.*

Le gland eſt un fruit ovale, qui a plus d'un pouce
de long, & environ ſept lignes d'épaiſſeur. Son goût
eſt très-âcre : il reproduit le chêne ; il en eſt la ſemence, qui eſt diviſée en deux lobes collés & recouverts d'une croûte corriacée d'une ſeule pièce, glabre,
fixe dans le calice, laquelle s'eſt accrue avec le fruit,
ſous la forme d'une coupe ou *cupule*, qui tient par
une queue ou pédicule, à l'extrémité de la branche.

L'air & l'eau font germer cette ſemence, lorſqu'elle
a acquis ſa maturité, ſoit qu'on la garde quelque tems
hors de terre dans du ſable, ſoit qu'on la sème.

Le germe de cette ſemence eſt renfermé dans les
deux lobes du gland. Il y eſt uni par deux troncs de
vaiſſeaux en forme d'appendices. On y diſtingue
deux parties, qui ſont le rudiment de la tige & de
la racine qui ſe développent au printems ; on les voit
diſtinctement lorſque les deux lobes s'ouvrent lors de
la germination.

A r t. 3. *De la faculté des Semences.*

Les Phyſiciens, malgré leurs recherches pénibles,
n'ont pu définir ni trouver la cauſe qui donne à chaque ſemence ou aux graines différentes, une faculté
particulière ; quelques-uns d'entr'eux ont appellé cette
vertu *forme ſubſtantielle*, ce qui ne définit rien.

D'autres ont prétendu qu'il ſuffiſoit qu'il y eût
dans chaque ſemence une certaine configuration de
petites parties, & quelque diſpoſition particulière de
fibres & de pores, par où la ſéve pût filtrer différemment, pour produire toutes ſortes de diverſités. N'ayant
rien été dit de certain ſur ce myſtère, contentons-nous

d'admirer l'Auteur de la nature dans le nombre infini de fes productions, & de dire que le chêne eft une des plus belles.

ART. 4. *De la direction de la Tige & des Racines & de l'extenfion des Branches.*

DANS quelque fituation que le hafard ait placé en terre un gland, foit du haut en bas, ou en travers, la direction de la tige & de la racine eft toujours la même. Si le côté de la tige eft tourné vers le centre de la terre, le germe fait le tour du gland pour en fortir, & le germe de la racine qui étoit dirigé vers la furface de la terre, fe courbe pour s'y enfoncer.

Les expériences faites à l'infini, pour trouver la caufe de ces directions oppofées, n'ont pu rien faire découvrir, ni déranger l'ordre de la nature. On a cherché à tirer des conféquences de la direction ou nutation de la fleur vers le foleil, & même de celle des feuilles vers cet aftre, qui ne démontrent point la marche de la nature.

Lorfqu'une jeune tige trouve un obftacle, elle fuit toujours fa direction. Si elle a pris croiffance dans l'épaiffeur d'un mur, par une femence qui y a été portée, la tige fe courbe par le pied, pour s'élever perpendiculairement. Un arbre planté fur une colline, malgré l'inclinaifon du fol, fe dirige verticalement; il forme avec la terre un angle aigu du côté qu'il panche.

L'élévation des fucs dans le corps des plantes, peut contribuer a leur direction; mais l'air, le foleil, la lumière, paroiffent des caufes plus certaines pour les tiges, ainfi que l'air & l'humidité pour les racines. Les plantes s'inclinent du côté du jour; en effet, dans un maffif de bois, les jeunes arbres font toujours panchés du côté par où le jour pénètre. L'extenfion eft plus grande dans les racines qu'aux tiges. La branche ou la tige fe courbe & fe plie, fi elle rencontre un obftacle; au contraire, les racines s'infinuent dans les corps qui s'oppofent à leur extenfion; elles per-

cent les murs, elles font éclater des rochers par fucceffion de tems, en y prenant croiffance : ce qui produit l'effet du coin de fer ou de bois , dont on fe fert
pour fendre les arbres débités.

Avant de rendre compte des parties qui compofent
le chêne, il convient de parler de la féve , qui eft
le caufe du progrès des plantes.

Art. 5. *De la Séve & du Suc propre.*

La féve eft une liqueur aqueufe qui nourrit les
plantes ; elle peut être regardée comme le chyle dans
les animaux, lorfqu'elle a été *digérée* dans les petits
utricules, efpèce d'eftomach ; elle entraîne vraifemblablement avec elle différentes parties fixes qui fe
combinent.

Tous les végétaux font compofés *d'eau*, de feu,
d'air, de terre, d'huile & de différens fels ; on y trouve
quelquefois des métaux ; il y en a dans le chêne, ainfi
qu'on le verra à l'analyfe chymique de cet arbre.

Chaque arbre a des propriétés différentes, quoiqu'ils
foient venus dans un terrein à peu près femblable. On
doit croire que la terre contient toutes les chofes néceffaires aux végétaux que la féve leur tranfmet.

Les fucs nourriciers de la terre, diffous dans une
eau qui leur fert de véhicule, ayant reçu une nouvelle préparation, & après avoir été portés dans les
vefficules du tiffu cellulaire, prennent le nom de féve ;
mais lorfque la féve eft fubtilifée par l'air & la
chaleur, elle change alors de couleur & de nature ;
on la nomme *fuc propre.* Après ce changement, elle
s'unit à fes parties fans en former de nouvelles ;
elle s'affimile à celles qui exiftent ; elle s'y incorpore, & en augmente le volume : alors fa confiftance gélatineufe paffe à l'état d'écorce ou d'aubier.

La féve augmente tous les ans le chêne d'une nouvelle couche : cela peut fe voir fenfiblement, lorfqu'on a fait fcier un arbre en travers au-deffus de fes
racines ; c'eft par ces couches concentriques annuelles
qu'on peut favoir l'âge d'un arbre & des branches,

en comptant les couches ou cercles formés par la féve.

On explique différemment la caufe de l'élévation de la féve. Halès n'admet pas une circulation telle que celle du fang dans les animaux, mais une forte de balancement.

La féve monte & defcend librement par les mêmes vaiffeaux. Ces vaiffeaux par où paffe la féve, n'ont point de faculté déterminée à en favorifer l'afcenfion, & en empêcher la rétrogradation ; l'expérience le démontre, puifqu'un arbre qu'on planteroit par la tête ne laifferoit pas de végéter : alors fes branches deviendroient des racines.

La marche de la féve reffemble affez à l'action de la liqueur du thermomètre ; l'une & l'autre dépendent également des alternatives du chaud & du froid : c'eft par cette raifon que la féve fe met en mouvement après les gelées de l'hiver, & qu'elle fe ranime dans les chaleurs de l'été, ce qui fait diftinguer la féve du printems & celle de l'automne.

L'air raréfié par la chaleur entretient, par fon élafticité, le mouvement de la féve ; il l'a fubtilife par fon activité ; il circule continuellement par les trachées, & pénètre toutes les fibres ligneufes, jufqu'aux extrémités ; mais dès que la chaleur ceffe, ce qui arrive pendant la nuit, la féve alors defcend en proportion du froid, ce qui fait qu'elle refte immobile pendant l'hiver. On va voir la route que prend la féve dans les articles fuivans.

Lorfque des accidens dérangent ou fufpendent le cours ou l'action de la féve, il arrive à l'arbre des obftructions. Si le fuc fe corrompt, l'arbre ne recevant plus que de mauvaife nourriture, fouffre beaucoup & peut mourir.

ART. 6. *De la naiſſance des Racines.*

LE rudiment de la racine ou la radicule, a la forme d'un petit bec. Il eft placé hors des lobes, & eft intérieurement adhérent : cette première

racine s'enfonce perpendiculairement & profondément
si elle ne trouve point d'obstacles , ce qui la fait
appeller racine pivotante ou pivot. On a vu de jeunes chênes semés dans le sable, dont le pivot étoit
de quatre pieds, pendant que la tige n'avoit que six
pouces. Plus la terre est bonne, plus elle a de sucs &
plus le pivot s'allonge.

Cette première racine jette de tous côtés des ra-
meaux, en forme de chevelus, qui deviennent racines
ou bois, & qui produisent à leur tour d'autres chevelus, & ainsi à l'infini.

Les racines sont donc pourvuës, dans toute leur
longueur, de quantité de germes propres à en repro-
duire d'autres, puisque la section d'une racine occasionne le développement de plusieurs.

Les racines sont les premiers agens de la nutrition.
Au moyen des pores qui sont placés à l'extrémité des
chevelus, qu'il faut considérer comme les orifices des
vaisseaux de l'arbre, ces racines remplissent les fonctions de bouche & d'œsophage ; elles transmettent
dans les vaisseaux les sucs nourriciers qu'elles ont
pompés.

Le suc que les racines tirent de la terre, n'est point
en état de fournir tout-à-coup à leur nutrition & au
développement de ces mêmes racines. Le suc passe dans
le corps de l'arbre où il se prépare comme dans l'esto-
mach ; ensuite il se distribue aux racines & aux branches ; la germination du gland justifie cet ordre. En
effet la jeune racine ne profite pas tout de suite des
sucs qu'elle tire de la terre ; ils se préparent avant
dans les lobes, & ce sont ces lobes qui la rendent
aux racines.

Les grosses racines près du tronc, se partagent &
se subdivisent à l'infini ; elles s'allongent par leurs
extrémités. Cette distribution étendue des racines est
nécessaire pour qu'elles s'immifcent dans les molé-
cules terrestres, à l'effet d'y ramasser les sucs nourriciers ; elles servent aussi à maintenir la tige dans
une position perpendiculaire, & à empêcher les arbres
d'être renversés.   A 4

Quelque mince que foient les racines, on y découvre des parties diftinctes. Si l'on prend une jeune racine, qu'on la faffe bouillir ou macérer dans l'eau, après avoir enlevé l'écorce, la portion ligneufe qui fera encore tendre, pourra fe divifer par des filamens très-fins, qui, à l'aide du microfcope, paroîtront des vaiffeaux fpiraux ou des trachées : ce qui peut faire penfer que toutes les fibres ligneufes étoient elles-mêmes des fibres fpirales, lorfqu'elles étoient encore tendres.

Art. 7. *De la formation de la Tige.*

Le rudiment de la tige eft ce qu'on nomme plumule ou plume herbacée, parce qu'elle reffemble à une plume. Cette plumule fort de terre au printems ; elle prend dès la première année de la folidité ; elle part de la racine, à qui elle eft réunie par une partie, qu'on nomme le collet. La tige, après plufieurs années, s'appelle tronc ; fa forme eft cylindrique, elle devient plus ou moins groffe fuivant le fol ; elle eft compofée d'un affemblage de couches ligneufes.

La tige s'accroît tous les ans en longueur & en groffeur. Elle produit des branches. L'accroiffement en hauteur eft plus fenfible & plus confidérable que celui de la groffeur, parce qu'il fe fait par l'irruption des bourgeons, dont la nature eft de s'élever. On a obfervé à ce fujet que le bois d'un arbre âgé de 4 ans, qui près des racines à 4 ans, n'a qu'un an à fon extrémité. Il en eft de même d'un arbre plus âgé ; eût-il 100 ans & plus, fon extrémité n'a qu'un an. Cette obfervation eft néceffaire pour les conftructions navales.

Malpighy dit que les couches ligneufes font formées par le liber, qui eft comme le fœtus, & que les lames déliées qui le compofent, contractent avec le bois une adhérence par le moyen du tiffu cellulaire & du fuc ligneux qui les affermit : Grew & Parent diffèrent peu de ce fyftême : Halès veut que les couches nouvelles ligneufes, fortent du bois précédemment formé.

Les couches ligneuſes ſont très-ſouvent irrégulières ;
ce qu'on peut voir ſur la coupe horiſontale d'un chêne :
ce n'eſt point l'expoſition qui eſt la cauſe de l'irrégularité ; mais l'abondance de la ſéve qui ſe porte ou d'un
côté ou de l'autre, ſuivant la température, & plus
ſouvent encore, ſuivant la diſpoſition des racines, que
l'on peut regarder comme des pourvoyeuſes ; plus elles
reçoivent ou ſucent des ſucs nourriciers, plus elles
en tranſmettent du côté où elles ſont placées dans
la terre.

La tige & les racines ont une correſpondance & des
rapports ; elles ſe développent, ſe ramifient, ſe ſub-
diviſent à peu près uniformément.

Un chêne qui n'a que de petites branches, n'a que
des racines grêles. La même choſe ſe trouve pour un
arbre qui ſeroit tondu en boule.

Les tiges comme les racines s'allongent par leurs
extrémités, mais elles ceſſent de croître lorſqu'on les
coupe. Alors elles font de nouvelles productions.
Ainſi les racines & la tige jettent des racines & des
branches latérales lorſqu'on en retranche : ce qui
arrive auſſi quand on ôte le pivot de la racine du
chêne. La tige profite de ce retranchement, par la
naiſſance de nouvelles racines, qui ont plus de ſuçoirs
que le pivot ſeul.

La tige & les racines ont, comme on le voit, des
germes qui donnent la naiſſance à des branches & à
des racines ; cela eſt ſi vrai, qu'une branche couchée
en terre (qui ſe nomme marcotte), produit des racines ; la branche coupée (appellée bouture) peut auſſi
jetter des racines.

L'organiſation des racines & de la tige eſt à peu
près la même ; ſi ce n'eſt que l'épiderme ou l'écorce
des racines eſt plus mince, mais leur direction eſt
très-différente.

A R T. 8. *De la production des Branches.*

LES branches ſortent avec les feuilles des boutons
formés ſur la jeune tige.

Ces nouvelles branches , nommées bourgeons, en terme de jardinage, font tendres & d'un verd clair. On les appelle branches , parce qu'elles prennent une direction latérale. Les branches abandonnent la direction des tiges pour s'écarter , & s'étendent parallèlement au terrein , lors même qu'il eft en pente : c'eft une remarque qui a été faite par M. Dodard. La caufe de cette direction particulière n'eft point encore connue. La direction parallèle des racines fupérieures , adhérentes à la furface de la terre , paroît naturelle , parce que les fonctions des racines font de chercher en tous fens de la nourriture , & qu'elles en reçoivent de la furface du fol. La nature opère de même pour la naiffance & l'allongement des branches , que pour le prolongement de la tige ; ainfi les branches produifent à leur tour d'autres branches , ce qui fe continue tous les ans jufqu'au dépériffement de l'arbre.

On a remarqué dans les branches que les fibres longitudinales de l'écorce prenoient pour direction le grand courant de la féve, qui eft déterminée à fuivre la direction du tronc, ainfi que cela arrive aux arbres qui n'ont point de branches. Mais quand ils en ont , alors les branches déterminent une grande portion de la féve à fe porter de leur côté , & les fibres longitudinales ou ligneufes des bois & de l'écorce , prennent pour direction l'obliquité des branches.

Quand il fort une jeune branche d'un affez gros tronc , on voit que les fibres font forcées de s'écarter pour laiffer fortir cette branche , & qu'enfuite ces fibres fe rejoignent au-deffus de la jeune branche , pour fuivre leur direction droite.

Les branches ne font point une portion ni une divifion du tronc ; cela peut fe démontrer par l'infertion des groffes branches fur le tronc. En effet, lorfqu'on coupe un arbre qui fe termine en deux branches à un pied au-deffus du fourchet ou de la fourche, la coupe ne préfente que deux troncs coupés horifontalement ; fi enfuite on coupe ces deux troncs dans le fourchet,

l'on apperçoit un nombre de couches ligneuſes, concentriques à chaque branche ; mais les couches ligneuſes de ces branches ſont enveloppées d'autres cercles, qui, en les entourant, forment une enveloppe
commune aux couches ligneuſes, qui appartiennent
à chacune de ces branches. Si l'on coupe encore quelques pouces au-deſſous, on voit alors que les couches
qui appartiennent à chaque branche, ſont en moindre
nombre ; la même choſe ſuit toujours cet ordre, juſqu'à ce qu'enfin les couches, propres à chaque branche, aient diſparu ; alors on ne voit plus que les
couches qui forment le tronc.

Il arrive quelquefois que deux branches ſe réu-
niſſent ; cela s'opère par leur frottement, qui enlève
les deux écorces qui ſe touchent. Alors les libers &
les aubiers ſe rapprochent & ſe joignent étroitement ;
les vaiſſeaux s'abouchent ; ils mêlent, en s'entrela-
çant, leur ſubſtance qui devient ligneuſe par dégré,
ce qui achève l'union parfaite.

On a cherché à trouver une proportion entre la
péſanteur du tronc & celle des branches ; mais les expériences n'ayant été faites que ſur un trop petit
nombre d'arbres, & qui n'étoient point de l'eſpèce du
chêne, elles ne ſont point aſſez concluantes pour en
rapporter les réſultats : en général, on croit que le
poids de toutes les branches l'emporte ſur celui du
tronc.

Art. 9. *Des Boutons à feuilles ou à bois, & à
fleurs ou à fruits.*

Les boutons à feuilles ou à bois, contiennent le
rudiment de pluſieurs feuilles diverſement repliées,
entoulées & enveloppées au dehors par des écailles.
Les bords de la feuille du chêne ſe rapprochent parallèlement l'un de l'autre. Le bouton renferme auſſi
le principe d'une jeune branche ou du bourgeon,
ce qui le fait nommer bouton à bois.

Le bouton à fleurs ou à fruits, renferme le rudiment d'une ou de pluſieurs fleurs repliées ſur elles-

mêmes. Ce bouton eſt ordinairement plus gros & plus court que celui à bois.

L'écorce tranſmet aux boutons la nourriture qui leur eſt propre. Ces boutons, qui ſont en forme de petits cônes, naiſſent dans le cours de l'été à peu près dans l'aiſſelle des feuilles, c'eſt-à-dire, dans l'angle que forment les queues des feuilles avec les branches. On les apperçoit dès le mois de Juillet, ſur les jeunes branches, quelquefois ſur les groſſes, mais rarement ſur le tronc. A la fin de l'automne ils ont pris toute leur croiſſance ; ils paſſent l'hiver ſans s'ouvrir. Ce n'eſt qu'au printems qu'ils commencent à éclore. Pendant l'hiver il ſe fait clandeſtinement dans l'intérieur des boutons, bien des changemens. Les fleurs & les branches ſe diſpoſent à paroître au printems, ſi la ſéve contenue dans l'arbre ſuffit aux beſoins de ſes productions. Les boutons ſont attachés par une queue ou pédicule ; ils ſont formés par des écailles creuſées en ailerons, leſquelles ſe recouvrant les unes ſur les autres, forment des enveloppes capables de protéger, pendant l'hiver, les parties intérieures qui ſont extrêmement tendres & délicates. Ces écailles extérieures ſont très-dures & garnies intérieurement de poils, & ſur les bords, leur extérieur reſſemble aſſez ſouvent à l'écorce des jeunes branches. Les écailles intérieures ſont plus minces, plus tendres ; leur couleur tire ſur le verd, leurs poils ſont mous & blanchâtres ; ces écailles qui ſont herbacées, ſont preſque toujours enduites d'une liqueur viſqueuſe qui les unit intimément les unes aux autres.

ART. 10. *Des Feuilles.*

LES feuilles de chêne ſont amères, gluantes & très-ſtyptiques. Elles ſont ſimples, parce que le pétiole (ou la queue) n'eſt terminé que par un ſeul épanouiſſement ; c'eſt-à-dire, qu'il ne porte qu'une feuille. Le pétiole eſt verdâtre & cylindrique ; il eſt compoſé de vaiſſeaux lymphatiques, de trachées, & d'un tissu cellulaire recouvert d'une écorce.

Les feuilles sont oblongues & plus larges à leur sommet; elles sont sinuées, le sinus en est aigu, & les angles obtus. La bordure de la feuille est découpée en dentelures écartées les unes des autres, & les bords se rapprochent parallèlement l'un de l'autre. Les surfaces des deux côtés, c'est-à-dire leurs écorces, sont les parties planes. Le côté tourné vers le soleil, s'appelle supérieur, & celui qui regarde la terre, inférieur. Le premier est ordinairement plus lisse & d'un verd plus foncé, l'autre est en relief & saillant.

Les feuilles ne sont point un simple ornement ; elles font partie des organes de la végétation. On a vu périr des arbres qu'on avoit effeuillés. Lorsque les chenilles se mettent aux feuilles, l'arbre souffre beaucoup, & périt quelquefois.

La feuille est d'un verd plus foncé que celui de la queue ; elle est formée par l'expansion des vaisseaux de la queue. De l'épanouissement des vaisseaux de la queue, naissent des ramifications qui forment un réseau réticulaire, qui se remplit de tissu cellulaire, nommé pulpe. Le réseau est couvert d'une écorce, dont la surface inférieure est garnie d'un nombre infini de vaisseaux absorbans, destinés à pomper pendant la nuit l'humidité de l'air. On peut les regarder comme des racines aériennes, parce qu'elles en font les fonctions. Elles font aux branches, ce que le chevelu est aux racines. La rosée & les sucs répandus dans l'atmosphère, que les feuilles pompent la nuit, humectent les branches, les fleurs & les fruits, & réparent ce qu'elles ont exhalé le jour.

Lorsque les feuilles font imbibées, elles devi nnent vertes, de foncées qu'elles étoient, & reprennent leur vigueur ; elles ont un mouvement sans être agitées. Si on renverse, en sens contraires, les branches sur lesquelles on les voit rangées, elles font reprendre à la branche sa place, de façon que la surface supérieure des feuilles, se trouve toujours regarder le Ciel.

Les feuilles se défsèchent & jaunissent au premier

froid ; elles restent attachées aux branches jusqu'à ce qu'elles soient chassées par de nouvelles feuilles. On ignore la cause de la chûte des feuilles ; mais on présume que, comme elles transpirent beaucoup, il en résulte un commencement de déssèchement & une cessation d'accroissement, lorsque les racines ne fournissent plus à la transpiration. Hallès prouve que les feuilles sont des organes principalement destinés à la transpiration, & que la plus grande partie de la séve s'échappe par cette voie. D'autres Physiciens disent qu'elles s'imbibent de l'humidité des pluies : Grew y a observé des vessicules remplies d'air. On a conclu de ces observations que les feuilles étoient les poumons des plantes, & qu'elles reçoivent l'air de l'atmosphère, qui s'introduisoit par cette voie dans toutes les parties, ce qui produisoit sur la séve un effet pareil à celui que l'air qui est respiré par les animaux produit sur la masse du sang. On dit aussi que les liqueurs pompées par les feuilles, avant de faire leur effet, doivent recevoir dans la plante différentes préparations qui les rendent propres à être nourricieres : on prétend même qu'une portion est portée vers le haut de l'arbre, pour la nourriture des bourgeons & des feuilles ; l'autre vers le bas, pour la substance des racines.

A R T. ii. *Des Fleurs du Chêne.*

TOUTES les parties des plantes contribuent à donner la naissance aux fleurs qui, à leur tour, développent & fécondent les fruits. La partie de la fructification est placée à l'extrémité d'une tige ou queue, qu'on nomme péduncule.

La fleur est composée d'un calice, de corrole, d'étamine & de pistil. Le corrole est la partie colorée.

Le chêne porte des fleurs amentacées, c'est-à-dire, réunies ; elles sont mâles & femelles sur le même pied. Les mâles sont attachées le long d'un filet, disposées sur un chaton lâche, & composé de plusieurs étamines (ou poussière fine fécondante), placées

dans un calice monophile, divifé en quatre ou cinq
découpures. Les femelles placées quelquefois fur un
filet, ont un piftil plus long que leur calice, qui eft
monophile, coriacé, hémifphérique, rude & à peine
vifible avant la formation du fruit.

Les fleurs femelles font fécondées par l'étamine en
maturité des fleurs mâles, laquelle fe place & s'introduit dans le piftil de fleurs femelles, lors de l'agitation de l'air ou du vent. Sans cette étamine, la
fleur femelle ne feroit point fécondée, c'eft-à-dire
qu'elle ne produiroit point de gland.

Les fleurs du chêne font fujettes à être gelées, ainfi
que celles de la vigne ; ce qui eft caufe que le gland
manque fouvent : l'abondance de ce fruit eft très-rare.

ART. 12. *De la Moëlle.*

LA moëlle réfide au centre, ou plutôt à l'axe du
tronc ; elle eft compofée de vaiffeaux, & fur-tout d'u-
tricules, qui font plus larges & encore moins ferrées
que ceux de l'écorce. La moëlle jette des productions
qui vont s'épanouir dans l'écorce, jufques fous l'é-
piderme : elle eft le rudiment des piftils, comme on
l'a déja dit. Il paroît qu'elle conftitue effentiellement le corps végétal : cette fubftance fe defsèche à
mefure que l'arbre vieillit.

ART. 13. *Des Fibres longitudinales & tranfverfales.*

CES fibres peuvent être confidérées comme des
vaiffeaux lympatiques qui charient la féve ; elles forment par leur affemblage des lames déliées, repliées
en manière de petits cônes infcrits les uns dans les
autres.

Ces vaiffeaux contiennent des liqueurs, ainfi que
les expériences le prouvent. Les bois les plus durs
font traverfés par des liqueurs fuivant la direction des
fibres ; on croit même qu'elles ne fuivent point la
direction de la féve, & qu'elles paffent plutôt dans
de grands pores.

Lewenhoech conclut de fes obfervations microfcopiques, que le bois eſt formé d'un amas prodigieux de vaiſſeaux ; il en diſtingue de verticaux, d'horizontaux. Ces fibres contiennent de la lymphe, qui eſt une liqueur peu différente de l'eau. Cette lymphe coule quand les arbres ſont en pleine ſéve & lorſqu'il dégèle au printems ; mais l'écoulement ceſſe lorſque les feuilles paroiſſent. La lymphe coule encore ſi l'on fait un entaille dans le bois à la fin de l'automne ; & quand la chaleur du ſoleil ou la douceur de l'air ſe font ſentir, elle ſe trouve en plus grande quantité dans le chêne.

Les fibres tranſverſales lient les fibres longitudinales, & forment enſemble un tiſſu cellulaire, dont les interſtices ſont remplis de petits utricules, eſpèces d'eſtomachs, deſtinés à recevoir & à digérer les ſucs apportés par les vaiſſeaux.

Ces fibres ſont aiſées à diſtinguer ſur la ſurface d'un arbre qu'on a coupé en travers. Elles forment des rayons qui donnent la facilité de fendre les plus gros chênes & les plus durs, & de faire des bois de débits très-minces, tel que les lattes. Il paroît que la nature s'eſt étudiée à procurer aux hommes les moyens d'adoucir leurs travaux.

ART. 14. *Des Trachées du Chêne, & de l'Air qui y eſt contenu.*

LES trachées ſont des vaiſſeaux roulés en ſpirale, ou des filamens en forme de tirre-bourre, qui reçoivent & tranſmettent l'air néceſſaire à la préparation & au mouvement des humeurs : elles aboutiſſent à l'épiderme.

L'air exiſte dans le bois, c'eſt-à-dire dans les parties dures & ligneuſes, dans les feuilles, dans les fleurs & non dans l'écorce. Halès prétend que celui qui eſt renfermé dans le bois de chêne, en contient 216 fois le volume, & que ſon poids eſt environ le quart de celui du bois. Il dit qu'il exiſte auſſi dans l'écorce, & qu'il y entre en traverſant les trachées & les vaiſſeaux lymphatiques. Ce volume & ce poids paroiſſent énormes. On parviendra peut-être, par de nouvelles expériences , à prouver qu'Halès s'eſt trompé : ce qu'il avance n'eſt pas vraiſemblable.

Pour appercevoir l'organiſation des trachées , il faut ſans entamer le bois , enlever l'écorce d'une jeune branche qui eſt en bourgeon , enſuite on la rompt doucement en deux morceaux ; & par le moyen d'une loupe , on y apperçoit des filamens très-fins , en forme de tire-bourre.

ART. 15. *De l'Aubier du Chêne.*

L'AUBIER eſt compoſé de jeunes couches, molles & ligneuſes ; on en compte , à ce qu'on prétend , depuis 7 juſqu'à 25 , qui forment une couronne de bois tendre, qui n'a point acquis toute ſa ſolidité ; mais qui en eſt ſuſceptible, ce qui le fait nommer bois imparfait.

L'aubier eſt immédiatement après l'écorce, il eſt adhérant au cœur, auquel il s'incorpore, & avec lequel il s'emboëte en devenant bois parfait. Dans ſon état d'aubier, il ne peut être employé ; on eſt obligé de l'ôter dans les différens débits des bois ; il eſt d'uſage dans les ouvrages de charpenterie & de menuiſerie & autres , de le ſupprimer.

Les bois de charpente équarris ne ſe vendroient pas, ou on n'en auroit qu'un prix modique, ſi on avoit laiſſé l'aubier. Il eſt abſolument néceſſaire de l'ôter, non-ſeulement parce qu'il eſt tendre , mais parce que les vers & d'autres inſectes s'y logent, & qu'en ſe nourriſſant de ce bois imparfait , ils prennent de la force, de l'accroiſſement, & percent enſuite le bois parfait.

Les branches, ainſi que le tronc , ont un aubier qui a les mêmes organes que le bois parfait ; il n'en diffère point eſſentiellement , puiſqu'avec le tems il le devient.

Le chêne eſt l'arbre qui a le plus d'aubier ; lorſqu'il pouſſe vigoureuſement il en a davantage ; mais en moindre nombre de couches que l'arbre qui languit ;

d'où il s'enfuit que les terreins contribuent au plus ou moins d'aubier & à l'épaiſſeur du bois.

L'épaiſſeur eſt preſque toujours plus forte d'un côté que de l'autre ; cela dépend de la diſpoſition des racines & de la diſtribution des ſucs nourriciers. L'expoſition peut y contribuer, lorſque les ſucs nourriciers ſont diſtribués également de tous les côtés.

Quand il arrive des accidens lors de l'accroiſſement du chêne, qui intterrompent la circulation de la ſéve, il s'y trouve quelquefois deux aubiers ; l'un eſt recouvert par une couronne de bois parfait ; le ſecond aubier eſt à l'ordinaire, immédiatement après l'écorce.

Dans les tems les plus reculés, on a ſu diſtinguer l'imperfection de l'aubier. Les anciens Phyſiciens & les Architectes, par différens procédés qui ſont rapportés à l'article 85, ſont parvenus à lui donner de la ſolidité, & à lui procurer de la durée.

De célèbres Phyſiciens modernes ont propoſé d'autres moyens qui paroiſſent plus praticables. Il eſt à ſouhaiter qu'on veuille faire, à cet égard, des eſſais en grand. Si l'on parvient à réuſſir, on conſervera environ un ſixième du bois de charpente, qui eſt réduit en copeaux ; le retranchement de l'aubier fait un tort conſidérable au Propriétaire pour le produit ; il altère encore la force du bois, en le privant de l'épaiſſeur de l'aubier & d'une portion du bois parfait, qu'on ne peut ſe diſpenſer de mettre en copeaux lors de l'équarriſſage.

Art. 16. *De l'analyſe de l'Écorce.*

L'écorce du chêne qui au premier aſpect ne paroît point mériter ni exciter la curioſité, fait l'admiration des Naturaliſtes. Toutes ſes parties intérieures & extérieures ſont intéreſſantes & eſſentielles à la vie des végétaux & particulièrement au chêne. Malpighy dit que l'écorce eſt deſtinée à deux fonctions ; 1°. à la préparation de la ſéve ; 2°. à l'addition des couches ligneuſes ; il admet une correſpondance entre les vaiſſeaux de l'écorce & ceux du bois.

L'écorce dont le tronc & les branches font couverts, est compofée de différentes couches qu'on nomme corticales & qui s'enveloppent les unes fur les autres. On y diftingue le plexus réticulaire, ou les fibres longitudinales, qui reffemblent à un réfeau & qui font regardées comme des vaiffeaux lymphatiques. On y apperçoit auffi une enveloppe ou tiffu cellulaire, des vaiffeaux propres, le liber & l'épiderme. On n'y trouve point de trachées ; mais l'air que les vaiffeaux du corps de l'arbre charrient arrivent jufqu'à l'écorce.

En obfervant attentivement l'écorce, on reconnoit que les feuilles, les bractées, (feuilles qui accompagnent la fleur & les calices des fleurs) ne font autre chofe que la prolongation de l'écorce.

Tous les ans l'écorce eft augmentée de nouveaux cônes corticaux, qui recouvrent ceux des années précédentes.

On découvre quelquefois dans les groffes écorces des corps durs, qui font de figure cubique; ils proviennent de la dépuration des fucs nourriciers.

Le liber de l'écorce peut être regardé comme la partie la plus effentielle, puifque fans elle l'arbre périroit. La preuve en eft que la privation du liber interrompt l'accroiffement du bois dans l'endroit où il eft ôté.

Les arbres en groffiffant forcent les fibres de l'écorce de s'étendre. Cet accroiffement en groffeur fait rompre les dehors de l'écorce, quelquefois même avec un bruit éclatant ; c'eft ce qui occafionne les crevaffes que l'on voit fur la furface de l'écorce.

Les vents en agitant violemment le chêne en différens fens, & d'autres accidens qui feront expliqués, dérangent l'harmonie des parties de l'écorce en la féparant de l'aubier; ce qui caufe des roulures.

La vieilleffe du chêne s'annonce lorfque l'écorce fe defsèche & fe détache du corps de l'arbre.

Les taches de l'écorce, & une couleur différente, décellent les défauts intérieurs de l'arbre. L'infertion de l'écorce dans le tronc , intervertit l'ordre des parties du bois ; c'eſt ſouvent l'abondance de la ſéve qui en eſt la cauſe.

A R T. 17. *Du Liber.*

ON appelle liber ou livre , la partie intérieure de l'écorce , qui touche à l'aubier , & qui reſſemble aux feuillets d'un livre.

Le liber eſt une membrane fine , étendue ſur des fibres & ſur un tiſſu cellulaire , plus large & plus lâche que celui du corps ligneux , autour duquel ces vaiſſeaux ſont diſpoſés en forme concentrique. Malpighy dit que le liber ſe détache tous les ans des deux autres parties de l'écorce , pour s'unir à l'aubier , & s'identifier avec lui ; il augmente la circonférence de l'arbre d'une nouvelle couche : ce liber eſt remplacé & formé de nouveau par la ſéve du printems.

Le liber eſt l'origine des pétales & des étamines , puiſque ces parties en ſont le prolongement.

A R T. 18. *Des Vaiſſeaux propres & longitudinaux , & du Tiſſu cellulaire de l'Écorce.*

LES vaiſſeaux ou fibres longitudinales de l'écorce dans leſquels coule la ſéve , ſont petits , creux & ſimples ; ils ſe collent les uns aux autres ſans anaſtomoſe ; de manière qu'ils forment un tiſſu cellulaire de petits faiſceaux ou réſeaux , dont les mailles ſont plus longues que larges.

Les vaiſſeaux propres peuvent être appellés ſanguins , à cauſe de leur uſage. Ce ſont des tubes longitudinaux , droits , collés contre les fibres ſéveuſes & remplis de ſuc propre laité ; la gomme & la réſine des poiriers & du pin en ſont les ſucs propres. On voit couler ces ſucs qui traverſent l'épiderme & ſe répandent ſur la partie extérieure de l'écorce.

Le tiſſu cellulaire eſt une enveloppe qu'on nomme auſſi utriculaire ou véſiculaire ; il eſt placé ſous l'épiderme : c'eſt une ſubſtance d'un verd très-foncé, presque toujours succulente & herbacée. A la loupe & au microscope elle ressemble à un morceau de feutre ou de chamois ; elle est formée d'un grand nombre de filamens très-fins, qui s'entrelacent en toutes sortes de directions & de petits fragmens de moëlle, traversés par des cloisons ou fibres très-déliées. Cette substance sert à prévenir le desséche-ment des parties qu'elle recouvre. On peut la re-garder comme l'organe qui sépare la matière de la transpiration ; elle peut aussi servir à la réparation de l'épiderme.

A R T. 19. *De l'Épiderme.*

L'ÉPIDERME est une membrane très-mince, trans-parente, communément sans couleur décidée, élas-tique & un peu poreuse ; c'est la peau extérieure, ou l'enveloppe générale des couches corticales : cette partie reçoit les premières influences de l'atmosphère, & les derniers effets des productions médullaires qui se font du centre.

Le tronc ou la tige, les racines, les branches, les feuilles, les fruits, ont un épiderme. Il s'en trouve quelquefois des morceaux sur les gros troncs, par lambeaux morts & desséchés, parce que cette mem-brane qui est très-mince, se rompt lorsque l'arbre augmente en grosseur, quoiqu'elle soit capable d'ex-tension dans toutes ses dimensions. Quelques Phy-siciens croient qu'elle est formée de vésicules desse-chées.

L'épiderme de l'écorce du chêne est différent de celui des autres arbres : on y apperçoit, à l'aide du microscope, des points plus ou moins lumineux, qu'on peut regarder comme des ouvertures par les-quelles s'échappe la transpiration. Il y a souvent plu-sieurs couches d'épiderme, tel que sur le bouleau.

Les ouvertures très-grandes, ovales & rondes, qui paroissent sur l'épiderme, viennent de l'écartement des parties qui le constituent.

TITRE II.

Des Terres & des expositions propres au Chêne.

A R T. 20. *Des Terres humides.*

Les terres aquatiques & marécageuses, dont le fond est de tourbe, qui est un mélange de vase & de plantes pourries, produisent des chênes dont le bois est très-léger. Les pores qui sont larges, n'ont point ce vernis que l'on voit au bois de chêne crû dans un bon terrein, parce que la séve qui est trop lavée se trouve dénuée des parties gélatineuses, qui se transforment en fibres ligneuses. La privation de cette espèce de glu, empêche l'union des fibres : cela se démontre par les copeaux qu'on enlève à la coignée & à la varlope, qui se désunissent en parcelles, au lieu de rester entiers, ou de former des rubans. L'aubier de cette espèce de chêne est fort épais ; mais il contient peu de parties fixes, l'écorce est fort raboteuse.

Lorsque ces chênes sont abbattus & sciés, le bois en est d'un jaune foncé ; la couleur en est terne & tire sur le roux ; quelquefois le bois est noir à la partie qui est près des racines, & il ressemble à l'ébène.

A R T. 21. *Des Terres de sables légers.*

Les terres qui sont sablonneuses ou sableuses, sont maigres, légères ou arides ; l'eau y passe aisément ; elles ne sont point pétrissables & ne s'attachent point aux mains ; elles diminuent de volume a l'eau, au lieu d'augmenter.

Le sable est composé de fragmens de pierre calcaire, & de caillou vitrifiable ; il y en a de blancs, de jaunes, de rouges, de gris, de cendrés. Les uns sont rudes au toucher, d'autres assez doux ; il y en a de gros, & d'autres aussi fins que la poussière. Le sable ne retient pas l'eau, il s'échaufe au soleil, ce qui est nuisible aux arbres, à moins qu'ils ne soient continuellement humectés. Les chênes venus dans un pareil terrein ont les défauts des terres marécageuses.

Les sables, pour l'ordinaire, sont alliés avec des terres franches de glaises & substancieuses. Si le mélange est avec la glaise, les arbres sont grands & très-beaux, mais tendres & gras. Si le terrein est une terre franche sans humidité, le bois est d'une qualité parfaite.

Le gravier est un gros sable, comme les pierres sont un gros gravier ; il y en a de différentes natures. Il produit de bons arbres, s'il est allié avec des terres substancieuses & fertiles.

Il y a des terres légères, les unes rouges, les autres noirâtres, qui ne sont ni sablonneuses, ni crétacées, ni chargées de pierres. Elles sont légères, parce que pour peu qu'il fasse sec, on y enfonce aussi profondément que dans les guérets, dont le sol est de sable mouvant ; elles ont peu de fonds : il leur faut souvent de l'eau, sinon elles sont stériles. Il n'y a pas de beaux arbres dans ces terreins, les bois qui y croissent sont secs & maigres, & ont des chancres qui les altèrent.

A R T. 22. *Des Terres grasses & fortes.*

La glaise est la terre la plus forte, il y en a de bleue, de blanche, de rouge, de jaune, & d'autres qui contiennent des grains métalliques ou marcaciteux. Les glaises vitrioliques sont moins propres à la végétation ; le bois qui croît dans les glaises est aussi tendre que celui qui vient dans le marécage. Si la glaise est mêlée d'autres terres qui diminuent sa tenacité, alors les racines peuvent s'étendre, les arbres deviennent très-beaux & de bonne qualité,

Art. 23. *Des Terres fanches ou limonneuses, & des férugineuses.*

Il peut y avoir des terres fertiles de différentes couleurs, à-peu-près aussi bonnes les unes que les autres, au moins pour les arbres ; si le lit s'étend à plusieurs pieds de profondeur, les arbres y viennent grands, & leur bois est d'une excellente qualité, sur-tout s'il n'y a pas trop d'eau. Il ne faut pas juger du bois à la superficie de la terre ; mais à celle de l'intérieur.

Le chêne & même l'orme, venus dans les bonnes terres substancieuses, plus sèches qu'humides, ont 1°. l'écorce fine & claire ; leur aubier est plus mince ; les couches ligneuses sont moins épaisses, plus serrées & d'une texture uniforme : ils acquièrent de la dureté avant d'être parvenus à leur grosseur.

2°. Le grain du bois est plus serré, plus fin, parce que les pores sont plus petits, & qu'ils sont enduits d'une espèce de vernis.

3°. Ces bois sont pour l'ordinaire d'une couleur de jaune pâle, & ont un œil brillant.

4°. Ils sont plus pésans, même quand ils sont secs ; ils deviennent par la suite durs, ce qui les préserve des vers. Ils pèsent deux septièmes de plus que ceux des terreins trop humides ; ces bois étant chargés de gros fardeaux, rompent par éclats en faisant du bruit. Ceux qui sont gras, cassent comme un navet, qui est le terme des ouvriers, pour exprimer que le bois est tendre.

5°. Ils sont sujets à se fendre quand ils sont secs, & ils se tourmentent en se desséchant, ce que l'on attribue à la quantité des parties fixes qui y résident.

C'est dans ces terreins que l'on trouve de grandes charpentes pour les constructions navales.

Dans les terres où il y a des mines de fer, le chêne y est très-dur.

OBSERVATIONS.

1°. On parvient à connoître les différens terreins

en faisant des fouilles , ou en examinant avec attention les berges des fossés & les plantes qui croissent
dans les bois. Les menthes, les baumes, les joncs ,
indiquent un terrein aquatique ; la filoselle , la verge-
dorée , l'orignant , la chausse-trape , le chardon & le
serpolet , annoncent un terrein sec.

2°. L'épaisseur des couches ligneuses des arbres, ne
dépend pas toujours de la nature du sol ; elles sont
aussi plus ou moins serrées suivant les années humides ou sèches ; les unes sont épaisses, les autres sont
minces ; elles se ressentent de la température. Le terrein humide dans les Provinces méridionales , n'est
pas si préjudiciable que dans des climats moins chauds ;
mais celui qui est marécageux est toujours mauvais.
Cela est si vrai , que des bois d'Italie venus en terrein
humide , se sont trouvés de mauvaise qualité.

Art. 24. *Du Climat propre au Chêne.*

On est d'accord que la température de l'air influe
beaucoup sur la qualité des bois ; que la plupart de
ceux des pays chauds sont plus durs, plus solides &
plus pésans que ceux des pays froids : la cause en
est simple. Dans les pays chauds il se trouve des
matières plus fixes & moins rarescibles , qui sont
attirées par la grande force du soleil. Ces matières
se mêlent avec la sève, lorsqu'elle est en mouvement ; la chaleur qui produit la transpiration , dissipe
tout ce qui n'a pas acquis une grande fixité dans le
corps de l'arbre.

On comprend que la chaleur du climat contribue
beaucoup à la bonne qualité du bois.

L'excessive chaleur est contraire à la production
du chêne sous la zone torride ; on n'en trouve que
sur les montagnes à l'exposition du nord, où l'air
est souvent assez tempéré. Le chêne ne vient point
dans cette zone ; on n'en voit point à Saint-Domin-
gue, à la Martinique, à Cayenne ; il ne s'en trouve
pas non plus dans les pays extrêmement froids ,
passé Stokolm , ni en Laponie.

B

Il est donc reconnu que les climats qui ne sont point trop chauds sont propres au chêne. Les chênes d'Espagne, de Provence, sont plus durs, plus lourds, plus forts, mais plus sujets à se gerser en se séchant à l'air, que ceux de Lorraine, appellés en France bois de Hollande, & même ceux du Canada & de Bourgogne. On verra art. 78, le poids du pied cube des bois de France, comparé avec celui des bois étrangers.

A r t. 25. *De la situation des Arbres.*

DANS chaque climat, le penchant des montagnes, tel que la mi-côte & la colline, a des avantages particuliers en ce que les arbres occupent plus d'espace, qu'ils ont plus d'air & transpirent suffisamment. D'ailleurs ils sont mieux nourris, les racines ayant plus de jeu ; une partie peut suivre la pente du côteau ; d'autres pivotent & s'enfoncent pour trouver de la nourriture ; l'ombre des branches qui n'est pas régulière comme en plaine, ne les empêche pas de s'abreuver des pluies, des rosées, & de recevoir les rayons du soleil ; ils sont aussi moins sujets à être gelés, que ceux qui sont en plaine & dans l'intérieur des forêts. Il n'est pas question ici des côtes arides ; mais de celles dont le sol est d'une profondeur égale, ou à-peu-près à celui de la plaine. Les bois des côteaux ont encore l'avantage d'être renouvellés des terres que les ravines leur apportent, ce qui leur procure souvent des engrais.

Les arbres isolés sont sujets à être tranchés, chevillés & roulés, parce qu'ils s'étendent beaucoup en branches, dont l'insertion est bien avant dans le tronc ; mais étant frappés de l'air de tous les côtés, ils sont fermes & de bonne qualité, ce qui fournit à la Marine des bois tords, qui résistent à l'injure de l'air. Les bords des lisières des forêts procurent des bois qui ne sont pas droits ; ils ne fournissent pas toujours de grandes pièces ; mais on en est dédommagé par les courbes qu'on y trouve pour la Marine.

Les vallées sèches sont très-fertiles, les bois qui y croissent sont de bonne qualité. Le fond des vallées tient quelquefois de la nature des marécages, & alors le bois est médiocre.

La plaine qui a un peu de pente est la meilleure situation : la bonne terre est ordinairement profonde ; les arbres y sont serrés & droits ; ils ne sont pas battus des vents, mais le bois y est moins dur.

Art. 26. *Du Bois, suivant les expositions.*

Les différentes expériences que M. Duhamel a faites en petit n'ayant point réussi, il en a fait en grand, pour s'assurer si la partie d'un arbre qui étoit tournée au midi, pésoit plus que celle du nord. La première s'est trouvée de peu de chose moins pésante : il établit cependant que les arbres exposés au midi sont plus durs & plus fermes que ceux exposés au nord.

Les Marchands de bois de Champagne ne sont point dans l'incertitude sur cela ; une longue pratique leur a fait connoître le contraire ; & que lorsqu'on débite un arbre, la partie du nord est plus ferme & plus dure que les autres ; ils l'attribuent à ce que la séve agit plus du côté du midi, & que le côté du nord est plus frappé d'air, ce qui resserre les pores du bois.

A l'exposition de l'orient, les arbres sont rarement endommagés par les vents, les coups de soleil & les fortes gelées ; mais les jeunes pousses sont souvent détruites par les gelées du printems.

A celle du couchant, les vents du sud-ouest endommagent les arbres & rompent les branches.

A celle du nord, les arbres sont plus droits & très-durs ; ils croissent lentement, parce que le soleil qui est le grand moteur de la séve, les frappe peu.

Les arbres renfermés dans l'épaisseur des futaies, sont plus tendres que ceux des lisières ; mais on y trouve de belles & très-longues pièces.

Dans les vallons renfermés, les bois viennent ra-

bougris ; ils font arrêtés par des gelées fréquentes
dans tous les mois de l'année. En Provence on trouve
dans les profondes vallées des plantes des pays froids.

A toutes ces différentes expofitions , le chêne
éprouve des variétés dans fa croiſance. S'il eſt expoſé à un vent modéré , fon agitation ranime le
mouvement de la féve ; ſi le vent eſt chaud &
modéré , il augmente la tranfpiration qui agit par
l'action du vent & du foleil ; elle eſt très-utile à
la végétation. Au printems le vent defsèche la ro-
fée , & empêche les effets de la gelée. Les grands
vents brulans de l'eſt & du fud-oueſt, defsèchent les
feuilles , rompent & déracinent les arbres ; ils occafionnent aux jeunes bois des roulures & des gelivures. Ces effets arrivent par la force du vent , qui
fe multiplie fuivant la poſition des montagnes, fur-
tout quand il eſt refferré dans les gorges , ou lorfqu'il enfile avec précipitation des vallées.

L'expofition du nord & celle du levant, font pré-
férables dans les pays chauds & dans les terres sèches
& légères , parce que la tranfpiration eſt modérée.
Au contraire l'expofition du midi eſt à préférer pour
les terres fortes, froides & humides, où la féve eſt
plus abondante en ce que la tranfpiration eſt plus
fréquente.

A R T. 27. *De la tranfpiration , fuivant le Terrein*
& les Climats.

LA tranfpiration eſt néceffaire à la végétation ;
les feuilles en font les principaux organes ; elle fe
fait en proportion de leur furface , & diminue à
proportion qu'on les retranche.

M. Duhamel fuppofe que la tranfpiration ne fubfifte qu'au commencement de Juin , jufqu'à la fin
d'Août, & qu'elle fe fait en raifon des furfaces ,
par une comparaifon qu'il a faite avec la plante,
le foleil ou tourne-fol. Il donne un milliard de pieds
quarrés aux furfaces des feuilles d'un petit chêne ,
& dit qu'elles doivent tranfpirer 25 milliers péfans,

ou 24 tonneaux, mesure d'Orléans, en 12 heures de jour; & comme la transpiration n'est point égale chaque jour, il l'a réduite à 10 tonneaux, ce qui fait 920 tonneaux pour les trois mois.

Les causes qui excitent la transpiration sont nuisibles pour le chêne planté dans un terrein aride, parce qu'il n'y a pas suffisamment de séve, & qu'il ne peut transpirer.

Le peu d'épaisseur que l'on voit aux couches ligneuses, provient souvent de la trop grande transpiration.

Dans les pays chauds où les arbres transpirent beaucoup, les feuilles se dessèchent quand l'humidité manque. Dans les climats froids & humides, les feuilles remplies d'humidité tombent en pourriture quand les causes de la transpiration cessent de les mettre en mouvement.

L'exposition la plus favorable à la transpiration, est celle où les arbres sont isolés.

Art. 28. *De l'effet des gelées.*

La gelée du printems fait du désordre dans les terres légères, dans les vallons à l'abri du vent & sur les collines exposées au levant & au midi, à cause de l'humidité qui séjourne & du soleil qui frappe sur les arbres avant que la glace soit fonduë : les bourgeons & les jeunes pousses souffrent beaucoup de ce contraste.

Les grandes gelées font fendre & éclater les gros arbres pendant la nuit, tems où la gelée se fait le plus sentir. Les arbres en se fendant font souvent autant de bruit qu'un coup de canon.

Art. 29. *Un Arbre profite-t-il plus du côté du midi, que de celui du nord ?*

L'aspect n'est point la cause que les couches ligneuses sont plus épaisses d'un côté que de l'autre ; mais elle ne doit s'attribuer qu'à la position des racines & des branches ; de sorte que les couches ligneuſes ſont plus épaiſſes du côté où il a plus de racines, ou des racines plus vigoureuſes. La vigueur des racines & leur quantité dépendent, dans un même terrein, des bonnes veines de terre, ou d'un terrein plus cultivé d'un côté ou plus chargé d'engrais factice, ou de la nature, ou des haſards. Les racines contribuent donc à faire profiter un arbre plus d'un côté que de l'autre. Il arrive ſouvent que quand une racine périt, il s'enſuit un deſsèchement dans la partie du tronc ou des branches qui correſpondent à cette racine morte, ou à pluſieurs racines qui périſſent. Quand les branches qui correſpondent aux racines mortes ne font que languir, c'eſt que la communication latérale de la ſéve fournit encore un peu de nourriture.

La correſpondance des racines aux branches ſe démontre en fendant un arbre depuis les branches par ſon tronc, juſqu'à une de ſes racines ; on voit qu'elles ſont formées d'un faiſceau de fibres qui ſont une continuation de fibres longitudinales du tronc de l'arbre.

TITRE III.

Des principales eſpèces de Chêne.

ART. 30. *Opinions ſur les variétés du Chêne.*

LE chêne (*Quercus*). Son étymologie vient d'un mot grec, qui ſignifie *écorce rude*. Il tient le premier rang parmi les arbres ; il eſt le plus beau de tous les végétaux, & le plus utile. Il étoit renommé dans la haute antiquité. Les Grecs & les Romains le chériſſoient & l'avoient conſacré à Jupiter : on lui a fait rendre des oracles pour abuſer de la crédulité des peuples ; il a été auſſi en vénération chez nos pères par le charlataniſme des Druydes, ce qu'on verra encore au guy de chêne.

Cet arbre porte fur le même pied des fleurs mâles & femelles; mais dans des endroits féparés qui produifent des glands.

Sébaftien Vaillant compte fept efpèces de chêne qui croiffent aux environs de Paris ; Pitton de Tournefort vingt.

Boerrhave, à ce qu'on affure, en avoit de foixante-dix efpèces dans fon jardin.

Linneus réduit à un même genre de chêne, tous les chênes verts, les liéges & les chênes blancs. Nous en ferons deux claffes, dans lefquelles il ne fera fait mention que des principales variétés de chacune.

Les chênes verts ou yeufes, dits *ilex*, confervent leurs feuilles vertes toute l'année.

Le chêne blanc les quitte à la fin de l'hiver; mais elles jauniffent vers la fin de l'automne. Il y a une troifième efpèce mitoyenne, dont parle Théophrafte, qui conferve fes feuilles l'hiver, & n'en prend de nouvelles qu'au milieu de l'été : elle eft fort rare.

A R T. 31. *Des Chênes verts, Yeufe, & du Kermès.*
Première variété.

L'YEUSE (*ilex*) croît lentement, diffère du chêne ordinaire par fes feuilles, qui font toujours vertes, dentelées & épineufes fur leurs bords. Elles reffemblent à celles du houx, à l'exception qu'elles ne font pas piquantes & qu'elles font blanchâtres en deffous. Cet arbre ne s'élève pas plus haut que les moyens chênes. L'aubier en eft blanchâtre ; fon bois eft d'une couleur brune, il eft plein, fes pores font petits, il eft très-dur, très-fort, & il prend un beau poli. Il fe tourmente & fe fend beaucoup en fe sèchant, ce qui arrive à tous les bois de bonne qualité ; il réfifte plus long-tems à la pourriture que les autres chênes ; fa péfanteur eft une de fes qualités. Il fert quelquefois de left dans les vaiffeaux ; fi on le deftine pour le fond de cale, on le tient d'un plus petit échantillon. La Marine en fait des effieux, des poulies ;

l'Artillerie s'en fert pour des leviers ou épars. Le bois du cœur joint la flexibilité à la dureté. En Languedoc on en fait des manches d'outils, qui ont de la foupleffe, même étant fecs ; mais il fe fend trop pour en faire des rouets. L'yeufe fe trouve en Provence, en Languedoc, dans les Pyrénées, la Saintonge ; on en a femé près la forêt d'Orléans. Il eft commun à la Louifiane, vers les bords de la mer, & auprès de l'Ifle de Barataria, où il eft très-beau. Il y a encore une variété qui porte du gland auffi bon & auffi doux que les châtaignes ; on le mange de même. L'yeufe eft préférable à toutes autres efpèces de bois, par-tout où les dimenfions permettront d'en faire ufage.

A r t. 32. *Du Chêne Kermès. Seconde variété.*

On trouve en Provence & en Languedoc cette variété de chêne vert. C'eft un arbufte qui s'élève de 2 pieds. On l'appelle fimplement kermès en Provence, parce qu'il produit une galle, infecte qui fe nomme kermès.

A r t. 33. *Du Liége. Troifième variété.*

Le liége (*fuger*) eft ordinairement de moyenne grandeur, il reffemble au chêne vert ; mais fon tronc eft plus gros ; fon écorce eft très-épaiffe, elle eft fouple, fort légère, fpongieufe de couleur tirant fur le jaune : elle fert à beaucoup d'ufages, & entr'autres à faire des bouchons. On prétend que l'étymologie de *Suber* eft à *fuere*, en françois *coudre*, parce qu'on coud du liége fous les fouliers, pour les élever & les rendre plus fecs. Cet arbre croît dans les pays chauds, vers les Pyrénées, en Gafcogne, dans les pays de Condom, de Nérac, & dans les Landes de Bazas, jufqu'à Bayonne, en Provence & en Languedoc.

A r t. 34. *Des Chênes blancs, à gros & petits glands. Première & feconde variétés.*

Le chêne à longue queue (*quercus cum longo pedi-*

culo), tiendra ici le premier rang , parce qu'il eſt le plus grand & le plus beau. Lorſqu'il eſt jeune, ſon écorce eſt vive , luiſante, unie, & de couleur d'olive rembrunie ; ſes feuilles ſont grandes & à longue queue.

Ce chêne mérite d'être cultivé de préférence ; il a plus de cœur & moins d'aubier ; ſon bois eſt jaune & tirant ſur la couleur de paille ; ſes fibres ſont fines & droites , quoique fort élaſtiques ; il n'eſt point rebours ; il eſt très-propre à la conſtruction des vaiſſeaux ; le boulet de canon, à ce qu'on prétend , ne le fait point éclater , & les trous qu'il fait ſont plus aiſés à reboucher. Ce bois reſſemble un peu au châtaignier , ce qui cauſe l'erreur de bien des gens ſur d'anciennes charpentes, que l'on croit de châtaignier , ſur-tout dans les pays où les terres ſont calcaires , attendu que , ſuivant M. de Buffon , le châtaignier ne vient point dans ces ſortes de terreins. Mais comme le chêne ne croît pas dans ce ſol , on ne peut en tirer de conſé-quence pour cet eſpèce. D'ailleurs il eſt de fait qu'à Troyes, à Reims & à Châlons en Champagne , il y a des anciennes Egliſes très-grandes, dont les combles ſont de beaux bois de châtaignier : ce qui prouve qu'elles en ſont, c'eſt que les arraignées ni autres inſectes ne s'attachent point à ces charpentes, ce que l'on voit toujours à celles de chêne , qui ſont à dé-couvert , ſur-tout quand le bois eſt fendu.

Le chêne (*latifolia mas quæ brevi pediculo eſt*) a les feuilles larges & épaiſſes , point découpées ni échancrées. Le gland eſt plus petit que celui dont on vient de parler ; le tronc eſt gros , l'écorce eſt ra-boteuſe , ſon bois eſt haut en couleur , dur , de bonne qualité ; il eſt un peu rebours, les fibres ligneuſes étant torſes.

A R T. 35. *Des Chênes de Bourgogne , rouvres & aux noix de galles. Troiſième , quatrième & cinquième variétés.*

Le chêne (*burgundiaca calice hiſpido*) dont le

calice eſt raboteux & hériſſé de pointes aſſez longues, mais foibles, reſſemble au chêne commun.

Le chêne (*robur*), de ce que le bois eſt très-dur,
vient auſſi haut que les chênes communs ; on le trouve
dans pluſieurs Provinces du Royaume & aux environs de Paris, près d'Aubigny ; ſa feuille eſt couverte d'une eſpèce de duvet ; le gland eſt fort enve-
loppé dans ſon calice.

Le chêne aux noix de galle (*gallam exigua nucis
magnitudine ferens*), porte des galles de la groſſeur
d'une petite noix.

Cet arbre reſſemble aſſez au précédent ; mais il eſt
plus petit, & ſes feuilles ſont garnies de petites
pointes.

A R T. 36. *Des Chênes de la Virginie & du Canada. Sixième & ſeptième variétés.*

Le chêne de la Virginie, à feuilles de châtaigniers
(*Caſtanea foliis procera arbor Virginiana*), reſſemble au chêne commun d'Angleterre ; l'écorce eſt
blanchâtre ; le grain de ſon bois eſt fin ; il eſt re-
marquable par ſes veines rouges ; il eſt préféré à celui
de la Caroline, & même à cette eſpèce qui ſe trouve
à l'Amérique ſeptentrionale, à cauſe de ſa durée. Il
croît plus vîte que les autres, & il s'accommode
mieux des mauvais terreins. Il ſeroit très-avantageux
de multiplier cette variété.

Le chêne blanc du Canada, à fruit doux, (*Quercus
Virginiana glande dulci*) ſe trouve auſſi à la Louiſiane. Le bois de cette eſpèce eſt meilleur qu'au Canada, à cauſe du climat. M. le Comte de Buffon
a cultivé avec ſuccès cette variété en Bourgogne ;
il ſeroit à ſouhaiter qu'on l'imitât, parce que le
fruit pourroit être un ſecours pour les pauvres.

A R T. 37. *Du Chêne noir & du faux Chêne.*

Le chêne noir eſt fort branchu & rabougri ; il a les
feuilles d'un verd blanchâtre ; quand l'arbre eſt jeune,
elles ſont chargées de duvet & bordées d'une teinte

couleur de rofe. Ce chêne eft dur ; on l'appelle noir, parce que le bois en eft brun ; il ne fournit pas de belles pièces de Marine.

Le faux chêne, ou theca, ou theque des Indes, fe trouve dans le Malabar, où il y a des forêts très-étendues. Ce chêne eft caffant ; on en fait des vaiffeaux. Un Ingénieur m'a affuré en avoir vu un fait de ce bois, qui n'avoit d'autre défaut que d'être mal conftruit.

Art. 38. *Des variétés du Chêne à l'infini.*

ON prétend que toutes les efpèces & les variétés de chêne font mélangées par la fécondation, & qu'elles ont produit un nombre infini de variétés mitoyennes ; mais que cela n'influe en rien fur la qualité du bois. Il paroît que les différences qui peuvent fe trouver ne doivent être attribuées qu'aux terreins, à l'expofition & au climat, ainfi que les prodiges fuivans.

Art. 39. *Des Chênes de grandeur prodigieufe.*

HARLAY rapporte que dans le Comté d'Oxfort, en Angleterre, un chêne dont le tronc avoit 5 pieds quarrés & 40 pieds de longueur, ayant été débité, produifit 20 tonnes de matières, & que fes branches rendirent 25 cordes de bois à brûler. Il paroît que c'eft le même que Plot a cité dans fon Hiftoire Naturelle, dont les branches avoient 54 pieds de longueur, mefurées depuis le tronc, fous lequel 304 Cavaliers ou 4374 Piétons pouvoient fe mettre à l'ombre.

Rai, dans fon Hiftoire des Plantes, dit qu'on voyoit dans fon tems en Weftphalie plufieurs chênes monftrueux ; entr'autres l'un fervoit de citadelle, & l'autre avoit 30 pieds de diamètre & 130 pieds de hauteur.

Le chêne qui fut employé à la conftruction du vaiffeau le Royal-d'Orveling, de Charles premier, Roi d'Angleterre, a fourni 4 poutres ou baux de 44 pieds de longueur, fur 4 pieds 1 pouce d'équarriffage.

TITRE IV.

Des objets qui ont rapport aux Chênes.

ART. 40. *De l'Écorce du Liége.*

LE liége eſt une écorce qui vient ſur une eſpèce de chêne verd qui porte ce nom. On en fait la récolte au bout de 12 à 15 ans. Elle s'appelle *tire*. La première qui ſe fait ne donne que du liége imparfait , & qui n'eſt bon qu'à brûler. A la ſeconde tire , qui eſt au bout de huit ans , on l'emploie à faire des bouées & des ouvrages groſliers. A la troiſième tire , qui ſe fait après huit autres années , on peut faire avec le liége des bouchons : il augmente en qualité en vieilliſſant ; il peut vivre 150 ans étant ainſi dépouillé tous les huit ans.

ART. 41. *Du Tan & des Mottes à brûler.*

ON ignore l'époque où l'on a commencé à ſe ſervir de l'écorce de chêne pour préparer les cuirs , après qu'on en a ôté le poil : l'uſage en eſt fort ancien.

Le tan ſe fait avec l'écorce de jeunes chênes qu'on a dépouillés dans le tems que les boutons commencent à s'ouvrir , & que la ſéve monte. Cela ſe fait dans le milieu d'Août ou dans les premiers jours de Mai , ſuivant le plus ou moins de chaleur.

Avec l'écorce de chêne ou le tan , on fait une poudre qui eſt aſtringente & deſſicative , dans laquelle on met les cuirs pour acquérir de la force & de la durée.

On obſerve dans l'écorce beaucoup plus que dans les bois des vaiſſeaux propres, qui portent les baumes , les réſines ; & c'eſt la ſource des qualités aſtringentes & deſſicatives de l'écorce : c'eſt ſur-tout celle des jeunes chênes qui en renferme le plus. Celle des chênes qui ont plus de 20 à 25 ans, ont pour l'ordinaire les couches extérieures sèches, mortes, désorganisées & terreuses, & les couches extérieures contiennent beaucoup de fibres ligneuses. La meilleure écorce est blanche en dehors, rougeâtre dans l'intérieur, rude & sèche du côté du bois, cassante, de couleur incarnat ; elle doit conserver son odeur lorsqu'elle est moulue.

Le tan le plus nouveau est le meilleur ; car en vieillissant il perd de sa qualité, qui consiste à resserrer les pores du cuir ; en sorte que plus les cuirs renflent, plus ils acquièrent de force pour résister aux usages auxquels ils sont employés. Le tan qui est gardé perd de sa force par l'évaporation qui enlève les parties balsamiques, & qui fait que l'humidité dissout les parties actives qui doivent pénétrer le cuir & en resserrer les pores.

En Angleterre on emploie aussi l'écorce des vieux chênes comme celle des jeunes. On a soin de peler grossièrement ce qui est mort, desséché & couvert de mousse. On pourroit aussi s'en servir en France en faisant usage des moyens indiqués dans l'Art du Tanneur de M. de la Lande : cela dégraderoit moins les bois, parce qu'on ménageroit les jeunes chênes.

M. de Buffon, en 1736, a fait employer le jeune bois de chêne à la tannerie, qui a aussi bien réussi que l'écorce ; mais il n'y a que le cuir de mouton & celui de veau qui aient été bien préparés ; il ne désespéroit pas de pouvoir réussir pour les autres cuirs.

L'écorce de chêne sert aussi pour teindre en jaune, en brun & en noir.

Le tan qui a servi à la préparation des cuirs, est employé pour faire des couches dans des serres chaudes, où on élève des ananas & des plantes grasses exotiques. On en forme aussi des mottes à brûler pour les pauvres gens. Deux milles pesant d'écorce produisent en nombre 50 milliers de mottes, qui font vendues environ 150 livres, ce qui dédommage d'un treizième du prix de l'achat de l'écorce.

Un Brochure qui parut en 1762 ou 1763 , rapporte que la vapeur d'un troupeau de moutons arrête la féve des arbres & empêche l'écorcement , parce que l'écorce se trouve alors trop collée au bois : cela a été vérifié depuis , & l'on ne s'est point apperçu que la vapeur des moutons ait empêché l'écorcement.

Art. 42. *Du Charbon de Bois de Chêne.*

Le charbon est une braise étouffée , qui a perdu la plus grande partie de sa substance inflammable ; on en fait usage dans des fourneaux. Le charbon , en se consumant doucement , donne beaucoup de chaleur. Pour qu'il soit parfait , il doit brûler sans donner de fumée ni de flamme sensible , à moins qu'il ne soit fort agité par l'air. Il ne doit point s'y trouver de fumeron , qui est un bois mal cuit : c'est le corps le plus durable de la nature ; il n'y a que le feu qui puisse le détruire. C'est pour cela que le fameux Temple d'Ephèse fut bâti sur une couche de charbon de bois.

Le charbon se fait de différente façon. On appelle fourneau un amas de petits bois de 2 pieds & demi de long , rangés de manière que l'air puisse y passer , qui se termine en forme de calotte. On dresse au milieu 4 ou 5 petites perches en rond , qui forment une espèce de cheminée ; on répand sur la superficie une couche légère d'herbages ou de paille , ensuite on couvre le tout de terre des environs ; & enfin , d'une couche de fraisin ou de sable , après quoi on y met le feu par le haut , & on fait des trous autour du fourneau par le bas , pour donner de l'air & passage à la fumée. Quand la fumée , de blanche qu'elle étoit , devient brune & âcre , le feu du centre est suffisant. On l'arrête un peu s'il est trop violent. Après 10 ou 12 heures que les bouches ont été fermées , on donne modérément de l'air , afin que le feu ne s'éteigne point & ne consume cependant pas trop. Le charbon étant

cuit , on ferme toutes les ouvettures ; le feu alors
s'éteint peu à peu.

Le volume des petits fourneaux composés de 5
à 10 cordes, diminue d'un cinquième ; la diminution eſt bien moindre dans ceux de 50 cordes. On
eſtime que la proportion du poids du bois à celui du
charbon, eſt de 4 à 1.

Un arpent de bois taillis bien garni, meſure de
Roi , produit environ 36 cordes de charbonnette ,
& fait 9 bannes de charbon. Chaque corde eſt de
8 pieds de large, ſur 4 de hauteur. La banne eſt
de 3 pieds de long. Elle donne 4 grands ſacs de
charbon , chacun de 6 boiſſeaux, peſans 125 livres.
La banne tient 16 poinçons d'Orléans , & pèſe
2500 livres : c'eſt le produit de 4 cordes de bois de
charbonnette.

Art. 43. *Des Cendres de Bois de Chêne.*

La cendre eſt le réſidu ou la partie fixe du bois ,
détruite par le feu , dépouillée du phlogiſtique qui
ſubſiſtoit lors de l'état de charbon. 100 livres de
bois neuf, très-ſec, & brûlé avec le ſoin néceſſaire,
en ne perdant que ce qui eſt entraîné par la fumée ,
n'a produit que 3 livres 10 onces de cendre calcinée : ainſi le poids de la cendre eſt environ la trentième
partie de celui du bois. Une voie de bois neuf de
chêne , qui pèſe 1700 livres, doit être réduite au
poids de 61 livres 10 onces, qui font environ 4 boiſſeaux de cendre, peſant chacun 16 livres & demie.
Le ſel alkali fixe , ou lixiviel qui ſe trouve dans la cendre, eſt ce qui lui donne la propriété de blanchir le linge.

Art. 44. *De l'Agaric de Chêne.*

On appelle improprement agaric femelle , celui
qu'on trouve ſur les chênes. L'agaric eſt une eſpèce
de champignon dur , gros , peſant , dont les pores
ſont blancs. Sa ſuperficie eſt rude & raboteuſe , & la
ſubſtance intérieure, fibreuſe & ligneuſe , eſt difficile
à diviſer.

Le meilleur eſt celui qu'on trouve ſur les vieux chênes. C'eſt un aſtringent ; la partie molle eſt à préférer pour la ligature. Elle arrête le ſang dans les amputations : cependant ce ſtiptique n'eſt pas toujours ſuffiſant.

C'eſt avec cet agaric que l'on fait l'amadou, pour avoir promptement du feu.

M. Bolduc le regarde comme faux agaric : il y a lieu de croire que c'eſt l'agaric mâle dont il veut parler. Ce Chymiſte n'y a trouvé que très - peu de parties réſineuſes, & encore moins de ſel volatil ou de ſel eſſentiel ; la raiſon eſt qu'il ne vient que ſur de vieux arbres : on l'emploie pour teindre en noir.

Art. 45. *De la Noix de galle.*

Cette noix eſt une excreſcence qui vient ſur le chêne rouvre ; il s'en trouve auſſi aux autres, mais plus rarement. Les galles ſont de la groſſeur d'une petite noix ; elles proviennent de la piquure de certains moucheron; ui y dépoſent leurs œufs.

Il y a des noix de galle de pluſieurs eſpèces. Celles des chênes du Levant ſont les meilleures pour faire de l'encre. Celles de France, qu'on nomme caſſenoles, s'emploient pour la teinture en ſoie & pour faire le noir écru.

Art. 46. *Du Kermès.*

Le kermès qui vient ſur le chêne, qui porte ce nom en Provence, eſt produit par un inſecte qu'on appelle galle inſecte, qui reſſemble à une petite boule, dont on a retranché un petit ſegment. Il ſe nourrit des feuilles & des tendres bourgeons de ce chêne. La femelle, dans ſa jeuneſſe, a la forme d'un cloporte. Lorſque cet inſecte a toute ſa croiſſance, il paroît comme une coque membraneuſe, collée contre l'arbre. Il couve en Mars ; il éclôt en Avril. A la fin de Mai on lui trouve ſous le ventre juſqu'à 2000 œufs, remplis d'un rouge pâle.

Le mâle se métamorphose après un certain tems , & devient aîlé , ce qui lui donne la faculté de chercher la femelle.

La récolte du kermès est faite par des femmes au lever du soleil ; elles arrachent les œufs avec leurs ongles.

On dit que le kermès est presqu'aussi bon pour la teinture rouge , que la cochenille , cependant il y a bien de la différence ; mais quoiqu'inférieur , il est employé pour teindre en rouge commun. Le kermès entre dans une composition de drogues , dit sirop de kermès.

Différentes espèces de chêne fournissent des galles insectes, arrondies, grosses comme des petits pois , qui ressemblent beaucoup au kermès.

ART. 47. *Des Grapes rouges trouvées sur des Chênes.*

M. Marchand , de l'Académie des Sciences , dit avoir vu en 1666 dans la forêt de Chambord, un chêne singulier, sans glands garni de filets grisâtres, de 3 pouces de long, remplis d'une matière cotonneuse , où étoient attachés des grains semblables à la groseille rouge , qui ne renfermoient point d'insectes, & qui étoient remplis d'une espèce de coton fort serré.

Les filets ou jeunes branches sortoient toutes d'entre le bout de la queue des feuilles du chêne & le bois , aux endroits des bourgeons qui produisent les véritables branches.

Cet Académicien rapporte avoir vu en 1699 , dans la forêt de Rougeau près Corbeil , dans un taillis, un chêneau de 6 pieds , sans aucuns glands , à larges feuilles , qui avoit aux extrémités de chaque branche des grapes de plusieurs grains , semblables à celles des groseilles rouges , tirant sur le pourpre. Le goût en étoit âcre & d'un odeur désagréable ; les grains ne renfermoient point d'insectes .

ART. 48. *Du Bois & du Charbon végétal fossile.*

LE bois & le charbon fossile, font ceux qui se trouvent enfevelis dans la terre par des éboulemens. On a découvert en 1751, dans les marais de Lancafte en Angleterre, une forêt entière enfevelie du tems que ce Royaume fut conquis par les Romains ; on a trouvé des arbres la plupart entiers, étant auffi noirs & auffi durs que de l'ébène.

Près de la Ville d'Altorff en Franconie, au pied d'une montagne de pin & de fapin, on voit une efpèce d'abîme, nommé le Temple de Diane, où il y a des couches d'une efpèce de grais fort dur. On trouve dans cet abîme de gros charbons femblables au bois d'ébène, difpofés horifontalement : il y en a qui ne font point totalement réduits en charbon, dont la moitié n'eft que du bois pourri. Il y a lieu de croire que des forêts entières ont été renverfées & enfoncées par des irruptions & des feux fouterreins, & qu'une partie a été réduite en charbon par ce même feu.

ART. 49. *Du Guy de Chêne.*

CETTE plante parafite naît fur le chêne de la graine dépofée par le vent ou les oifeaux. Il croît environ à la hauteur de deux pieds. Ses tiges font couvertes d'une écorce verte, quelquefois jaunâtre, groffes comme le doigt, dures, ligneufes & entre-coupées de nœuds ; fes feuilles font oppofées deux à deux, & reffemblent à celles du pourpier ; fes fleurs, qui naiffent trois à trois, font difpofées en trefles, & produifent des fruits ou baies que les grives aiment beaucoup. On fait avec les grains du guy une glu fi tenace, qu'elle fait fon effet même dans l'eau.

Les Druides attribuoient beaucoup de vertu au guy. Toujours occupés de tromper les peuples, ils leur faifoient accroire que le guy fécondoit les ani-maux, & que c'étoit un contrepoifon. Ils imaginè-

rent de faire une fête en l'honneur du guy le premier jour de l'an , où le Prince des Druides , avec un
nombreux cortège, fuivi du peuple, alloit en grande
pompe dans les forêts , cueillir avec une faucille d'or
le guy facré ; il le diftribuoit au peuple après l'avoir
béni comme une chofe fainte, en criant *au guy* , *l'an
neuf*, pour annoncer une nouvelle année. On a fait
encore long-tems ce cri dans la Picardie. Le nom du
Fauxbourg de la Guillotière de Lyon, vient du mot
guy. A Dreux & en Bourgogne , les enfans crioient
au guy , *l'an neuf*, pour demander leurs étrennes.

Les Synodes ont aboli une fête de ce nom , fort
licentieufe, où les jeunes gens des deux fexes faifoient
une quête le premier Janvier.

Cette plante, ainfi que le lierre , ou autres plantes parafites , ne peuvent qu'être nuifibles fi elles
fe trouvent fur le chêne ; il eft convenable de les
couper au pied , pour éviter qu'elles n'occafionnent
des goutières par leur entrelacement.

TITRE V.

De la plantation & culture du Chêne.

Art. 50. *Manière de femer le Gland.*

Le chêne fe reproduit d'une graine qu'on nomme
gland. Cette femence ne fe cueille point , on la ra-
maffe à mefure qu'elle fe détache. Les premières qui
tombent font piquées de vers ; il faut les laiffer pour
la nourriture des animaux. On a vu au titre 3 les
efpèces de chênes à préférer.

On peut femer le gland dans deux faifons. Lorfqu'on préfère le printems , il faut avoir l'attention
de faire labourer l'hiver , fauf à donner un fecond
labour fi la terre eft trop battue. Si l'on veut femer
au printems , le gland doit être dépofé après fa ré-

colte dans des greniers. Pour qu'il foit bien confervé, il faut le mettre dans du fable ou de la terre bien sèche ; on fait fucceffivement un lit de terre & de gland ; il faut qu'il pouffe un peu fon germe ou fa radicule pendant l'hiver, & qu'il ne jette point de racines, ce qui l'épuiferoit. Alors il ne produiroit que des tiges étiolées, c'eft-à-dire foibles. Il faut auffi empêcher qu'il ne germe trop, pour éviter que le chevelu ne s'entrelace : ce chevelu rifqueroit alors d'être caffé en féparant les glands.

Lorfqu'on sème en automne dans les terres légères, un feul labour fuffit ; mais il faut que le gland foit recouvert de près de 3 pouces. Si les terres font fortes ou argilleufes, l'automne convient mieux pour les plantations, parce qu'il eft fouvent très-difficile au printems d'ameublir la terre qui a retenu l'eau des pluies & les neiges d'hiver. Il eft à propos en femant en automne, de répandre plus de glands, parce qu'il peut être mangé en partie par les mulots, les fangliers & autres animaux ; d'ailleurs les gelées & le givre font périr le germe du gland qui fort de terre de bonne heure.

On sème aux deux faifons dans des trous ou pots faits avec la houe, ou dans des raies faites à la charrue, ce qui eft encore mieux. Le gland doit être enfoncé de trois pouces. On répand auffi le gland à la volée, comme les bleds, mais cela n'eft pas fi bien. Un arpent de 100 perches à 22 pieds la perche, qui contient 1344 toifes quarrées ou 48400 pieds quarrés, exige dans tous les cas 12 boiffeaux de gland, mefure de Paris, ce qui fait 4 pieds cubes.

Pour préferver le gland de la gelée & en abriter le germe, il faut, après la femence du printems, y ajouter une demi-femence d'avoine. Si c'eft en automne, on peut y mettre moitié de bled ou de feigle, fuivant la qualité. La femence en grain peut fe répéter en avoine la feconde année. La petite récolte que l'on fait dédommage bien des frais, & d'un labour léger que l'on donne au printems avec une petite charrue, entre les rayons où il n'y a point de glands.

Si on ne sème point de l'avoine la seconde année, on peut piquer des boutures de peupliers ou du plant de bouleau dans les intervalles, pour abriter le chêne, qui est très-tendre, & qui résiste difficilement les premières années aux gelées du printems. L'herbe qu'on a soin de laisser sert aussi d'abri, aussi ne conseille-t-on point les binages.

ART. 51, *Le Chêne se multiplie de marcottes.*

ON reproduit aussi le chêne de marcottes. Pour y parvenir, il faut avoir ce qu'on appelle en terme de l'épinjériste, des mères qui sont des souches ou des scépées nouvellement coupées, qui donnent des jeunes branches que l'on nomme bourgeons. Lorsque ce bourgeon prend un ou deux ans, on le couche en l'assujettissant au terrein avec un petit crochet de bois ; on le recouvre de 6 à 8 pouces de terre, jusqu'à la souche. On laisse sortir environ trois yeux de terre de la branche, qu'on a soin de redresser un peu afin d'attirer la séve en haut, Comme ce bourgeon tient à la mère, il en tire la nourriture nécessaire ; il sort des yeux en terre du chevelu, qui, en devenant bois, produit des racines. Au bout de deux ou trois ans ce bourgeon doit avoir assez de racine. Alors il faut le séparer de sa mère, en le coupant, pour éviter qu'il ne l'épuise : on peut aussi l'enlever & s'en servir comme de plant ordinaire. Cette méthode est longue & ne réussit pas toujours, On peut en faire usage pour regarnir un taillis qui a besoin de l'être. Lorsqu'on couche le bourgeon, il faut l'assujettir avec un crochet de bois, de façon qu'il ne puisse se séparer de l'endroit où il a été couché. Le plant de marcotte vaut mieux que celui venu du gland ; il est plus vigoureux & pousse plus vite ; il est semblable à celui des pépinières.

A r t. 52. *Plants Forestiers & de Pépinière.*

Les préparations pour former un bois avec du plant, sont les mêmes que pour y mettre du gland. On peut y apporter la même économie. Il y a bien des gens riches qui suivent la méthode la plus chère, qui est de défoncer le terrein à la bêche. L'avantage qu'on en tire n'est pas assez grand pour la dépense : on ne la conseille pas.

Le plant de pépinière est beaucoup plus cher que le forestier ; mais il doit mieux valoir. Il faut qu'il ait deux ou trois ans, & qu'il soit de la grosseur d'un fort tuyau de plume, bien garni de chevelu, & qu'il n'ait point été rongé des lapins. 3000 plants suffisent à un arpent de 1344 toises quarrées pour être distribués à 3 pieds en tous sens.

Ce qui est cause, en général, que le plant levé dans les bois réussit mal, c'est qu'il n'est pas bien choisi, & que souvent on le laisse ou se sécher ou se gâter, faute de l'empailler. Il arrive encore qu'il est arraché dans un tems sec, au moyen de quoi presque tout le chevelu est séparé du plant.

Le plant ne doit point être enterré tel qu'il sort de la pépinière ; il faut l'habiller, ce qui consiste à rafraîchir les racines & à ôter le pivot. Lorsqu'il est planté à trois pouces, on coupe la tige, en observant de laisser environ deux yeux hors de la terre.

La plantation, soit qu'elle soit faite en automne ou au printems, doit être abritée soit avec du plant de bouleau, soit avec des boutures de peupliers. Si on ne peut en avoir, on peut semer moitié de bled ou d'avoine pendant deux ans, & laisser la moitié de la paille, afin que la faulx ou la faucille n'étête pas les jeunes bourgeons : le chaume qu'on laisse est capable de préserver de la gelée. Si le terrein est bon, on peut se passer de ces précautions, parce que les jeunes plants résisteront & feront mourir par leur ombre les mauvaises herbes.

Il est nécessaire de regarnir pendant trois ans au

moins les plants qui ont péri. Il ne faut point permettre l'entrée des bestiaux ; & pour l'empécher , on doit faire des fossés autour de la plantation : sans cette précaution , on est la dupe de sa dépense.

A R T. 53. *Expériences sur les Plantations.*

M. le Comte de Buffon proscrit les méthodes d'Evelyn Millet , Anglois. Il dit qu'elles sont ruineuses & coûtent dix fois plus que la valeur du bois , & que celles de France sont nombreuses. On plante 1°. en faisant donner trois labours à la charrue ; 2°. deux labours seulement ; 3°. on plante le gland à la pioche sans labour ; 4°. on jette ou l'on met à la main le gland dans l'herbe ; 5°. on y place de petits arbres ou plants pris dans les bois ; 6°. d'autres pris dans des pépinières ; 7°. on sème ou l'on plante à un pouce de profondeur ; 8°. à 6 pouces de profondeur ; 9°. en faisant tremper le gland dans différentes liqueurs comme dans l'eau pure , dans de la lie de vin , dans de l'eau de fumier ou dans l'eau salée ; 10°. on sème des glands avec de l'avoine ; 11°. ou du gland qui a déja germé dans la terre. Ces onze expériences ont été faites dans une terre paîtrissable , mêlée de glaise , retenant l'eau long-tems , & se séchant assez difficilement , formant par la gelée & la sécheresse une espèce de croûte avec plusieurs petites fentes , & produisant grande quantité d'hiebles dans les endroits cultivés , & des genièvres dans les friches.

Les trois premières expériences faites en automne , n'eurent pas de succès. Celles du printems réussirent mieux. Les glands semés à la pioche sans culture , ont parfaitement levé , même ceux cachés sous l'herbe , quoique les animaux en eussent emporté quantité. Le gland semé à 6 pouces a moins réussi que celui à un pouce ; ceux qui furent mis à 9 pouces ne levèrent point ; ceux trempés dans les eaux de fumier & de lie de vin , sortirent de terre plutôt que les autres. Le petit plant forestier a péri en deux ans ; celui des pépinières a bien réussi. Les glands germés dans le fable & femés avec de l'avoine, n'ont point manqué ; ils ont levé plus tard que les autres ; ce qui vient peut-être de ce qu'on a caffé la radicule ou le pivot en les tranfplantant, ce qui les a retardés de 15 jours ; mais auffi la gelée y a fait moins de mal. Cette radicule eft inutile, mais il faut conferver les deux lobes ou la plume qui eft la partie effentielle de l'embrion. Cette radicule en devenant bois, forme le pivot qu'on croit fans fondement néceffaire, pour empêcher qu'un arbre ne foit déraciné, mais il ne nuit pas au progrès de l'arbre. M. Duhamel en a fait l'expérience fur de petits plants de chêne de trois ans ; ceux à qui le pivot fut laiffé, étoient auffi vigoureux à 25 ans, que ceux à qui on l'avoit ôté : ainfi on peut fe difpenfer de le couper.

M. de Buffon ajoute que pour réuffir, on doit imiter la nature. Ainfi il faut planter & femer des épines, peupliers ou bois blancs ou trembles dans les plantations, & que le terrein foit à demi couvert, pour qu'il puiffe rompre la force du vent & diminuer celle de la gelée. Le jeune plant doit être abrité pendant plufieurs années ; cela eft fi vrai qu'il réuffit mieux à l'ombre des taillis qu'à l'injure des faifons. Il prétend auffi que pour convertir en bois un champ ou un terrein cultivé, le plus difficile eft de faire du couvert. Si l'on abandonne un champ à la nature, il faut 20 ou 30 ans pour y faire croître des épines ; il faut donc une culture pour devancer la nature de 18 à 19 ans, la graine d'épine étant trop long-tems à venir ; il faut préférer celle de marfaut, qui croît fans culture. Mais ce qui eft mieux pour faire du couvert, font les boutures de peupliers ou de trembles que l'on pique lorfque l'on sème le gland dans un terrein humide. Dans celui qui eft fec, on préfère des épines, du fureau, ou quelques pieds de fumac. De ce dernier il n'en faut que 12 boutures pour couvrir un arpent en trois ans, en le faifant couper à rafe terre. A la feconde année il eft préférable au tremble, qui fe tranfplante difficilement ;

d'ailleurs

D'ailleurs les racines ne font aucun tort au chêne,
dont la tige, lorfqu'elle eſt élevée, étouffe tout ce
qui l'environne.

A R T. 54. *Des Plantations, & de celles faites en Champagne.*

TOUTES les méthodes ·économiques de planter
doivent être préférées ; mais pour réuſſir, on doit
étudier le local. S'il y a une exception pour augmenter la dépenſe, ce n'eſt que lorſqu'on eſt obligé
d'accélérer les productions, & de mettre un palis
pour éloigner la bête fauve deſtinée au plaiſir de
la chaſſe. On peut encore, dans ce cas, apporter
de l'économie en donnant au terrein l'eſpèce de
bois qui lui eſt propre, plutôt que de s'obſtiner à
ne planter que du chêne. Il ne faut pas non plus
faire de trop profonds défoncemens, ils ſont très-
coûteux. Ce ſurcroît de dépenſe ne change point la
nature d'un mauvais ſol ; il eſt vrai qu'ils le rendent plus meuble ; mais c'eſt acheter trop cher cet
avantage. Si la terre eſt bonne, un labour de ſix
pouces ſuffit. On peut encore éviter cette dépenſe ;
j'en ai l'expérience. Ayant fait planter près Saint-
Dizier en 1758, 91 arpens de friches du Domaine
du Roi, tenant à ces bois, le grain de terre eſt
en partie un peu mêlé de ſable, tirant ſur le noir,
à cauſe de l'humidité, l'autre partie eſt une terre
jaunâtre, un peu forte ; j'ai adjugé à environ
45 liv. l'arpent, la plantation de cette friche,
aux conditions 1°. de faire des trous ou pots de
9 pouces de profondeur, à 3 pieds de diſtance en
tous ſens, après avoir enlevé le gaſon d'un pied
& demi en quarré, de l'épaiſſeur de 3 pouces ; 2°.
de mettre dans chaque trou du plant de chêne, de
hêtre ou de charme pris dans la forêt voiſine
ſans payer ; 3°. de regarnir les plants manquants 3
années de ſuite. Quoiqu'on n'ait rien mis pour

C *

abrirer les plants , ils ont parfaitement réuſſi. Les gazons placés à côté , le hêtre & le charme qui viennent plus vîte , ainſi que les herbes qu'on s'eſt bien gardé d'ôter par des binages diſpendieux , ont vraiſemblablement préſervé le chêne des gelées & de la trop grande ardeur du ſoleil.

Le Planteur a recépé à ſes frais au bout de quatre ans , & le bois qui lui a été abandonné ne l'a pas dédommagé. Douze ans après , les 91 arpens , dont le fonds ne valoit que 9100 & 13100 liv. avec les frais de plantations , ont été coupés ; ils ont rendu 3360 cordes de charbonnette , & 12000 bourrées , dont le produit net a été de 8952 liv. De-là il réſulte qu'en 16 ans , les 91 arpens ont rapporté 6 liv. chacun par année , au lieu de 40 ſ. que le terrein en friche auroit pu être loué.

Lorſque le taillis aura 25 ans, il vaudra 300 liv. l'arpent ; alors le revenu ſera de 12 liv. A la troiſième coupe il augmentera encore , parce qu'il y aura de la futaie à exploiter.

On voit qu'il eſt inutile de répandre beaucoup d'argent pour planter du bois, & qu'il ſuffit de le bien entretenir les premières années, & de recéper deux fois & même trois dans un mauvais terrein , pour faire étaler & fortifier les racines. Le ſuccès & la durée d'une plantation dépend abſolument des racines qui ſont les pourvoyeuſes. Il faut bien ſe garder de laiſſer trop élever la tige les premières années ; une production extérieure trop prompte doit être arrêtée , ſi l'on ne veut pas courir les riſques de voir périr le bois au bout de 25 ans par l'épuiſement des racines.

L'Entrepreneur de la plantation des 91 arpens , malgré le prix modique , a gagné quelque choſe. Si j'étois dans le cas à préſent d'en faire de pareilles , ayant le même terrein & la facilité d'avoir du plant , je ne balancerois pas à ſuivre la même méthode , qui eſt des plus économiques. Je

trois qu'elle peut être pratiquée dans toutes fortes
de fols, en ayant l'attention de choifir le plant qui
convient au grain de terre ; dans les fables arides,
il n'y a que le pin qui peut convenir. Dans le
tems que cette plantation a été adjugée, on n'étoit
point en ufage de planter du bois dans le pays,
ce qui m'obligea de faire venir d'Auffon, près Saint-
Florentin, des gens au fait ; mais à préfent, fi l'on
vouloit faire en Champagne de pareilles plantations,
on trouveroit des Entrepreneurs à 16 liv. & 18 liv.
l'arpent dans un terrein qui auroit été cultivé quelques années avant, & qui auroit produit des récol-
tes en grains. En ne payant que 16 à 18 liv., on
pourroit efpérer de retirer cinq pour cent d'une
plantation nouvelle, en y comprenant le prix du
fonds. On ne fera point étonné de ce que j'avance,
en voyant ce qui a été fait en Normandie, art. 56.

Voici encore un exemple de plantations économiques. M. le Comte Duhamel, à fa terre de
Saint-Remi en Champagne, a fait planter en 1762
quatre arpens de terres fortes de cette manière.
Des femmes firent avec la houe, fur le terrein,
des trous dans lefquels elles mettoient quatre glands ;
chaque trou fut recouvert avec le gazon retourné qui
avoit été ôté ; l'herbe fe pourrit l'hiver ; elle ne
nuifit point au progrès du gland. Au bout de trois
ans on fit récéper les quatre arpens ; fept ans après
il fut fait un fecond récépage qui produifit deux
cens fagots du prix de 20 liv., ce qui dédommagea
des frais. Actuellement (en 1780) le taillis âgé de
8 ans, aura 12 ou 15 pieds d'élévation, & il vaudra à
l'âge de 25 ans 100 liv. l'arpent, ce qui fera 400 liv.
A cette époque M. le Comte Duhamel retirera à-
peu-près la rente du fond, parce que l'arpent ne va-
lant que 80 liv., il ne lui auroit rapporté tout au
plus que 4 liv. ; mais s'il ne retire pas tous fes intérêts & les frais modiques de plantation, il fera toujours bien dédommagé à la feconde coupe, tems
où les 4 arpens de taillis vaudront 800 liv., qui,

divifée en 25 ans , donneront 32 liv. par an , au
lieu de 16 liv. qu'ils pouvoient produire.

ART. 55. *Avantage des Plantations.*

L'AVANTAGE qu'on retire en Champagne des
terres en friche plantées en bois, eft affez démontré. Lorfqu'on voudra dans toutes les Provinces fuivre la même route , on eft sûr d'avoir un produit
relatif au fol. S'il y a de la confommation dans
le pays , ce qui ne peut manquer d'arriver quand
on eft à portée des rivières & des forges. Les bois
ne font pas fujets aux imtempéries des faifons; ils
n'exigent point de bâtiment ni de corps de ferme ,
ils ne font point fujets aux non-valeurs , & l'on
peut fe paffer de Fermiers , qui pour l'ordinaire
payent affez mal.

Les exemples étant plus frappans que toutes les
démonftrations, on va citer des faits rapportés par
M. Duhamel , qui font capables d'encourager : on
fe contentera de parler des plantatations de chêne & de
pin. Un Armateur de Saint-Malo a fait conftruire des
vaiffeaux Marchands avec un bois que fon père
avoit planté. Des pins plantés en 1743 , avoient
en 1759 , 38 pieds de hauteur & 28 pouces de
gros. D'autres femés en 1749 dans une terre fa-
blonneufe , avoient en 1759 7 toifes de haut. Un
bois de chêne femé en 1735 dans un bon terrein
de fable gras, qui n'avoit point été cultivé , avoit
en 1766 14 pieds de haut & 9 pouces de gros. Un
autre dans un pareil terrein cultivé, s'eft élevé de
25 pieds fur 14 pouces de gros. M. le Maréchal
de Belle-Ifle , à Bify , a fait deux & trois coupes
des bois qu'il avoit plantés ; il a augmenté fon
revenu de 25,000 liv. M. Trudaine, Confeiller d'E-
tat , a doublé le produit de fa terre de Montigny,
pour avoir fait mettre en bois toutes les terres en
friche , ou qui rapportoient peu. Dans la forêt de
Fontainebleau , 250 arpens repeuplés en 1735 étoient
garnis en 1760 d'un taillis de chêne de 25 pieds de

haut, qui rendoit 8 cordes de chauffage par arpent.

ART. 56. *Des Plantations de Picardie & de Normandie.*

ON vient de démontrer l'avantage de faire de nouvelles plantations, en y apportant une sage économie. M. Pannelier, qui est chargé du rétablissement de la forêt de Compiègne, avance page 17 de son Essai, qu'il faut défoncer en totalité à deux pieds de terre ferme où le sol le permet, afin que le plant puisse jetter ses racines en tous sens. Ce procédé paroît trop dispendieux. En effet, un bois à replanter ou un nouveau plant à faire est la même chose. Il est d'usage, lorsqu'on veut renouveller un terrein pour le planter en bois, de le défoncer d'un pied ; cela suffit pour enterrer le friche & mettre la terre du fond sur la superficie. Il en coûte au moins 60 à 80 liv. par arpent. Cette dépense, qui est considérable, tripleroit pour faire défoncer à 2 pieds.

Si ce qu'on vient de dire pour planter avec avantage ne suffit pas, je citerai encore le repeuplement de 3000 arpens de la forêt de Rouvray, fait en Normandie il y a environ 25 ans dans la Maîtrise de Rouen, M. Pecquet étant Grand-Maître des Eaux & Forêts. Cette immense plantation a été faite dans un terrein en général de nature de sable assez aride, sous lequel se trouve un gros gravier mêlé de sable. On a labouré le terrein en faisant passer la charrue au moins deux fois dans chaque raie, afin de les rendre plus profondes. Un Journalier qui suivoit le Laboureur, faisoit des trous dans les sillons & y plantoit des brins de bouleau à 2 pieds de distance : la charrue, en faisant le sillon voisin, recouvroit celui qui étoit planté.

Dans les endroits où le sol s'est trouvé meilleur, on y a mis du gland, de la châtaigne & de la faine, & dans les sables secs de la graine de pin.

Il a été fait aussi dans le même-tems des semis pour regarnir ; tout a parfaitement réussi. Peut-on voir rien de mieux entendu ? Jusqu'aux foſſés , ils ont été tracés à la charrue , comme Romulus a tracé l'enceinte de Rome. Le plant a été pris dans les forêts voiſines. On voit donc que M. Pannelier prétend mal-à-propos qu'on ne doit prendre du plant que dans des pépinières. On a démontré que lorſqu'on étoit à même d'avoir du plant foreſtier, il réuſſiſſoit en prenant les précautions néceſſaires. A ſix ans les plantations faites en bouleau ont été récépées. Il y avoit des brins de 8 pouces de gros & de 15 pieds de haut.

Art. 57. *Des Plantations dans des Bruyères.*

Si on veut mettre en bois une bruyère plantée de mauvaiſes eſpèces de bois ou d'épine , on peut employer une méthode qui a réuſſi. Elle conſiſte à préparer & régénérer le terrein en le faiſant eſſarter. Pour y parvenir , il faut enlever 2 à 3 pouces de gazon après avoir déraciné tous les bois qui s'y trouvent , enſuite on range le gazon par rayons , en le dreſſant en forme de faitière , de même que les tuiles qu'on veut faire ſécher , afin que l'air puiſſe y paſſer librement. On met dans les intervalles les mauvais bois qu'on a coupés ſur le terrein. Si l'on n'en a pas ſuffiſamment , & qu'on ſoit à portée d'un bois en coupe , on ſe procure des ramilles ; lorſque le gazon eſt ſec on y met le feu en hiver par un beau tems ou un vent du nord, en faiſant attention de ne point diriger le feu ſur des forêts voiſines. Cette préparation développe les ſels & ſert d'engrais. Au commencement du printems on met de la graine ou du plant dans le terrein , ſuivant la méthode de Champagne ou de Normandie , ainſi qu'il eſt dit à l'article précédent. Après quoi il faut y ſemer du ſeigle ou de l'avoine , & faire herſer très-légèrement avec le dos de la herſe pour recouvrir ſeulement le grain. La récolte qu'on en fait dédommage des frais de défrichement ; on peut répéter de ſemer en grains une ſeconde année , en prenant des précautions pour ne point arracher le plant.

ART. 58. *Des Pépinières.*

LORSQU'ON entreprend de grandes plantations, & qu'on n'est point à portée de se procurer du jeune plant pour remplacer ceux qui manquent dans les 4 premières années, il est convenable de faire des pépinières avant ou en même-tems que les plantations projettées. Une pépinière doit être faite dans de bonnes terres légères : si le sol est trop fort, il faut y mettre un peu de sable pour le diviser ; quand on a du terreau, il est à propos d'en répandre légèrement avant le dernier labour.

Si la pépinière est destinée à rester en bois, le gland doit être mis à 6 pouces de distance en tous sens, au moyen de quoi, dans l'espace de 3 pieds, on pourra lever cinq petits plants pour regarnir la plantation. La pépinière doit être binée pendant 3 ou 4 ans, à la fin du printems & dans l'automne ; on peut semer du grain la première & la seconde année, en observant, quand on le coupe, de laisser le chaume très-haut, pour abriter le plant. Lorsque la pépinière est pour élever des arbres, il faut la dégarnir suivant le progrès du plan, afin que les petits cheneaux ne puissent se nuire. Pour les faire monter, il convient, au bout de 3 ou 4 ans, de supprimer les petites ramilles qui ont poussé sur la tige & les branches gourmandes, sur-tout une de celles qui font une fourche au sommet, à moins qu'elles ne soient d'égale force.

On ne doit transplanter les petits chenaux que quand le bois est bien mûr, ce qui arrive à la chûte des feuilles ou quand elles sont jaunes. M. Duhamel ne laisse rien à désirer sur cette culture, qu'il a traitée dans son Livre des semis & plantations.

TITRE VI.

Des Taillis & des Futaies.

INTRODUCTION.

DANS les tems les plus reculés il y a eu des Loix pour la confervation des bois. En 800, fous Charlemagne, il fut défendu d'en faire des défrichemens. En 1300, & depuis à chaque fiècle, il a été rendu des Ordonnances où l'on voit que les bois ont été confidérés avec une attention toute particulière, & qu'il a été inftitué des perfonnes, *ad hoc*, pour veiller fur les forêts. On s'eft peut-être moins occupé des bois taillis, parce qu'il régnoit alors un efprit d'économie dans les confommations, D'ailleurs la population n'étoit pas auffi confidérable, & l'on avoit abondamment des bois de tous âges, au-delà des befoins.

Les futaies, quoique très-communes, lorfqu'on en faifoit moins d'ufage, ont toujours fixé l'attention, parce qu'on les a regardées comme effentielles pour les conftructions des bâtimens civils & pour la navigation des rivières. Mais depuis que toutes les Nations ont cherché à s'enrichir par le commerce maritime, & que les Püiffances ont entrepris de conquérir des continents au-delà des Mers, on a reconnu plus particulièrement de quelle importance il étoit de fe procurer des bois pour les conftructions navales, afin de pourvoir aux confommations qui font à l'infini. Les befoins ont auffi augmenté pour les autres ufages. D'après les progreffions fur toutes les confommations, il eft abfolument néceffaire de pourvoir à l'abondance. C'eft dans cette vue qu'il convient d'écarter les fyftêmes qui n'ont point pour bafe la vraie adminiftration. Il feroit affligeant pour la poftérité, fi l'on admettoit la fupreffion des

baliveaux, d'après l'opinion de M. de Réaumur, &
que l'on coupât toutes les forêts en maffif , d'a-
près le fyftême de M. Pannelier.

Mais comme on doit diftinguer les bois des autres productions , parce qu'un fiècle ne fuffit pas
pour l'accroiffement & la perfection des futaies , &
pour réparer les fautes commifes dans l'adminiftration des bois , on doit prendre garde de tomber dans
les plus petites erreurs , finon on courroit rifque de
déranger l'économie pour plus de cent ans , & d'être
obligé d'avoir recours à l'Etranger.

C'eft donc inconfidérément & fans avoir voulu
examiner les motifs des anciennes loix , qu'on a
cherché à les faire oublier , & qu'on a tenté de
porter atteinte à l'Ordonnance des Eaux & Forêts
de 1669. Ce chef-d'œuvre du Grand Colbert a
été rédigé par les plus célèbres Jurifconfultes fur
les Mémoires de Réformateurs éclairés & des Officiers des Eaux & Forêts qui avoient le plus d'expérience , même fur ceux des Commiffaires départis
des Provinces. Tant d'autorités refpectables n'ont
point empêché de donner des projets deftructifs. Pour
chercher à perfuader , on a fait monter les frais
d'adminiftration des bois du Roi à un million fix
cents mille livres. La Compagnie qui avoit fait
ce calcul , offroit de remplacer les Jurifdictions
des Eaux & Forêts , & demandoit pour frais de ré-
gie & bénéfice de leurs fonds , d'avancer trois millions
quatre-vingt mille livres. La propofition étoit pour
eux très-avantageufe , en ce qu'ils comptoient , pendant un petit nombre d'années , abforber toutes
les futaies , & n'en laiffer que le germe , fous le
prétexte d'augmenter le produit des bois du Roi.
Dans la foule des autres projets , donnés à différentes époques , on ne parlera que d'un petit nombre. Il a été propofé : 1°. De fupprimer les baliveaux ; 2°. d'établir des quarts de réferve dans les
bois des particuliers ; 3°. de couper toutes les futaies
& de laiffer croître feulement des bocqueteaux de

futaie ; 4°. de vendre pour toujours les forêts du
Roi , pour en faire par les acquéreurs tel ufage
qu'ils jugeroient à propos , même de les défricher
pour les mettre en culture ; 5°. en dernier lieu il
a été propofé de régler toutes les forêts du Royaume
à 20 , 25 & 30 ans , fous prétexte qu'à un âge
plus avancé les forêts changent de nature , & que
celles du Roi font pour la majeure partie en effen-
ces de bois de hêtre & de charme , & que d'ailleurs
il y auroit une augmentation de revenus. Ce dernier projet a été conçu par M. Pannelier. Comme
fon fyftême a fait une fenfation affez grande, on
démontrera , article 64 , qu'il ne peut avoir lieu
fans beaucoup d'inconvéniens.

Art. 59. *Des Taillis.*

Les bois que l'on coupe avant qu'ils parviennent en futaie, font appellés taillis ; on les nomme
auffi jeune taille , ou taille , & hauts taillis depuis
l'âge d'un an jufqu'à 40 & 50 ans. L'Ordonnance
de 1669 a fixé l'âge de la coupe des taillis à 10
ans ; mais on ne doit fuivre cette loi que pour
les châtaigneraies ou les blancs bois qui dépériffent
au-delà de ce terme, étant plus avantageux de prolonger l'exploitation des taillis jufqu'à 20 , 25 &
30 ans. C'eft ce qui a fait déroger à la loi. En
en 1719 il fut ordonné que les taillis des Gens
de main-morte ne feroient coupés qu'à 25 ans.

On a vu au titre 5 les premiers progrès du chêne ;
à préfent il va figurer en taillis, & devenir profitable. Dans un bon terrein, à l'âge de 20 ans, il eft
affez fort, & peut être converti en charbon pour les
forges & autres ufages. On en fait auffi des cerceaux
& des cercles de futailles ou de cuves. Son écorce
tendre eft la meilleure pour la préparation des
cuirs. Lorfqu'on exploite les taillis à 20 ans , il
eft aifé d'y trouver de beaux baliveaux. On indiquera par la fuite à quel âge il eft le plus avantageux de couper les taillis. Quoiqu'on puiffe à 20

ans en faire du petit bois de corde , il eſt à propos , lorſqu'on le deſtine à alimenter les forges ,
de ne l'exploiter qu'à 30 ans de recrue. Il eſt
auſſi plus convenable de ne couper les taillis qu'à
35 , 40 , 50 ou 60 ans , ſi l'eſſence eſt de chêne
ou de bois dur , ſitué dans un bon terrein , ſur-
tout lorſque la nature des conſommations le re-
quiert, telle que le chauffage , parce qu'à un âge
avancé on y fait du bois de corde ou de moule.

Voici ce que M. Duhamel rapporte ſur les progrès des taillis à différens âges. Il dit que les taillis
& hauts taillis dans un bon fond , croiſſent environ chaque année d'un pied juſqu'à 60 & 80 ans ,
& qu'après ils s'élèvent très-peu , & qu'ils groſſiſſent
de 6 lignes par an , c'eſt-à-dire , que chaque cercle a une ligne d'épaiſſeur : il en réſulte les dimenſions ci-après. A 20 ans les brins de taillis peuvent avoir 10 pouces de groſſeur , même à 4 ou
5 pieds de terre , ſur 20 pieds de hauteur. A 25-
13 pouces de gros , ſur 25 de haut. A 30-15 pouces de gros , ſur 30 de haut. A 35 , ils doivent
avoir 20 pouces de gros ſur 36 pieds de haut. C'eſt
à 30 ans qu'il eſt le plus avantageux de couper
les taillis , & qu'on peut faire de belles réſerves
en baliveaux pour la Marine. On a obſervé en
Champagne que l'accroiſſement des taillis eſt de
plus de 6 lignes par an , à compter de l'année où
il y a 20 ans faits , & 7 à 8 pouces de gros. A
30 ans le taillis a 25 pouces de gros , ce qui fait
1 pouce 4 lignes d'accroiſſement par année , dans
l'eſpace de 20 ans.

ART. 60. *Des Futaies.*

ON comprend ſous le nom de futaie , 1°. les
brins de taillis réſervés à chaque exploitation , qu'on
nomme baliveaux ; 2°. les arbres de différens âges
qui ſe trouvent dans les taillis , même ceux qui
ſont épars ; 3°. les forêts conſervées en maſſifs ,
les liſieres ou bordures. On dit demie ou jeune

futaie depuis l'âge de 50 jufqu'à 80 ans ; haute ou vieille futaie jufqu'à 100 , 200 & 300 ans.

L'origine des baliveaux eft des plus ancienne. On les a nommés ainfi du mot de *bail* , *bailly* , ou *baillie*. Bail fignifioit garde ou protecteur ; bailly vouloit dire gardien , parce que les Baillis des Provinces en avoient la garde ; ce qui fait voir qu'on regardoit les baliveaux comme très-néceffaires pour procurer des futaies. L'Ordonnance du mois de Mai 1576 prefcrit de réferver parmi les baliveaux ceux les plus propres à porter de la graine. Les grands arbres qui étoient deftinés au repeuplement des bois, à caufe de la graine qu'ils y répandent tous les ans , ont été appellés étalons. Comme on fe laffe des meilleures chofes , on ne ceffe d'écrire & de dire depuis 60 ans que les baliveaux font un tort confidérable à la recrue des taillis. M. de Réaumur , prévenu contre les baliveaux , s'eft beaucoup récrié contre eux. En 1721 il donna un grand Mémoire à l'Académie , pour démontrer le tort qu'ils faifoient aux bois. Il y a lieu de croire qu'il ne perfuada point , puifqu'on n'a rien changé de l'Ordonnance de 1669. Depuis plufieurs années nombre de perfonnes en fe fondant fur le Mémoire de M. de Réaumur , cherchèrent à perfuader qu'il falloit profcrire les baliveaux des forêts. Ils donnèrent pour raifon qu'ils périffent tous dans la révolution des coupes , & que l'eau qui découle des baliveaux nuit beaucoup aux taillis , ainfi que leur ombrage. Si réellement les baliveaux périffent , ils ne font point de mal aux taillis ; mais comme il en refte au moins les trois quarts , & que loin d'y nuire par leur ombrage ils les abritent des frimats de l'hiver & du commencement du printems , même des ardeurs du foleil en été , il faut réferver des baliveaux , quoiqu'ils foient fujets aux caprices des tems , ainfi que toutes les autres productions.

M. de Réaumur n'approuve point les réferves de

baliveaux dans les bois des particuliers qui coupent les taillis à 10 ans de recrue ; il est vrai qu'à cet âge ils sont foibles, & qu'ils résistent moins aux injures des saisons ; d'ailleurs ils ne s'élèvent jamais. Malgré ces inconvéniens, j'estime qu'il est avantageux d'en réserver. J'ai la preuve qu'il en est resté dans mes bois plus des trois quarts, qui prennent de l'accroissement, relativement au sol, & qu'après 3 & 4 révolutions ils peuvent faire du chevron. On ne doit donc pas craindre de laisser des baliveaux, ainsi qu'il est prescrit. Loin de nuire aux taillis, ils en font l'ornement. En effet, un bois sans baliveaux ressemble à une nouvelle plantation. Le célèbre Académicien qui a porté ses recherches à l'infini, s'est sûrement moins occupé des bois. S'il avoit pris des connoissances de toutes les forêts du Royaume, il auroit pensé très-différemment. Il a parlé de l'administration des bois plus en économe d'une petite partie, qu'en homme d'Etat, qui doit connoître toutes les différentes consommations & y pourvoir. Il y a apparence que jusqu'à présent on n'a pas bien compris les vues des anciens & bons Administrateurs, qui ont regardé les baliveaux comme essentiels, pour procurer éternellement des futaies ; ils ont moins envisagé le tort qu'ils pourroient faire à la recrue des taillis, que la nécessité de donner des ressources pour les constructions civiles & navales, & pour les différens usages.

D'après ce qu'on a dit contre les baliveaux, on doit croire qu'on ne les a jugés que sur le mauvais état de ceux qui avoient été mal choisis il y a plus de cent ans & depuis, ou que des abroutissemens, des accidens des saisons & des délits anciens avoient défigurés, ou enfin sur les défauts survenus, qui ont empêché, retardé ou détourné les progrès de la séve. Avant l'Ordonnance de 1669, on n'étoit point exact sur le choix des baliveaux, parce qu'il y avoit moins de personnes pour surveiller les forêts : d'ailleurs, y ayant beaucoup de bois & peu de confommation, on y faifoit moins d'attention d'après l'affurance où l'on étoit de n'en jamais manquer.

De la négligence qui a duré long-tems fur l'infpection & le choix des baliveaux, il en eft réfulté qu'on n'a réfervé que de mauvais baliveaux. Ce vice a duré encore quelque tems après l'Ordonnance, parce qu'il n'eft pas poffible de réformer promptement les anciens abus. D'ailleurs la loi n'a confié le choix des baliveaux à des Officiers Royaux que pour les bois du Roi, & les quarts de réferve des Gens de main-morte, qui ne compofent guère que la moitié des bois du Royaume. L'autre moitié qui peut fe monter environ à deux millions cinq cent mille arpens, a été abfolument négligée. En effet, les Communautés d'Habitans, les Eccléfiaftiques, n'ont jamais eu affez d'exactitude fur le choix des baliveaux, lorfqu'ils ont exploité leurs coupes annuelles. Toujours avides de jouir, ils ont abattu ce qu'il y avoit de plus beau, ou ils ont laiffé choifir les baliveaux par les Marchands ou leurs Fermiers, qui, par cupidité, n'ont laiffé que les plus mauvais. Cet abus dure encore; il eft abfolument néceffaire de le réformer fi l'on veut avoir de belles futaies. Il en eft de même des particuliers. Fauffement perfuadés que les baliveaux diminuent leur revenu, ils n'ont point fait attention à ce germe de futaie; ils ont laiffé & laiffent encore à leurs Régiffeurs ou aux Marchands intéreffés la faculté de réferver le nombre prefcrit fans s'embarraffer du choix. Voilà le véritable principe des mauvais arbres que l'on a coupés depuis un fiècle, & que l'on trouve encore dans les bois. Ainfi on ne doit attribuer la caufe réelle qu'au mauvais choix des baliveaux, & non aux intempéries des faifons.

Les foins de M. Duhamel, pour connoître le progrès des baliveaux, démontrent affez l'avantage de leur exiftence. Il dit qu'ils croiffent peu en hauteur; mais qu'ils groffiffent moitié plus que les brins de taillis, & à peu près de neuf lignes ; enforte que les couches annuelles ont environ une ligne & demie d'épaiffeur , à compter depuis la coupe des taillis où ces baliveaux ont été réfervés pour croî- tre en futaie. En Champagne les baliveaux de chêne qui font dans un bon fond , s'élèvent jufqu'à 24 pieds , & groffiffent d'un pouce 4 lignes par an. Mal- gré l'utilité réelle des baliveaux , on a propofé de les fupprimer & de faire laiffer par les particuliers qui exploitent à 10 ans, la 50ᶜ. ou 100ᶜ. partie de chacune de leur coupe, pour croître en futaie. Si on admettoit cette compenfation , il faudroit au moins ne faire qu'une feule réferve dans le meilleur fond, plutôt que d'en faire une dans chaque coupe.

M. Duhamel, dans fon Livre des Semis , propofe une manière différente pour diftribuer les baliveaux. Il dit qu'on peut en réferver 264 dans un bois de 12 arpens ; favoir 72 dans toute l'étendue des bois pour fubfifter toujours & fournir au repeuplement, & 192 dans les rives de la coupe, du côté du midi ou de l'eft , pour préferver les taillis de la gelée , & afin qu'au printems les vents du nord & de l'oueft puiffent diffiper l'humidité. Si cet abri eft néceffaire aux taillis, c'eft mal-à-propos qu'on a voulu faire croire que l'eau qui découloit des baliveaux dans les gelées leur étoit nuifible. On ne peut guère ad- mettre la méthode de M. Duhamel, que pour une petite partie des bois ; d'ailleurs on ne voit pas qu'elle foit préférable à la pratique ordinaire. Il a encore été propofé pour tenir lieu des baliveaux & des ar- bres modernes & anciens , de réferver une lifière dans tout le contour des forêts , & même dans celui de chaque coupe, des cordons de taillis de fix pieds de large. Ce fyftême feroit très-nuifible à la recrue des bois , parce que les coupes annuelles feroient privées de l'air & du foleil fi elles font compofées d'un petit nombre d'arpens. Voyez l'art. 65. Tous les différens fyftêmes pour fupprimer les baliveaux, ne doivent point être admis & il eft abfolument convenable de ne rien changer à l'Ordonnance de 1669. En la fuivant exactement, les baliveaux produiront de belles futaies pour la Marine & les bâtimens civils.

ART. 61. *De l'accroiſſement des Arbres.*

M. Duhamel s'eſt aſſuré que les arbres augmentent en groſſeur, principalement dans le printems & dans l'été, par des couches qui ſe forment entre le bois & l'écorce, & que cela ſe prouve par les arbres écorcés, où il ne ſe forme point de couches nouvelles ; il dit que les baliveaux & les arbres modernes des deux âges & les anciens, croiſſent peu en hauteur ; mais qu'ils groſſiſſent plus que les brins de taillis à peu près de 9 lignes par an, & que les baliveaux & arbres réſervés augmentent environ d'une ligne & demie d'épaiſſeur depuis la coupe des taillis. D'après cet accroiſſement, il a obſervé qu'un arbre moderne de 40 ans qui avoit 10 pouces de circonférence, à 20 ans, a augmenté d'environ 15 pouces pendant 20 années, & que cet arbre à 40 ans portoit près de 2 pieds de circonférence, ſur environ 20 pieds de hauteur, attendu qu'à cet âge il s'élève très-peu après l'exploitation des taillis, & qu'il n'y a que les branches qui s'étendent, le tronc demeurant entièrement de la même hauteur. Il a trouvé qu'un arbre ancien de 60 ans, ayant trois âges, qui avoit 10 pouces à 10 ans, peut porter à 60 ans 40 pouces de tour, ou 8 d'équarriſſage ſur 20 pieds de hauteur qu'il avoit à 10 ans. Un de 80 ans qui avoit 20 pieds à 20 ans, 10 pouces de gros, porte un peu plus de 4 pieds & demi de tour ſur 20 pieds de hauteur qu'il avoit à 20 ans. Dans un bois coupé à 25 ans, les arbres de 50 ans qui avoient 12 à 13 pouces à 25 ans, avoient 2 pieds & demi de tour, ſur 25 pieds de hauteur qu'ils avoient à 25 ans. Des arbres de 75 ans ont 50 pouces de tour ſur leur hauteur de 25 pieds. Des arbres de 100 ans 5 pieds & demi de tour, ſur la hauteur de 25 pieds. Dans un bois coupé à 30 ans, les arbres qui avoient 15 pouces de groſſeur, ont 3 pieds de tour, ſur la hauteur de 30 pieds qu'ils avoient à 30 ans.

De 90 ans, 5 pieds de tour, 1 pied d'équariſſage.

De 120 ans, 7 pieds de tour, 17 pouces d'équarriſſage.

} Sur la même hauteur de 30 pieds qu'ils avoient à 30 ans.

Ce qui a été obſervé en Champagne, relativement à la groſſeur, différe de quelque choſe des dimenſions ci-deſſus, ainſi qu'on le verra à la fin de l'article 63.

ART. 62. *Des réſerves de Baliveaux & d'Arbres.*

L'ORDONNANCE de 1669, article premier, titre 26, preſcrit de réſerver 16 baliveaux dans les taillis, & 10 arbres dans les ventes ordinaires de futaie, dont on pourra diſpoſer après l'âge de 40 ans dans les taillis, & à 120 ans dans les futaies. Par des Règlemens particuliers & des Arrêts du Conſeil pour les bois des Gens de main-morte, il a été ordonné de réſerver 25 baliveaux par arpent, & les arbres au-deſſus de 60 ans. Il eſt d'uſage de réſerver dans les bois du Roi 25 & 30 baliveaux, & des arbres plus ou moins, ſelon les départemens. Le but de ces Loix a été de procurer à l'Etat des reſſources de futaie ſans nuire aux revenus, & même pour les augmenter après 2 ou 3 révolutions de coupes de taillis.

D'après la certitude que les baliveaux de chêne réuſſiſſent parfaitement en Champagne, juſqu'à l'âge de 30 ans, j'inſiſte abſolument, malgré les différentes opinions, pour en laiſſer à chaque révolution des coupes 25, & même 30, & de choiſir dans l'eſſence de chêne les plus beaux brins de taillis ou venus de graine, en obſervant de bien les eſpacer de façon qu'ils ne puiſſent ſe nuire, & je ne crains point d'aſſurer que c'eſt le moyen de ſe procurer de très-beaux arbres, particulièrement pour la Marine, & d'augmenter le produit des bois.

Je vois depuis 27 ans que les réferves de baliveaux & d'arbres biens choifis , qui ont été faites
au lieu de diminuer les réferves , les ont augmen-
tées. Je puis citer pour preuve les bois du Roi, de
la Maîtrife de Saint-Dizier en Champagne , où il
a été réfervé 25 baliveaux & 30 arbres au moins
de différens âges par arpent. Ce nombre paroîtra
monftrueux à ceux qui ne veulent pas même de
baliveaux ; mais on doit céder à la preuve , quand on
faura que l'arpent d'un taillis âgé de 30 ans eft vendu
jufqu'à 200 liv. pour l'ufage des forges, & que 10
à 12 arbres des plus âgés ont été adjugés 200 liv. ,
& même 240. Doit-on, après cela, avoir regret de
réferver 30 arbres, quand les taillis & les 10 arbres délivrés & vendus, produifent au moins 400 liv. par arpent.

Il y a lieu de croire qu'on reviendra du faux préjugé où l'on eft fur les réferves de baliveaux & d'arbres de différentes âges , à faire fur un arpent qui
contient 48,400 pieds quarrés de fuperficie. En effet,
les 30 arbres & les baliveaux n'occupent guère qu'un
fixième d'arpent , ce qui donnera 268 pieds par
chaque arbre , ou par efpace un quarré de 16 pieds
& en tous fens , & même un peu plus. Les 30 arbres qu'on eftime devoir être réfervés , étant bien
efpacés , feront environ à 50 pieds les uns des autres , ou plus ou moins , fuivant les circonftances.
M. Duhamel dit qu'il fuffit que les grands chênes
foient à 30 ou 36 pieds de diftance , pour que
les racines puiffent trouver affez de nourriture ;
elles en auront bien davantage, les arbres étant efpacés à 50 pieds. Si l'on n'eft pas perfuadé des avantages
que préfentent les aménagemens de St-Dizier & ceux de
M. Duhamel , rapportés à l'article fuivant , pour
perpétuer la futaie , on ne peut pas difconvenir qu'il
faut avoir recours à d'autres expédiens , ou obliger
les Propriétaires des bois de laiffer croître en futaie
le quart de leurs forêts. Cette compenfation ne
plairoit fûrement pas. Il eft donc plus convenable
de ne rien changer à la fageffe de la Loi.

Art. 63. *Produit des Taillis & des Futaies.*

Il feroit à fouhaiter qu'on fuivît un principe pour la coupe annuelle des taillis, qui eft de ne les couper qu'à l'âge où l'accroiffement commence à diminuer, parce que dans les premières années le bois croît de plus en plus ; c'eft-à-dire, que la production de la feconde année eft plus confidérable que celle de la première, & ainfi de fuite, jufqu'à un certain âge, après quoi il diminue. C'eft ce point de *maximum* qu'il faut faifir. M. de Réaumur a propofé, pour connoître l'âge où l'on doit exploiter les taillis, de couper & péfer tous les ans le produit de quelques arpens, pour comparer l'augmentation annuelle, & connoître l'âge où il commence à décroître. Ce procédé n'eft point praticable ; il eft fujet d'ailleurs à mille erreurs. Les connoiffances acquifes depuis, & la pratique, nous apprennent quand le taillis ne profite plus, il n'eft pas néceffaire de la balance pour en décider. Dans un très-excellent terrein, on gagne beaucoup à couper le plus tard poffible, c'eft-à-dire, à 30 & à 35 ans. Dans ceux où il n'y a pas de fond, il faut exploiter les taillis à 10, 15 & 20 ans, fur-tout s'ils font blancs bois ; mais le chêne, dans un terrein qui lui eft propre, peut être coupé dequis 20 jufqu'à 30 ans, & il eft avantageux d'y réferver des arbres de différens âges. Voyez le tableau fuivant.

TABLEAU

Des Aménagemens de Taillis à différens âges, & des produi[ts]

Fait d'après M. DUHAMEL.

1 arpent à 20 ans.	l.	1 arpent à 25 ans.	l.	1 arpent à 30 ans.	
8 cordes à 12 liv. .	96	12 cordes à 12 liv. .	144	18 cordes à 12 liv..	1[…]
800 fagots à 3 liv. le cent. . . .	24	1200 fagots à 3 liv. le cent. . . .	36	1800 fagots à 3 liv. le cent.	[…]
	120		180		2[…]
12 arbres de 40 ans, évalués chacun à une pièce de bois, à 1 l. 10 f., ci. .	18	12 arbres de 50 ans, évalués chacun à deux pièces de bois, à 3 l. ci. . . .	36	12 arbres de 60 ans, évalués chacun à trois pièces de bois, à 4 l. 10 f., ci. . .	[…]
8 de 80 ans, évalués chacun à cinq pièces cinq huitièmes, à 8 l. 10 f., ci.	68	8 de 100 ans, évalués chacun à neuf pièces trois quarts, à 14 l. 10 f., ci. . .	116	8 de 120 ans, évalués chacun à dix-huit pièces deux tiers, à 28 l., ci.	2[…]
Produit. . .	206	Produit. . .	332	Produit. . .	5[…]

Détail des différentes exploitations ci-dessus.

1 arpent à 900 brins, de 3 pouces & demi de gros, & 20 pieds de haut, donne 8 cordes, chacune de 450 bûches de petits rondins de 3 pouces, & plus de gros, & 3 pieds & demi de long, ci. . . . 8 cordes.	1 arpent à 900 brins, de 4 pouces & demi de gros, & 25 pieds de haut, donne 12 cordes, chacune de 300 bûches de moyens rondins, de 4 pouces de gros, & 3 pieds & demi de long, ci. . . . 14 cordes.	1 arpent à 900 brins de 5 pouces un tiers de gros, & 30 pieds de haut donne 18 cordes, chacune de 200 bûches de plus gros rondins, de 5 pouces de gros, & 3 pied & demi de long ci. . . . 18 cordes.
Les excédens de mesure des 900 brins servent de paremens, & produisent, avec les ramilles des arbres, 800 fagots ou un muid & demi de charbon.	Les excédens de mesure des 900 brins servent de paremens, & produisent, avec les ramilles des arbres, 1200 fagots ou 2 muids quatre cinquièmes de charbon.	Les excédens de mesure des 900 brins servent de paremens, & produisent, avec les branches, 1800 fagots ou 3 muids trois huitièmes de charbon.

On suppofe par ce tableau , que l'arpent de 48,400
pieds quarrés , contient 900 brins de taillis, & 36
d'arbres de différens âges , tant à couper qu'à réferver.
Si l'on déduit de la fuperficie de l'arpent, un fixième
pour le terrein que doivent occuper les 36 arbres (ce
qui fera 224 pieds quarrés par arbre, ou un efpace
quarré de 15 pieds en tous fens) , il reftera cinq
fixièmes d'arpens pour les 900 brins de taillis, qui
occuperont chacun 45 pieds de furperficie , ce qui
forme un quarré de 6 pieds fur 7 , & même un
peu plus. Cet efpace paroît bien grand pour un
feul brin de taillis, puifque l'on trouve fouvent
fur une fcépée 7 à 8 brins de taillis. On ignore
dans quelle Province & dans quel tems les évaluations des taillis & des futaies du tableau ont été
faites ; elles ne s'accordent point avec celles
de Saint - Dizier en Champagne. Dans ce pays,
un bois taillis de chêne coupé à 20 ans, produit
par arpent, dans un bon terrein, 14 cordes de rondins & 1000 fagots de l'Ordonnance. A 25 ans,
17 cordes & 1100 fagots. A 30 ans, 20 & même
quelquefois 24 cordes & 1200 fagots. Un arbre de
40 ans , produit au moins une pièce & demie
de bois de charpente. Un de 80 ans, 4 pièces &
demie & même 5. Un de 120 ans , ne porte
que 12 à 15 pouces d'équarriffage , ce qui produit 10 à 15 pièces. On trouve auffi une différence
fur le nombre de cordes de chauffage du tableau ,
étant de fait , que l'on tire d'un arpent de bon
taillis , âgé de 30 ans avec les houpiers & les
branches des arbres délivrés , plus de 18 cordes.
Les Marchands de bois qui approvifionnent Paris,
conviennent que le produit eft d'environ 23 cordes de port, ou 28 de l'Ordonnance. Il eft vrai que
quand on exploite pour le chauffage , on tire moins
à la charpente. Il y a auffi quelque différence en
Champagne fur le nombre de pièces de charpente,
foit en plus ou en moins. L'eftimation des futaies
rendues au port, évaluée à 30 fols la pièce de bois,

laquelle fait 3 pieds cubes , pouvoit être telle en 1754 ; mais depuis ce tems, le prix est monté à 50 sols, & même 3 liv. pour la Marine. A juger par le prix actuel des bois, qui est augmenté au moins d'un tiers depuis 1754 , on peut dire que le produit du tableau fixé à 270 liv. par arpent de taillis, âgé de 30 ans, est forcé , parce qu'à-présent on ne vend guère ces taillis que 180 à 200 liv. l'arpent dans les Provinces éloignées de la Capitale, quoiqu'à portée d'un bon débit & des forges.

Les *délivrances* de futaies diffèrent de celles qui se font en Champagne. On croit que le nombre de 20 arbres abandonnés dans le tableau , pour être abattus, est trop fort. 1°. Parce qu'il est difficile de trouver plus de 10 à 12 arbres de 90 à 120 ans , à couper sur chaque révolution dans un taillis bien garni, & à cause qu'on ne doit point délivrer les modernes de 40 , 50 & 60 ans, pour être exploités, à moins qu'ils ne soient dépérissans. Ces différentes observations , qu'on ne doit point regarder comme une critique , sont faites d'après les exploitations & le produit des bois de la Maîtrise de Saint-Dizier en Champagne, qui sont dans un bon fond , & situés très-près de la Marne qui descend à Paris.

Pour l'intelligence des 3 aménagemens du tableau, il est à propos de dire qu'on se suppose arrivé au tems de couper les taillis pour la quatrième fois , & qu'on y trouve 20 arbres modernes de 2 âges, 16 anciens de 3 âges , & qu'à chaque exploitation des taillis à faire , on y délivrera 12 modernes & 8 anciens , pour être abattus; au moyen de quoi il restera sur pied pour la coupe suivante, 8 modernes, 8 anciens & 24 baliveaux de l'âge du taillis. On a supposé , à chaque révolution, 4 baliveaux dépéris , ce qui fait qu'il ne s'y trouve que 20 modernes.

Dans la vue de rendre encore plus sensible l'avantage de couper à l'âge de 30 ans , M. Duhamel dit qu'il faut suppofer un bois de 600 arpens , exploité à 3 âges différens , & que les prix des bois font les mêmes que ceux du tableau.

Pour 600 arpens réglés à l'âge de 20 ans , on coupera par an 30 arpens au prix de 206 liv. l'arpent, ce qui fait. . . . . 6180 liv.

Pour 600 arpens réglés à l'âge de 25 ans , on coupera par an 24 arpens, au prix de 332 liv. l'arpent, ce qui fait. . . . . 7968 liv.

Pour 600 réglés à l'âge de 30 ans, on coupera par an 20 arpens, au prix de 548 liv. l'arpent, ce qui fait. . . . . 10960 liv.

On voit qu'il y a plus d'un tiers de bénéfice en exploitation à 30 ans : il eft donc préférable de ne couper que 20 arpens de taillis à 30 ans, plutôt que d'en exploiter 30 à 20 ans de recrue.

Ces différens règlemens prouvent affez la nécessité de réferver des baliveaux & des arbres de différens âges , pour augmenter les revenus. En effet , si l'on n'avoit point réfervé de futaie , l'arpent de taillis auroit-il été vendu plus de 548 liv. ? Sûrement non. Il eft donc avantageux pour le Propriétaire de réferver des futaies : en l'obligeant d'en laiffer on augmente fon revenu, & l'on fait le bien de l'Etat.

OBSERVATION.

L'AVANTAGE d'exploiter les bois à l'âge de 30 ans dans les bons terreins , étant fuffifamment démontré, on peut dire qu'en fixant les coupes ordinaires à cet âge , on augmentera au moins d'un tiers les produits ; que par conféquent il y aura plus de bois pour les différentes confommations , & que s'il y a trois millions d'arpens dans le Royaume réglés aux âges de 10, 20 & 25 ans , ils pourront figurer pour quatre millions d'arpens, étant coupés à l'âge de 30 ans. C'eft un des moyens le plus certain pour augmenter la quantité de bois fans avoir un plus grand nombre d'arpens.

Quoiqu'on ait démontré qu'il étoit utile de couper à 30 ans, cela n'exclud pas d'exploiter à 50,
& même à 60 ans, les forêts qui ne peuvent être
débitées qu'en bois de chauffage. Ainſi, on doit
avoir pour principe, lorſqu'on fait un aménagement,
d'étudier le ſol, d'obſerver les eſpèces de bois qu'il
produit, & quel eſt le débit le plus facile, le plus ſûr
& même le plus profitable.

ART. 64. *Des Réſerves & des Bois en maſſifs.*

M. de Réaumur approuve la Loi qui preſcrit de
laiſſer croître en futaie le quart des bois des Gens
de main-morte & de ceux du Roi. Il étoit mal
inſtruit de ce qui concerne ces derniers, où il n a
point été établi de quarts de réſerves. Ce n'eſt
qu'en 1573 qu'il fut ordonné de laiſſer une partie
en réſerve. On ignore ſi cela fut exécuté ; mais il
eſt certain que les derniers Réformateurs n'en ont
point preſcrits dans les forêts du Roi.

M. Pannelier, dans ſon Eſſai ſur les aménagemens
des forêts, aſſure qu'il eſt plus avantageux pour l'E-
at de ſupprimer les quarts de réſerves & les forêts en
maſſifs ; il regarde les réſerves comme des forêts en
maſſifs, telles que celles qui ſont exploitées à 100,
200 & 300 ans. On convient qu'il ne ſeroit point
avantageux de laiſſer ſubſiſter les quarts de réſer-
ſerves ſi long-tems ſur pied ; mais ils ſont très-utiles, étant coupés à un âge convenable. En effet,
on ne peut perpétuer l'eſpèce des gros bois qu'en
laiſſant croître en futaie des parties de taillis. Les
quarts de réſerves ont donc été ſagement établis
dans les forêts des Gens de main-morte. Comme on
s'en eſt bien trouvé juſqu'à préſent, il ne ſeroit pas
prudent de ſe laiſſer aller au nouveau ſyſtême. M.
Pannelier pourroit avoir raiſon de condamner les
trop longs aménagemens placés dans des mauvais
terreins, ou dans ceux plantés en bois trop tendres,
& de ne couper les futaies peuplées en bois durs,
que lorſqu'elles ſont dépériſſantes ou trop vieilles,
non-ſeulement

non-feulement à caufe que dans la révolution du Règlement il périt beaucoup de bonnes efpèces de bois, mais parce que certaines efpèces de bois blancs dépériffent & meurent après 35 & 40 ans, & que de ces évènemens il réfulte que le revenu eft très-inférieur à ce qu'il auroit pu être, que d'ailleurs le terrein s'épuife & ne reproduit plus la même efpèce de bois dans les exploitations trop différées. M. Pannelier n'eft pas le premier qui ait fait des repréfentations fur la trop longue durée de certains Règlemens : cela eft fi vrai, que le Confeil a eu égard aux projets de réforme qui ont été donnés.

Les Réformateurs anciens fe font décidés avec raifon à laiffer fubfifter pendant des fiècles des forêts en futaie, parce qu'alors les bois n'avoient aucune valeur faute de commerce & de confommation. Ainfi, loin de les blâmer, on doit applaudir à leur fageffe, puifque l'on trouve aujourd'hui des reffources dont on pourra fe fervir fi les befoins l'exigent.

M. Pannelier avance avec la plus grande affurance, que fi tous les bois de France étoient en maffifs, les forêts ne pourroient procurer des bois pour conftruire un feul vaiffeau. On voit bien par cette affertion, qu'il ignore comment la Marine eft approvifionnée. En effet, il y a plufieurs forêts dans le Royaume, réglées à 150 & 200 ans, qui fourniffent de très-beaux bois de conftructions ; il y a même en Bretagne la forêt de Cranon, qui a été acquife fous Louis XIV, uniquement pour l'ufage de la Marine : elle s'exploite en futaie. M. Pannelier n'eft pas plus inftruit des bois de conftructions qu'on fait venir de l'Etranger pour la Marine Françoife. Tous les bois qu'elle tire du Royaume de Cafan en Ruffie, font pris dans des forêts en maffifs qui bordent la droite du Volga ; il en eft de même de ceux de Pruffe & des autres bois qui viennent à Hambourg. Les Anglois, les Hollandois & les autres Puiffances Maritimes n'emploient que des

D

bois qui ont été coupés dans des forêts en maffifs, foit au Canada, dans tout le Nord, & même à l'Amérique feptentrionale.

Si M. Pannelier, voulant analifer les bois des différens climats de la France fur des exploitations faites à toutes fortes d'âges, eût dit que le chêne coupé dans des taillis de 30 à 40 ans, étoit d'une meilleure qualité & plus dur que celui qui eft pris dans un bois en maffifs très-âgé, on feroit convenu de cette vérité; mais il eft indifcret de donner pour règle générale, qu'on ne doit prendre des bois de conftruction que dans les coupes de taillis, & qu'il ne faut abfolument pas de forêts en maffifs; il pourroit feulement y avoir une exception en faveur du fyftême pour les climats froids & pour la Lorraine, où le bois eft très-tendre; mais en Provence, en Bretagne, en Languedoc, en Poitou, les forêts peuvent être aménagées à 100, 150 & 200 ans, à caufe de la chaleur qui, régnant dans ces pays, procure d'excellens bois durs, ainfi qu'on l'a vu à l'article 24.

Pour appuyer le fyftême général des Règlemens à 20, 25 & 30 ans, M. Pannelier emploie une nouvelle phyfique en donnant pour certain que les arbres qui fe trouvent dans les forêts en maffif, ne viennent pas droits, parce qu'ils font trop ferrés; c'eft abfolument vouloir prouver fon opinion par une inconféquence. En effet, le vrai moyen de les faire filer, eft de les mettre les uns près des autres, parce qu'ils s'élaguent d'eux-mêmes des branches inutiles. Par ce moyen la féve ne trouve point d'obftacles pour fe diriger jufqu'au fommet; mais on peut dire que ces arbres ont le bois plus tendre, & que ceux qu'on réferveroit lors de la coupe d'une forêt très-âgée, ne réfifteroient pas aux intempéries des faifons. D'après la preuve qu'on en a, il eft préférable de couper à blancs étocs les vieilles futaies, c'eft-à-dire, fans réferver aucuns baliveaux.

Pour fuppléer aux quarts de réferves & aux forêts

en maffif, M. Pannelier propofe de laiffer 14 baliveaux feulement & 16 modernes ou anciens par
arpent. Ce petit nombre d'arbres peut - il jamais
tenir lieu des futaies, quand même le choix feroit
bien fait & très-exactement, puifqu'il ne fuffit pas
pour les coupes ordinaires, où l'on peut réferver
au moins 40 baliveaux & arbres de différens âges?
La propofition de M. Pannelier ne peut être admife;
non-feulement elle ne préfente aucun avantage, mais
elle tend à fupprimer une très-grande partie des futaies.

Les quarts de réferve ne font point des forêts
qui reftent trop long-tems en maffif, puifqu'on les
coupe lorfque le befoin l'exige, & quand la nature
du fol le demande. Ces quarts de réferve font
encore plus utiles à préfent, fi l'on confidère qu'il
a été fait anciennement des défrichemens, & qu'il
fe fait une prodigieufe confommation de gros bois
dans les différens ufages. On ne peut donc réellement avoir trop de futaies : ce feroit s'en priver
que d'agir autrement, & ôter aux Gens de main-
morte des reffources pour conftruire & réparer les
édifices. Bien des gens perfuadés de l'utilité des réferves, penfent qu'il feroit convenable, lorfqu'on
a accordé la coupe d'une réferve en tout ou en
partie, d'en ordonner le remplacement dans les plus
anciennes coupes ordinaires. Si l'on adoptoit ce fyftême, il faudroit dédommager les Ufufruitiers des
non-jouiffances de leurs coupes ordinaires, dont
il feroit injufte de les priver. M. Duhamel propofe
d'obliger les Gens de main-morte de femer dans les
terres de leurs Bénéfices autant de bois qu'ils auroient eu la permiffion d'en couper. J'ai vu des Propriétaires de bois regretter que l'Ordonnance des
Eaux & Forêts n'aye pas obligé les particuliers de
laiffer croître une partie de leurs bois en futaie. Que
de reffources pour les familles & pour l'Etat, fi la
Loi s'étoit plus étendue dans le tems où les bois
étoient communs & à vil prix.

De tous ces différens fentimens, il réfulte qu'il

ne faut point s'écarter de l'Ordonnance , & qu'on ne peut trop adopter les moyens qui conduifent à multiplier la futaie & à la conferver.

Art. 65. *Des Lifières de Futaie.*

La crainte que l'on a de manquer de gros bois, doit engager à faire laiffer des lifières d'une fcepée feulement fur les chemins & les routes pratiquées dans les bois , quoique cette réferve ne foit pas fans inconvénient. En effet, lorfqu'on exploite les taillis, il arrive que la recrue en fouffre beaucoup , fur-tout la partie des taillis qui tient à la lifière, parce qu'elle eft privée d'une des expofitions du foleil. Ces lifières fourniront des courbes & des bois très-durs pour le fervice de la Marine ; mais afin qu'elles ne faffent point de tort aux taillis, il fuffit de laiffer tout les bois qui fe trouvent dans les alignemens. M. Pannelier profcrit encore cette méthode , parce que les arbres des lifières font trop ferrés ; cependant ils le font moins que dans les maffifs , ayant de l'air des deux côtés & beaucoup d'efpace fur les chemins ou fur les routes.

Art. 66. *Des Chênes levés dans les Pépinières.*

Le dernier moyen pour avoir de la futaie , eft de planter des chênes le long des routes, d'en faire des avenues & des quinconces dans des terres vaines & vagues , telles qu'en Languedoc. Le deffous de ces plantations fert de pâturage. Si l'on fe déterminoit à en faire dans les autres Provinces , il faudroit avoir l'attention de préferver les arbres de la dent des beftiaux , & de couper tous les ans les petites ramilles pour faire élever les arbres & empêcher qu'ils ne foient comme des pommiers, ce qui nuit au corps de l'arbre, & même au pâturage. Ce qu'on pratique pour les ormes des routes ne doit point être fuivi. L'ufage de retrancher tous les 3 ou 5 ans les branches qui ont pris de la force, eft très-nuifible, & empêche l'arbre de groffir ; enfin il eft très-

mal de faire une coupe de taillis fur un arbre deftiné à croître en futaie. Cette pernicieufe pratique
ne convient qu'aux faules, peupliers & arbres de ce
genre, laiffés à des Fermiers pour leur chauffage.

En Normandie on voit des avenues, des quinconces plantés en chêne & en fapin ; en Bretagne on plante
autour des terres labourables & des landes, même
le long des chemins : on y fait auffi de grandes
plantations en chêneaux tranfplantés. Il y a prefque
dans tout le Royaume des avenues d'ormes. En Dauphiné & autres Provinces, on voit des plants confidérables de châtaigniers, où le chêne pourroit bien
venir également : il peut auffi fe plaire dans des
terreins propres à l'orme. Il feroit à fouhaiter que
le chêne fi précieux fût auffi en vogue que l'orme,
dont le prix eft baiffé malgré la prodigieufe confommation qu'il s'en fait. Si jamais le chêne peut
avoir autant de faveur, dans 100 ans la Marine
ne fera pas obligée d'aller chercher des bois chez l'E-
tranger. Si l'on pouvoit être fûr que l'on fît des
plantations, on pourroit peut-être dégarnir & couper des futaies avec plus d'affurance.

Il feroit affez convenable pour déterminer à planter des chênes, de donner des gratifications à
ceux qui en éleveroient, & afin qu'ils puiffent
les vendre au-deffous des arbres foreftiers : on pourroit auffi multiplier le pin à qui on réferveroit les
mauvais fols. L'orme auroit les terreins ordinaires ;
mais le chêne, de préférence, feroit planté dans les
meilleurs fonds.

En Angleterre, où l'on fent la néceffité des plantations & de perpétuer les bois, chaque particulier
qui coupe un arbre eft obligé d'en planter deux.
Si cela eft vrai, ainfi qu'on me l'a affuré, on ne
peut qu'applaudir à ce remplacement, qui n'eft point
onéreux. Il feroit à fouhaiter que cette méthode fût
imitée.

Art. 67. *Des Branches inutiles.*

L'ART. 2 du titre 32 de l'Ordonnance des Eaux & Forêts de 1669 , prononce différentes amendes contre ceux qui auront éhoupé, ébranché ou déshonoré des arbres. On se récrie souvent contre cette Loi , sur-tout ceux qui coupent les taillis de chênes à 10 ans de recrue, ou qui ont des forêts en nature de hêtre. La Loi ne pouvoit faire des restrictions sans donner lieu à des abus qui auroient occasionné un mal plus grand que le bien qui seroit résulté de la restriction. On ne peut disconvenir que les hêtres font un tort considérable aux taillis , & que l'on risqueroit moins d'émonder ou élaguer aux baliveaux de hêtre , le dessous de leurs houpiers, qui s'étend beaucoup, si l'on pouvoit être sûr qu'il ne se commît point d'abus. On m'a assuré qu'il est d'usage en Lorraine d'élaguer les hêtres de réserve, lorsqu'on exploite les taillis. La même chose pourroit se pratiquer pour les baliveaux de chêne réservés dans un taillis exploité à 10 ans, & même ceux âgés de 20 & 25 ans qui ne s'élèvent jamais, & qui restent en pommiers. Des particuliers ont essayé en Champagne d'élaguer les baliveaux & les arbres dont les houpiers s'étaloient trop , & il en est résulté qu'ils se sont élevés & sont devenus très-beaux. En Artois, en Flandre, en Haynault, François & Autrichien , il est d'usage , lors de l'exploitation des coupes , d'élaguer les baliveaux & les arbres réservés. Lorsque les branches à soustraire ne sont pas plus grosses qu'un fort tuyau de plume, on peut les couper à raz du corps de l'arbre ; mais si elles sont plus fortes , il suffit de les rompre ou de les couper de façon qu'il reste un chicot d'un ou de deux pouces. Il est plus convenable de laisser un chicot que de couper la branche près du corps , ce qui fait une plaie difficile à se rapprocher , où il peut par la suite se former une gouttière , quoi-qu'on prétend que cela ne fasse point de tort à l'arbre.

Les Conſtructeurs de la Marine n'emploient point les chênes qui ont été ébranchés, ainſi qu'on eſt en uſage de traiter les ormes ; ils aſſurent que l'endroit de la plaie qui n'a pas été refermée ou recouverte eſt épuiſé, deſſéché, & qu'il n'a pas la même conſiſtance que le bois vif, au moyen de quoi il peut arriver qu'une pièce de conſtruction ne réſiſte pas lorſqu'elle reçoit des efforts violens.

Toutes les perſonnes au fait des bois & des exploitations, & tous les Ouvriers qui emploient le chêne, n'approuvent point qu'on l'ébranche ; il faut abſolument que cet arbre s'élague de lui-même, ce qui arrive naturellement lorſque les taillis s'élèvent, & qu'on ne les coupe qu'à 25 ou 30 ans. En parcourant les futaies, on en ſera convaincu, ſi l'on fait attention aux gros chênes, on y verra des chicots de plus d'un pied de long, provenant des branches mortes que le tems conſomme ſans nuire au corps de l'arbre.

ART. 68. *De la Marque des Arbres.*

L'ORDONNANCE des Eaux & Forêts, article 12, titre 6, & article 2, titre 7, ordonne que les baliveaux & les arbres réſervés ſeront marqués du marteau du Roi, qui eſt confié à trois Officiers. Il doit être renfermé dans un coffre à trois clefs différentes, pour éviter les abus. Il convient de raſſurer ſur la crainte où l'on a été, que l'empreinte du marteau faiſoit des plaies aux arbres, & occaſionnoit des gouttières. La marque doit être faite au pied de l'arbre, très-près de terre, pour éviter la mal-adreſſe de ceux qui font la première entaille avec la hache, à l'effet d'enlever l'écorce ; mais lorſqu'elle eſt bien faite, cela ne cauſe aucun dommage. Ce que j'ai vu doit raſſurer. Il a été exploité de très-vieux arbres dans la forêt de Der en Champagne, qui appartenoit aux Ducs de Guiſe, & qui fait partie du domaine de M. le Duc d'Orléans. On a trouvé dans l'intérieur de pluſieurs ar-

bres jufqu'à 3 marques de l'empreinte des armes
des Ducs de Guife (qui étoit alors un aigle), fans
aucune altération, & auffi fraîches que fi elles venoient d'être frappées. Elles étoient à différentes
diftances du centre de l'arbre, parce que les chênes
avoient été marqués en différens tems, lors de la
coupe des taillis. On trouve auffi des fleurs de lis
lorfqu'on exploite des arbres qui ont été frappés
du marteau du Roi. D'après cela, on ne doit pas
craindre de marquer les baliveaux & les arbres de
réferve, foit pour éviter que les Marchands ne les
coupent, ou afin de reconnoître les délits. L'empreinte ne peut faire aucun tort aux bois, même à
ceux que l'on croit propres pour la Marine, parce
que la promptitude avec laquelle la féve recouvre
l'entaille, ne laiffe pas le tems de former des plaies
ou gouttières. C'eft un fait qu'en moins d'un an
l'empreinte eft recouverte & la plaie refermée ; mais
il eft mieux de faire la marque à fleur de terre ou
fur une racine.

TITRE VII.

Des Maladies, des Défauts, des Qualités du Chêne.

ART. 69. *Origine des Maladies du Chêne.*

ON ne fait réellement attention aux bois, que quand
on veut en faire ufage. Si l'on a befoin d'un chêne,
on l'examine pour l'eftimer & voir à quoi il peut
être employé : c'eft alors qu'on s'apperçoit de fa
vieilleffe & des maladies qui lui font furvenues ;
de la rigueur des faifons, du feu du Ciel, de la
chûte des arbres voifins, de l'enlèvement d'une partie de l'écorce, par le frottement des voitures, lors
des exploitations, de la dent venimeufe du lapin,

des chèvres ou des moutons , même de celle des animaux & des bêtes fauves : la fréquentation des oiseaux & des insectes cause aussi des maladies aux arbres , de même que les plantes parasites qui croissent au pied & qui l'embrassent. Elles vivent à ses dépens comme les fausses plantes parasites , telles que les mousses , les lichens , les agarics qui altèrent les arbres en bouchant les pores de la transpiration. Tous ces accidens, qui dérangent le cours de la séve, sont la cause des maladies. Comme il n'est pas d'usage d'y apporter remède , il résulte que la plûpart des arbres ont des défauts considérables. Il ne seroit pas impossible de les prévenir , en obligeant les Gardes d'y veiller & de les soigner, en prévenant dès l'origine les accidens ou les maladies. Il suffiroit d'avoir un peu d'attention pour se procurer des arbres bien sains ; on seroit dédommagé des petits frais que cela pourroit occasionner par la plus value. Les arbres forestiers sont aussi trop négligés. Les arbres fruitiers , pour qui l'on prodigue des dépenses annuelles, ne sont peut-être pas aussi profitables, quoiqu'ils rapportent chaque année. Tous les évènemens destructifs & la vieillesse, opèrent les défauts ci-après , qu'il est nécessaire de connoître.

ART. 70. *De la vieillesse du Chêne.*

LORSQU'UN arbre a acquis la grosseur qu'on peut appeller *maximum* de son accroissement , il reste quelque tems dans un état fixe , sans altération ; ensuite il dépérit jusqu'au tems où on l'abat. On s'apperçoit des progrès de son dépérissement. Au commencement ses branches meurent & tombent ; ensuite il se couronne tout-à-fait. Bien-tôt une partie de son écorce se défsèche & se détache ; il s'enfuit que les feuilles de la cime jaunissent & tombent de bonne-heure en automne ; quelquefois il n'y a que les branches d'en bas qui se garnissent de feuilles. Malgré tous ces signes de vieillesse, le corps de l'arbre peut paroître sain ; mais le cœur doit être altéré, parce qu'il ne reçoit plus de nourriture. En continuant de dépérir, il augmente cependant encore un peu de grosseur par l'addition des couches ligneuses qui sont minces, jusqu'à la décrépitude.

Les jets trop courts du chêne, la couleur pâle de ses feuilles, & leur chûte avancée, sont des annonces de maladie ou de foible production, ce qui vient souvent de la résistance que le terrein oppose aux racines, ou du manque de nourriture, & quelquefois des racines totalement découvertes par les ravins.

Art. 71. *Des défauts du Chêne sur pied.*

ON reconnoit à l'écorce que le chêne est vicié, lorsqu'elle est terne, galeuse, & qu'elle s'est fendue & séparée d'elle-même en travers, de distance en distance. Cela indique un bois défectueux. L'espèce de chêne à courts pédicules, dont l'écorce est plus épaisse, & dont le bois est plus ferme que le chêne à gros glands, est moins sujet à ces défauts.

Quand l'écorce a de grandes taches blanches ou rousses venant du haut en bas, cela indique des gouttières ou des écoulemens d'eau & de séve qui ont pourri le bois intérieurement. Ces taches sont produites par l'altération de l'écorce, & quelquefois par une pourriture intérieure. L'écorce est noire vers le pied, lorsque le bois s'abreuve. Le bois est sec & cuit par le soleil, si l'écorce est rouge. On doit soupçonner le bois d'être rouge, lorsque le long de la tige on trouve des amas de petites branches chargées de feuilles vertes. Une écorce épaisse & blanche sur un chêne en état de croître, désigne que le bois est tendre. Lorsque l'écorce est enlevée en partie, il se forme quelquefois à l'endroit qui est sans écorce, un vice qu'on appelle heurre. Les loupes, les bourlets, les excroissances ligneuses ou tumeurs végétales, rendent le bois tranché, noueux & rebours, & par conséquent très-dur, attendu que la direction des fibres est en différens sens. Ces défauts peuvent être occasionnés par l'abondance de la séve, dans la partie qui a reçu un coup de soleil, ou qui a été frappée de la gelée, ou qui a été piquée d'un insecte.

Un arbre crû sur souche ne profite pas toujours également comme celui venu de graine ; il est quelquefois renflé par le bas , soit parce que la séve s'y fixe davantage, ce qui est un défaut, soit parce que la grosseur de l'arbre, dans sa hauteur, n'est pas proportionnée comme elle devroit l'être.

La pourriture ordinaire qui creuse les arbres par le haut, descend jusqu'aux racines ; elle est occasionnée par les gouttières ou abreuvoirs qui causent un préjudice considérable. Elle se forme aux aisselles, c'est-à-dire à la réunion de deux ou de plusieurs branches , & le plus souvent à l'extrémité de la tige de l'arbre à l'angle, ou à la naissance de la branche avec le tronc. Une branche cassée ou simplement éclatée, des nids d'oiseaux, des plantes parasistes, occasionnent aussi des gouttières, ainsi que tout ce qui peut retenir les eaux & en faciliter l'introduction dans le corps d'un arbre.

Le chancre ou le nœud pouilleux est ce qu'on appelle aussi grisette. C'est une espèce d'ulcère qui altère l'écorce & même le bois. Elle soulève l'écorce, gagne de proche en proche, quelquefois elle suinte une eau rousse, corrompue & âcre au travers des fentes corticales , même dans le tems de sécheresse. Le principe de ce vice vient d'une branche coupée ou cassée. On apperçoit ce défaut sur la surface du nœud, qui se trouve piqueté de blanc. Cela annonce que le mal a fait du progrès très-avant dans le cœur de l'arbre, sous la forme d'une espèce de queue de vache. Ce défaut empêche souvent qu'on ne puisse tirer aucun parti de l'arbre , parce qu'il peut s'étendre & aller jusqu'au bas du tronc. Lorsqu'on voit l'eau découler de quelques nœuds , le même vice peut se trouver ; mais il est possible aussi qu'il ne foit pas fi confidérable, puifque toute l'eau n'y peut refter ni pénétrer dans le corps de l'arbre. Pour s'affurer des progrès & de la profondeur du défaut, on découvre les nœuds avec l'herminette, & on les fonde avec une gouge ou vrille, & la cuillière du fabotier. Si on en retire du bois vergeté ou rouge, cela indique qu'il faut rebuter l'arbre. Il eft à propos de fonder le premier nœud, qui eft le plus près de la cime, parce que s'il fe trouvoit vicié, il fuffiroit de n'en pas fonder d'autres, & d'effacer la marque de la Marine, afin de laiffer l'arbre au Propriétaire, fans être endommagé, pour en faire ufage ou le vendre.

Quand un jeune arbre fait un effort (par abondance de féve) pour refermer la plaie d'une branche caffée près du tronc, foit par les vents ou la chûte d'arbres voifins, ou parce qu'elle a été coupée en délit, l'intérieur de l'arbre peut être fain, fi l'on apperçoit feulement une lèvre ou une petite roulure; mais il eft gâté s'il refte à l'endroit de la cicatrice, ce qu'on appelle un œil de bœuf.

Lorfqu'il fe trouve à une branche caffée un chicot plus ou moins long, il faut bien fe garder de le couper, fi l'arbre doit refter fur pied, parce que la féve ne pourroit refermer la plaie, & que d'ailleurs il peut fe former des gouttières à cette plaie par les gerfures du froid & de la chaleur, quand même on auroit apporté toute l'attention poffible pour couper le chicot.

Les arbres fendus par le pied, foit par la gelée ou par l'abondance de la féve, font mauvais quand les fentes fe cicatrifent. Elles forment des efpèces de cordes qui fuivent la direction des fibres. C'eft un défaut pour un bois d'être tendre : on s'en apperçoit lorfque les piverts ou picverts les fréquentent; c'eft une marque que l'arbre eft attaqué de petits vers.

Les gerfures rendent le bois imparfait. Elles font fouvent occafionnées par le tonnerre. La carie eft

une espèce de moisissure du bois , occasionnée par
des racines pourries , ou lorsque le bas du tronc
est gâté. Le grand froid, l'excessive chaleur, ou le
séjour de l'eau, peuvent en être la cause.

Les vices qui sont dans l'intérieur de l'arbre n'é-
tant point visibles, il faut, lorsqu'il est soupçonné,
le frapper avec une masse : s'il sonne creux, cela indique qu'il est gâté ; mais si le son est plein , il
n'est pas certain que l'arbre ne soit point vicié. Les
défauts qui paroissent à l'extérieur , ne doivent pas
toujours déterminer à rebuter un arbre. Pour s'assurer de son état , on emploie une tarrière pour le
sonder : si le vice apparent n'est point profond, on
peut tirer parti d'un bel arbre.

Art. 72. *Des défauts du Chêne abattu.*

La roulure s'annonce par une fente qui suit la
direction des couches annuelles , c'est-à-dire, quand
il y a dans l'intérieur de l'arbre des cercles concentriques, qui ne sont pas unis & adhérens les uns
aux autres. Ce défaut augmente quand l'arbre se
dessèche ; quelquefois il s'étend dans toute la circonférence, & l'on voit une couronne de bois vif qui en-
toure un noyau de bois mort, qu'on peut faire sortir à
coup de masse ; alors il ne reste plus qu'un tuyau
de bois vif. Les vents , dans les tems de sève, causent ce défaut , en empêchant l'adhérence de la nouvelle couche ligneuse avec la précédente ; dès-lors l'é-
corce étant détachée, elle ne se réunit jamais. La
gélivure est une fente qui s'étend du centre du
tronc d'un arbre à la circonférence ; elle est occasionnée par les fortes gelées , qui font fendre les
gros arbres & séparent les fibres ligneuses. Quand
même les fentes seroient recouvertes par les nouvelles couches ligneuses , cela n'empêcheroit pas
que le bois ne fût gélif. La gélivure entrelardée
par l'aubier mort, se manifeste au bout des pièces
de bois par un cercle blanc & jaunâtre. Ce défaut
se fait mieux connoître , lorsqu'un arbre a été

refendu à la fcie dans fa longueur. On y apperçoit des bandes blanches & jaunes qui reffemblent à du marbre ; l'âge du bois ni le fol n'en
font point la caufe ; le principe vient des rigueurs
de l'hiver, qui gèle le deffous de l'écorce, c'eft-à-dire
la dernière couche d'aubier, qui eft la partie la plus
molle & la plus fufceptible des influences de l'air.
Lorfque cet aubier fe trouve altéré par une forte
gelée, il ne peut participer à la féve du printems
fuivant, ni aux autres qui recouvrent cet aubier mort,
qui refte toujours dans fon état d'aubier , & par
conféquent de bois imparfait. Lorfque ce vice fe
trouve dans l'intérieur de l'arbre , le bois ne peut
être employé pour la Marine , attendu que ces taches, qu'on nomme vulgairement blanc de chapon,
font de la nature de l'aubier, par conféquent tendres , & deviennent par cette raifon la pâture des
vers. La roulure & la gelivure fe trouvent quelquefois enfemble. La cadranure , qui eft une gelivure
dans le cœur de l'arbre , reffemble aux lignes ho-
raires d'un cadran ; elle fe rencontre dans les arbres qui font fur leur retour ; elle provient de l'altération du bois du cœur. En ôtant la cadranure ,
le bon bois peut être employé à la fente. Le double aubier eft une couronne de bois tendre & imparfait qui environne une partie du cœur : on trouve
au-deffus de ce bois tendre une couronne de bon
bois, & enfin l'aubier ordinaire. Le double aubier
eft produit par une maladie qui attaque les arbres, &
qui fe guérit au bout d'un certain tems. Une racine
qui tire des fucs d'une mauvaife veine de terre,
peut être la caufe de cette maladie, par l'altération
confidérable dans toutes les couches ligneufes qui
fe forment ; de forte que le cône du bois vicié
dans fon origine, ne peut jamais fe rétablir.

Lorfqu'un arbre ou plufieurs, qui font venus fur
une fouche, n'ont pu recouvrir en entier leur fouche, il arrive fouvent que la partie de cette fouche,
qui n'a pu être recouverte , fe pourrit , & que la

féve, en fe mêlant avec la pourriture, gâte les rejets. Il en réfulte que les arbres provenus de cette
fouche, font attaqués d'un vice que l'on reconnoit
par un petit point jaunâtre, qui fe trouve au pepin
ou au centre. L'air qui s'introduit par l'endroit pourri,
eft caufe que le bois devient rouge.

Le bois gelif & roulé a le même défaut, parce
que l'air trouve un paffage par l'endroit qui eft roulé
ou gelif. Il ne peut convenir à la Marine, mais
s'il n'étoit pas rouge, en ôtant le mauvais bois, il
pourroit être employé parce qu'il eft très - dur. Si une
feule racine de la fouche fe trouve pourrie, elle
produit un arbre qui a le même défaut : cela arrive
auffi quand les racines d'une fouche font ufées &
fatiguées de produire.

La gelivure entrelardée, qu'on pourroit plutôt
appeller roulure entrelardée, arrive quand il y a
dans l'intérieur d'un arbre de l'écorce morte, qui
fe trouve recouverte par du bon bois, ou même
de l'aubier mort. Les arbres plantés fur des côteaux,
foit au midi ou au couchant, y font fujets par
l'action du foleil ou du verglas, lorfque l'un ou
l'autre ont endommagé l'écorce ou l'aubier. L'infertion de l'écorce fe fait fouvent, lorfqu'un arbre
eft vigoureux ; alors il arrive que l'abondance de la
féve & fon épanchement par quelque défaut, paffe
par - deffus l'écorce & recouvre foit l'écorce, foit
une loupe ou un nœud pourri, foit une excroiffance
quelconque, ou referme une gouttière. Cette infertion fe rencontre affez fouvent avec une gelivure
entrelardée.

Toutes les caufes qui occafionnent ces défauts,
ne font point connues. Si l'on s'attachoit à remédier à celles qui font vifibles, on pourroit être plus
inftruit. Il n'eft point impoffible de donner des foins
aux arbres qui annoncent de belles pièces de charpente
pour la Marine & les bâtimens civils.

ART. 73. *Des qualités du Chêne.*

Le chêne est parfait, quand les branches, sur-tout celles de la cime, sont vigoureuses. Celles qui sont étouffées peuvent être jaunes, languissantes & même mortes, sans être au désavantage de l'arbre. Quand les feuilles sont vertes, vives & étouffées, sur-tout à la cime, & qu'elles ne tombent en automne que fort tard ; quand l'écorce est fine, claire, unie, & à peu près d'une même couleur, depuis le pied jusqu'aux grosses branches, l'arbre est réputé de bonne qualité. Il en est de même lorsqu'on apperçoit au fond des rimes de la grosse écorce de petites gerses, qui suivent de bas en haut la direction des fibres ; lorsqu'on voit dans le fond de ces rimes une écorce vive, alors on peut dire aussi que l'arbre profite, & que même il est très-vigoureux.

Le bois de bonne qualité doit avoir les fibres fortes & souples, rapprochées les unes des autres. Lors même qu'il est devenu sec, les copeaux qu'on lève avec la coignée, ne doivent point se rompre quand on essaie de les casser ; ils doivent se séparer par de grands filandres. Le bois que les Ouvriers nomment bois gras, & qu'on devroit plutôt appeller bois maigre, se rompt net & sans éclat, c'est-à-dire vulgairement comme un navet. Les copeaux de ce bois faits avec la coignée, se rompent ; mais ceux levés avec la varlope, au lieu de former des rubans, se réduisent en petites parcelles, quand on les froisse fortement avec les doigts.

Le bois gras a les pores grands & ouverts, & il reste toujours terne. Le chêne, dont les pores sont petits, se polit sous la varlope, & devient brillant. Il est de bonne qualité, ainsi que celui où l'on voit dans les pores avec une loupe, une espèce de vernis qui lui donne du brillant. Il est moins spongieux que le gras, & est très-propre pour le mairrain, en ce qu'il ne se consomme point, & en ce que

ſes fibres ſont ſerrées. Par une contrariété, on a vu
que la grand: épaiſſeur des couches ligneuſes eſt
ſouvent un ſigne que le bois eſt de bonne qualité.
1°. Quand elle ne provient pas de l'humidité du
terrein ; cela annonce que l'arbre étoit très-vigoureux, qu'il végétoit avec grande force, parce qu'il
avoit de fortes racines qui prenoient beaucoup de
ſubſtances. Cela arrive pour les arbres qui ſont aux
rives des forêts ou ſur les routes, ou qui ſont iſolés.
2°. Quand les couches intermédiaires ou fibres tranſverſales ſont très-poreuſes ; elles affoibliſſent le bois,
ce qui eſt démontré. En coupant une tranche fort
mince d'un jeune chêne ou d'un orme, on voit le
jour à travers, d'où il faut conclure que plus il y
aura de couches dans un même eſpace, moins le
bois aura de force, parce que la force de cohérence des couches longitudinales vient de leur épaiſſeur.
Ainſi, moins il y a de couches intermédiaires, plus
les couches longitudinales ont d'épaiſſeur.

Art. 74. *Du progrès de l'Aubier.*

Les 12 ou 15 couches ligneuſes annuelles qui forment le bois avant d'avoir acquis la ſolidité, commencent par être molles : c'eſt ce qu'on appelle aubier. L'endurciſſement ſe fait par degrés. En coupant
un chêne horiſontalement, on y apperçoit une couronne plus ou moins épaiſſe, légère & imparfaite. Le
bois en eſt blanc & tendre ; il ſe diſtingue du
bois parfait (qu'on appelle cœur), par la différence de ſa couleur, de ſa peſanteur & de ſa dureté.
L'aubier ſe trouve ſous l'écorce ; il enveloppe le
bois parfait. C'eſt l'abondance de ſéve qui fait que
l'aubier ſe transforme plutôt en bois, en le traverſant & y dépoſant des parties fixes qui rempliſſent
les pores & rendent l'aubier ſemblable au bois parfait. L'abondance de la ſéve dépend de la qualité du
terrein. Voici ce qui a été obſervé. Il y a un paſſage ſu-
bit de l'état d'aubier à celui de bois ferme, dont
la cauſe n'eſt point connue. L'aubier n'eſt pas égal

de tous les côtés. On a vu qu'un chêne de 46 ans avoit d'un côté 14 couches annuelles d'aubier, d'un quart plus épaisses que les 20 couches opposées. Un autre, 16 couches d'un quart plus épaisses que les 22 opposées &c., ce qui prouve que l'épaisseur de l'aubier est d'autant plus grande, que le nombre des couches qui le forme est plus petit. L'épaisseur formée par l'abondance de la séve, vient des racines ou des branches ; car on sait que les unes & les autres agissent de concert par le mouvement de la séve. Dans un même terrein, les arbres qui croissent plus vîte, ont les couches ligneuses plus épaisses, & l'aubier se convertit plus tard en bois. Les chênes venus dans un terrein maigre ont plus d'aubier par proportion, que ceux crus dans de bons terreins ; car l'aubier ne se convertit en bois parfait qu'à proportion de la séve qui le traverse, & y dépose des parties fixes. Il est donc clair que l'aubier sera plus long-tems à se convertir en bois dans les terreins maigres que dans les bons.

OBSERVATION.

La proportion du bois à l'aubier doit varier suivant les terreins, la bonté de l'arbre, l'espèce, l'âge & l'exposition. Différentes expériences sur des chênes de 30, de 24 & de 22 pouces de diamètre, ont donné un rapport de 4 & demi à 1. Les Marchands de bois estiment l'aubier comme faisant la cinquième partie de l'arbre, en le mesurant avec son écorce. Si l'arbre a 30 pouces de diamètre, ils ne comptent qu'une solive de 6 pouces d'équarrissage. La supposition est à leur avantage ; car l'aubier avec l'écorce ne doit être regardé que comme la sixième partie.

Art. 75. *De la couleur du Bois.*

Lorsque le chêne est parfait, son bois est d'une couleur uniforme. Il devient cependant un peu plus foncé en approchant du cœur. Cette nuance est

peu fenfible. Si on découvre des veines blanchâtres,
qu'on nomme blanc de chapon, ou des veines rouffes,
qui femblent plus humides que le refte , ce bois
alors eft gâté ou vergeté. C'eft ordinairement un
figne de vétufté , ou ce font des défauts qui proviennent des gouttières , gelivures , roulures ou de
bois mal formé.

Le chêne dont le bois eft brun, eft celui qui vient
de l'efpèce qu'on nomme chêne noir ; il eft très-
dur ; l'aubier en eft fort épais. Cet arbre a les
feuilles velues ; il ne fournit pas de groffes pièces. En
Provence on eftime le bois qui eft de couleur jaune
claire ; & au couchant celui qui a un œil de rofe
ou de guigne , quand on le travaille à l'herminette.
On a vu des bois de Lorraine , qui quoique gras,
& fur le retour, étoient d'un jaune foncé & terne.

ART. 76. *Des propriétés du Chêne.*

ON ne fera qu'un détail fuccint des différens ufages du chêne , parce que le principal objet eft de traiter des bois de Marine. Mais on ne peut fe difpenfer de dire qu'il eft préféré pour toutes fortes
d'ouvrages, à caufe de fa durée & de fa force. On le
débite , fuivant fa qualité , pour des treillages ,
des échalats , des cercles , des lattes , du douvain
ou bardeau pour couvrir les maifons. Le cœur de
chêne fert à faire du mairrain ou des douves pour
les tonneaux. On ne peut employer aucun bois qui
puiffe durer davantage , foit pour les maifons, les
preffoirs, les éclufes, les pilotis; il eft éternel dans
l'eau. On a des preuves qu'il s'y eft confervé plus
de 1500 ans. Tous les ouvrages de menuiferie, de
charronnage & de charpente font plus durables en
chêne , que llorfqu'ils font faits avec les autres bois.
S'il fe trouve des défauts dans le chêne, on le deftine
au chauffage. Il eft le meilleur aliment pour les
forges; mais le plus pefant doit être confervé pour
la Marine : il ne peut être de tros gros échantillon,
ni trop parfait.

Art. 77. *Moyens de rendre le Chêne incombustible.*

M. Faggot de Suède, prétend que le bois de chêne étant imprégne d'alun, n'eſt point inflammable, & que c'eſt le moyen de le garantir de l'action du feu. Il aſſure qu'il ſuffit de laiſſer ſéjourner pendant quelque tems le bois dans une eau où l'on a diſſous ſoit du vitriol, ſoit de l'alun, ſoit tous autres ſels qui ne ſont point chargés de parties inflammables. Ce procédé, ajoute-t-il, garantit auſſi les bois de la pourriture, ſur-tout ſi après avoir été imprégné de ce qui eſt dit ci-deſſus, on enduit ce bois de goudron ou de peinture.

M. Salberg prétend que du bois qui auroit été trempé dans un ſimple bain de vitriol, ne ſeroit point attaqué par les punaiſes ni autres inſectes. Si cela eſt vrai, on peut empêcher que les digues de la Hollande & que les vaiſſeaux qui naviguent dans les pays chauds, ne ſoient rongés & percés par les vers; mais il arrive ſouvent que des expériences en petit ne réuſſiſſent pas en grand. Il ſeroit poſſible que celles de MM. Faggot & Salberg n'euſſent pas un ſuccès ſuivi. Malgré cela, on doit applaudir à leur zèle pour le bien général, & leur ſavoir gré des dépenſes qu'ils ont faites, & des peines qu'ils ſe ſont données. D'ailleurs, ſi ce qu'ils ont trouvé ne réuſſit pas, leurs expériences peuvent conduire à d'autres découvertes intéreſſantes.

M. de Domaſchuew, Directeur de l'Académie des Sciences, a fait à Pétersbourg, le 7 Octobre 1779, une expérience publique ſur un édifice conſtruit en bois, & préparé de manière à pouvoir réſiſter au feu. Ce bâtiment, de forme quarrée, & de la hauteur de deux toiſes, étoit placé dans le Waſily Oſtrow, derrière la petite perſpective. Le feu allumé dedans & dehors, fut ſi violent, qu'à une diſtance aſſez éloignée, la chaleur étoit trop forte pour pouvoir être aiſément ſupportée. La flamme frappoit directement ſur des planches rabotées, dont l'édifice étoit revêtu intérieurement. Le toît conſtruit également en bois & couvert de matières combuſtibles , s'enflamma auſſi totalement. Cependant , malgré la ſuite & l'univerſalité de l'embraſement , le grenier , les cloiſons , le plancher où le feu avoit été allumé , le plafond & le petit eſcalier placé dans cet édifice , ne furent nullement endommagés. Les flammes durèrent une demi-heure dans toute leur activité , & continuèrent enſuite , mais toujours en diminuant , pendant une heure 40 minutes. On aſſure que la compoſition du préſervatif a été trouvée par Milord Mahon. C'eſt un mortier ou enduit fait avec un ſixième de chaux , deux ſixièmes de ſable & tois ſixièmes de foin haché. Lorſqu'on emploie à Londres ce préſervatif pour les maiſons , la bâtiſſe n'eſt renchérie que de 5 pour cent. On a fait à Paris dans ces derniers tems des expériences du même genre ; mais elles n'ont pas réuſſi , & il y a lieu de croire qu'on n'a pas employé les mêmes procédés.

TITRE VIII.

De la peſanteur , de la denſité & de la force du Chêne , & de l'écorcement.

ART. 78. *Poids du Chêne.*

ON peut juger de la peſanteur des bois par la ſubmerſion plus ou moins grande qu'ils éprouvent lorſqu'ils ſont jettés à l'eau. Il y a des chênes nouvellement abattus & encore pleins de ſéve, qui flottent ſur l'eau ; d'autres qui ſe tiennent entre deux eaux, quelques-autres qui ſe plongent au fond. La partie ligneuſe eſt toujours plus peſante que l'écorce, & la ſéve de fort peu plus légère. La quantité d'eau qui eſt contenue dans les pores du bois , le fait flotter juſqu'à ce que ſe trouvant remplis d'eau, il aille toucher le fond du fluide. Il faut donc que le tiffu du bois foit bien ferré, pour qu'il puiffe être *fondrier* ; c'eft le nom qu'on donne à celui qui va au fond de l'eau. Il fe trouve de certains bois qui plongent lors même qu'ils ont perdu leur féve ; d'autres qui nagent quelque tems entre deux eaux, & tombent au fond ; d'autres qui reftent long-tems fous l'eau avant d'être fondriers. Lorfqu'il y a du vuide dans le bois, occafionné par des défauts, il flotte jufqu'à ce que le vuide foit rempli d'eau.

M. Duhamel, pour connoître la pefanteur des bois de différentes Provinces, & même des pays étrangers, a fait, avec la plus grande précifion, les expériences fuivantes. Il a trouvé que le pied cubé de bon chêne blanc de Provence pèfe étant verd, de 80 à 90 livres, & fec 65 à 72 & 76 livres ; celui de Champagne 68 & 70 livres ; après un an d'abattage 60 livres, & très-fec & prefque confommé, 53 livres. Le pied cube de Bretagne, réputé fec, 60 & 58 livres, & au bout de 7 ans, 52 livres ; celui de Bayonne 74 livres à 82, dont on ignore le dégré de fécherefle ; celui de Québec, nouvellement abattu, pèfe 80 livres, & un an après 60 livres ; & celui de Lorraine 65 livres, & fec 45. Le pied cube des bois d'Italie pèfe de 70 jufqu'à 80 livres ; les bois d'Efpagne approchent de ce poids ; ceux qui viennent de Hambourg 50 à 60 livres ; ceux des côtes de la mer Baltique, dont on ignore le dégré de fécherefle, 40 à 50 livres.

Les expériences ci-deffus nous font voir que les bois d'Italie & ceux d'Efpagne font plus pefans, & par conféquent meilleurs que les bois de l'intérieur de la France. Ceux du Nord & de l'Amérique feptentrionale, à en juger par leur pefanteur, font inférieurs aux nôtres. Si l'on vouloit faire de nouvelles expériences, en diftinguant les efpèces, en remarquant les chênes pris dans des terreins fecs ou fur les montagnes, ceux exploités dans des taillis coupés à l'âge de 25 & 30 ans, je ne doute pas que les bois de France ne fe trouvaffent avoir plus de peſanteur. Ceux de Champagne ſeront trouvés auſſi plus peſans , & on ne les confondroit pas avec ceux de Lorraine , qu'on appelle indiſtinctement bois de Champagne dans les Ports de conſtructions , ainſi que tous ceux qui deſcendent à Rouen. Voyez l'obſervation de l'art. 93.

Les bois *fondriers* doivent être regardés comme étant de bonne qualité, pour qu'ils puiſſent aller au fond de l'eau , il faut qu'ils ſurpaſſent le poids de l'eau douce, qui eſt de 70 livres le pied cube, & celle de mer de 72 à 73 livres. On vient de dire que l'air qui ſe trouve dans le bois contribue à le faire flotter juſqu'à ce que les pores ſe trouvent remplis d'eau. Il eſt impoſſible de donner le poids du volume de l'air qui y eſt contenu : on ſait ſeulement par les expériences de M. Duhamel, que dans un morceau de bon bois de 3 pouces , qui fait 27 pouces cubes, peſant 19 onces ou 152 gros , il y a eu 42 gros 16 grains de diſſipés en vapeur, dans laquelle il dit qu'il y avoit de l'air. (Cet élément eſt à l'eau comme 1 à 850).

ART. 79. *De la denſité & de la peſanteur du Bois.*

LE jeune bois eſt moins fort que le plus âgé. Le bois du pied d'une arbre en pleine crue , eſt meilleur & plus peſant que celui du milieu du tronc , qui pèſe plus que celui de la cime, & cela à peu près en progreſſion arithmétique , excepté quand il eſt à ſa perfection ; alors la peſanteur dans toutes les parties eſt à peu près égale. La ſéve en paſſant & repaſſant continuellement dans l'intérieur de l'arbre , y dépoſe des parties fixes qui augmentent la denſité. Par cette raiſon, l'arbre en croiſſant a différentes peſanteurs ; mais quand il eſt vieux , & que les pores ſont obſtrués, la ſéve n'ayant plus d'accès , l'arbre s'altère & dépérit, en ſorte que ce qui étoit plus peſant devient plus léger. Il ne doit pas être indifférent pour les bonnes conſtructions, de ſonder ſi l'arbre a la même dureté aux deux extrémités , ce qui ne fe découvre qu'après que l'arbre eft bien fec ; car s'il y avoit une grande différence, il faudroit retrancher le côté altéré.

ART. 80. *Le Bois du centre d'un Arbre comparé avec celui de fa circonférence.*

DANS un arbre parfaitement fain, & qui profite encore, le bois eft plus pefant au centre qu'à la circonférence ; la raifon en eft que le cœur a acquis plus de denfité, parce que les dernières couches ligneuſes, quoique de bois parfait, font moins âgées & moins dures. Le contraire arrive quand l'arbre eft fur le retour ; alors le cœur commence à fe deſſécher, & finit par tomber en pouſſière, pendant que la circonférence achève de fe perfectionner. On s'apperçoit de ce changement quand le bois eft bien fec, c'eft-à-dire un ou deux ans après qu'il eft abattu. Il eft bien effentiel, par cette raifon, de ne point employer le bois trop vieux. Le bois verd ou nouvellement abattu, s'échauffe lorfqu'il eft enfermé ou recouvert de quelqu'enduit ; il tombe enfuite en pourriture : la même chofe peut arriver au bois fec , s'il eft attaqué de vers ou s'il a des défauts cachés : ainfi il ne faut employer le bois de charpente que deux ou trois ans après qu'il a été coupé : ce qui eft arrivé à l'Ecole Militaire peu de tems après fa conftruction ; & les gros bois gâtés qu'on découvre dans les anciens & nouveaux bâtimens , font une preuve de ce qu'on avance. On a effayé pour y remédier, de refendre le gros bois en deux pour mettre le cœur à l'extérieur ; enfuite on a affemblé les deux parties avec des liens & des chevilles de fer , de façon que le cœur du bois fe trouve à l'air , & ne peut pas fe carier. M. le Chevalier de Grignon , de l'Académie des Sciences, a écrit à ce fujet des chofes très-intéreffantes. On y renvoie.

Toutes les expériences de M. Duhamel ne lui ont rien fait voir de concluant fur la différente pefanteur d'un arbre féparé en deux. Le côté du
midi

midi & celui du nord fe font trouvés plus pefans
fur plufieurs billes de bois. Les Ouvriers & les
Marchands qui n'ont que de la pratique, affurent
que dans un chêne, le côté expofé au nord eft le plus
dur, & par conféquent plus pefant. Ils en attribuent
la caufe au vent du nord, qui refferre davantage
les pores à cette expofition, ce qui paroît affez
vraifemblable.

Art. 81. *De la force du Bois.*

La force de cohérence des fibres longitudinales,
eft bien plus confidérable que celle de l'union tranfverfale des couches ligneufes, qui tracent des rayons
du centre à la circonférence : cela fe juge en examinant la furface d'un tronc d'arbre qui a été fcié.
On voit par les cercles concentriques les fibres ou
couches longitudinales qui font unies les unes aux
autres par un tiffu fpongieux, qui coupe tranfver-
falement & laiffe voir de petits trous à peu près
comme de la dentelle. M. de Buffon dit que ce travail reffemble à un réfeau. Grew nomme ces fibres
de tranverfales infertions, & les regarde comme des
rayons qui vont du centre à la circonférence. Ces
fibres (couches ou rayons) tranfverfales n'ayant environ qu'une demi-ligne d'épaiffeur, il en réfulte que
la force de cohérence eft plus confidérable que celle de
l'union tranfverfale. Il y a encore une autre raifon ;
c'eft qu'il fe trouve plus de couches longitudinales que
de tranfverfales. La force de cohérence eft encore dé-
montrée fupérieure par la foible réfiftance des couches tranfverfales, lorfqu'on fend le chêne & tous
autres bois pour différens ufages. Plus le chêne a
de vigueur ou de croiffance, plus le tiffu eft ferré,
parce qu'il y a moins de cloifons ou de fépara-
tions entre les couches ligneufes dans le même
efpace. Les expériences de M. de Buffon, prouvent
que la force de cohérence eft la plus confidérable.
En effet, dans un barreau d'un pouce d'épaiffeur,
s'il fe trouve 14 ou 15 couches ligneufes, il y

aura 13 à 14 cloifons ; par conféquent ce barreau
fera moins fort qu'un pareil barreau qui ne con-
tiendra que 5 à 6 couches ligneufes & 4 ou 5 cloifons. On voit dans les petites pièces qu'il s'y trouve une
ou deux couches ligneufes tranchées par la fcie ; c'eft ce
qui en diminue la force. Il n'eft pas poffible de comparer la force d'un petit barreau avec celle d'une
groffe pièce, parce que la pofition des couches ligneufes & des cloifons eft bien différente. En effet,
pour équarrir une poutre on lève quatre fegmens
cylindriques ou doffe d'aubier : de-là il arrive que
les cercles qui compofoient l'aubier font tranchés
& vont tous en diminuant vers l'arrête de la poutre, qui eft donc compofée d'un cylindre contenu
de bon bois, & de quatre portions angulaires tranchées d'un bois moins folide & plus jeune. Au contraire, dans les barreaux ou planches tirés d'un
arbre, ce font des petits fegmens longitudinaux de
couches annuelles, dont la courbure eft infenfible :
ils font de différentes forces de tous les côtés. Ainfi,
dans l'emploi que l'on fait de ce bois de fciage, fi
on le pofe dans une fituation dite communément
de champ, il réfiftera davantage que dans une pofition horifontale, ou fur le plat : on en a la preuve
dans les planchers d'entrefols, que l'on fait de bois
de fciage, de peu de largeur. On a recours à cet
expédient pour avoir plus de hauteur de plancher, fans
altérer fa force ou fa folidité, afin qu'il puiffe fuppor-
ter au moins le même poids qu'un plancher fait à
l'ordinaire de folives de 6 à 7 pouces de groffeur.

ART. 82. *De la pefanteur du Bois defféché ou ou imbibé.*

M. de Buffon a obfervé que cinq huitièmes de pied
cube de chêne, pefant environ 46 livres 10 onces, pris
dans un arbre de 90 ans, ayant été façonnés &
mis fous un hangard abrité du foleil, en onze
jours le bois a été fec au quart, & en moins d'un mois
il l'étoit à moitié ; enfuite, après 19 mois, il l'é-

toit aux trois quarts, & il ne l'a été entièrement
qu'au bout de 7 ans. Le bois en grume à l'air, a
été un an à se deffécher au quart, & 8 ans pour
l'entier deffèchement. Les mêmes morceaux de bois
pesant l'un 45 livres 10 onces, & l'autre 42 livres
10 onces, avant d'être desséchés, pesoient au bout
de 5 ans d'imbibition 49 livres : ainsi la proportion
du bois entièrement desséché à la pleine imbibition,
est de 3 à 15 livres. On peut voir sur la pesanteur du bois les Tables de M. de Buffon. L'imbibition d'eau douce ou d'eau salée offre peu de différence dans la pesanteur. Le bois, dans l'eau douce,
pompe vingt-deux trente-sixièmes, & dans l'eau salée
vingt-un trente-sixièmes. Dans l'eau douce le bois
devient plus glissant & plus huileux ; l'eau devient
aussi plus noire. Dans l'eau salée il se forme de
petits cristaux qui s'attachent sur la surface supérieure du bois.

Art. 83. *De la résistance du Bois.*

Le bois ne casse jamais sans avertir ; le bois verd
casse plus difficilement que le bois sec, parce qu'il
a plus de ressort ; le bois des branches & du sommet d'un arbre étant plus jeune, est plus foible ;
il doit se rompre plus aisément que celui du corps. La
force du bois verd n'est pas en proportion de son
volume ; celui qui croît plus vîte dans un même
terrein est plus fort, parce que les couches ligneuses sont plus épaisses. La force du bois est en proportion de sa pesanteur : cette vérité donne les moyens
de comparer la force des bois qui viennent de divers
terreins & de différens pays. La règle de Galilée adop-
tée par les Mathématiciens pour toutes les solives
inflexibles, est que la résistance est en raison inverse
de la longeur, en raison directe de la largeur, &
en raison double de la hauteur ; mais cette règle
doit être modifiée pour le bois, qui est un corps
élastique. M. Bernouilli a observé que dans la rup-
ture des corps élastiques, une partie des fibres s'al-

longe, tandis que l'autre partie fe raccourcit en refou-
lant fur elle-même. Les expériences de M. de Buffon
démontrent que la règle de Galilée (de la réfiftance
en raifon inverfe de la longeur) s'obferve d'autant
moins lorfque les pièces font plus courtes : il en
eft tout autrement de cette règle de la réfiftance en
raifon de la largeur, & du quarré & de la hauteur. En effet, par les Tables de M. de Buffon,
on peut obferver que plus les pièces font courtes, plus la réfiftance approche de la règle de Galilée.

On ignore la proportion de la réfiftance dans les
pofitions différentes des bois, foit inclinés, foit debout, ou retenus par une feule des extrémités. M.
de Buffon fait voir qu'il règne un ordre affez conftant dans les différens rapports, aux longueurs &
largeurs. Le bois debout, qui porte fur un terrein
folide, peut étayer un poids énorme : les Charpentiers, dans l'emploi qu'ils en font, lui donnent
le nom de *chandelle*.

ART. 84. *Moyens d'augmenter la force du Bois.*

VITRUVE, & quelques Auteurs après lui, ont
avancé qu'il étoit poffible d'augmenter la denfité
des bois en mutilant l'écorce ou le bois, & en
les faifant mourir fur pied : le procédé étoit d'enlever du pourtour du pied d'un arbre l'écorce, l'aubier & un peu de bois, jufqu'à 6 ou 12 pouces
de profondeur, fuivant la groffeur de l'arbre ; d'autres d'enlever l'écorce de 18 ou 24 pouces de hauteur, ou de la fupprimer totalement. Le Pere Four-
nier rapporte que la méthode de Vitruve a été fui-
vie par Duilins, qui fe mit en mer 60 jours après
que le bois eut été tiré des forêts ; que Hieron équippa
une flotte de 200 navires 45 jours après la coupe
des bois ; & que Scipion fit lancer fes vaiffeaux à
l'eau 40 jours après que les arbres avoient été coupés ; mais que ces bois n'avoient été abattus qu'après
leur avoir fait perdre la féve. Le moyen pour y
parvenir étoit de faire une incifion jufqu'à la moëlle

autour du pied de chaque arbre, & de le foutenir pour l'empêcher de tomber.

Ces méthodes ont été pratiquées en 1738 par M. Duhamel. A la première expérience l'arbre eft mort plus promptement que ceux écorcés à deux pieds ou totalement, parce que le paffage de la féve étoit totalement interrompu par l'entaille faite au pied. Aux deux dernières méthodes d'écorcer, la féve s'eft élevée par l'aubier & par les bois en quantité fuffifante pour le faire vivre plus long-tems. Les arbres cideffus ont été écorcés en pleine féve ; ils font morts plus tard que s'ils l'avoient été avant d'être en féve. On peut tirer une conféquence pour la denfité, s'il eft vrai que la tranfpiration fe fait proportionnellement à la furface des feuilles. En effet, lorfque l'arbre a été écorcé, cette tranfpiration ne peut plus s'opérer ; il faut donc que toute la fubftance nourricière paffe dans le tronc de l'arbre : c'eft ce qui contribue à augmenter la denfité, la dureté & la force du bois, puifque l'arbre écorcé n'a pouffé que fort peu de bourgeons. Ceux écorcés, qui ont été plus long-tems en vie fur pied, ont le bois plus dur que ceux qui font morts promptement, ce qui feroit pencher à croire qu'il vaut mieux écorcer en totalité jufqu'aux branches de la cime.

Art. 85. *De l'Écorcement des Chênes fur pied.*

Pour augmenter la force & la durée du bois, il faut écorcer les arbres du haut en bas dans le tems de la féve, & les laiffer fécher entièrement fur pied avant de les abattre. Evelin, Auteur Anglois, dit qu'il faut cerner le pied de l'arbre avant de l'abattre, jufques dans le cœur du bois, & le laiffer ainfi fécher fur pied. Il rapporte dans fon Traité des Forêts, que le Docteur Plot, dans fon Hiftoire Naturelle, affure qu'autour de Haffon en Angleterre, on écorce les gros arbres fur pied en tems de féve, & qu'on les laiffe fécher jufqu'à l'hiver fuivant ; qu'alors on les coupe, & qu'ils vivent fans écorce ; que le bois en devient plus dur , & qu'on se sert de l'aubier comme du cœur. M. Bomare , dans son Dictionnaire d'Histoire Naturelle , dit , à l'article bois , qu'on est dans l'usage en Allemagne d'écorcer les arbres au printems , & de les couper l'année suivante, pour les vendre plus chers aux Hollandois : il ajoute que cette opération augmente la qualité du bois.

Les expériences de M. de Buffon ne laissent aucun doute sur l'avantage d'écorcer les arbres un an avant de les couper. Il a fait enlever au printems depuis le sommet de la tige jusqu'au pied , avec une serpe , l'écorce de plusieurs chênes à gros glands , âgés de soixante-dix ans , & de quarante pieds de hauteur. L'écorce se séparoit très - facilement du corps de l'arbre , parce qu'alors les canaux étoient fort ouverts , par la raison qu'en tems de séve la force de succion étant plus grande , les liqueurs coulent bien aisément , & passent très-librement ; par conséquent les tuyaux capillaires conservent plus long-tems leur puissance d'attraction. Il a laissé ces chênes sur pied ; ils n'ont eu aucune altération pendant deux mois. Le 10 Juillet , un des chênes étoit moins en séve , parce que dans le tems de l'écorcement il laissa voir des symptômes de maladie ; ses feuilles jaunirent au midi , & il ne lui en restoit plus le 26 , ce qui fit présumer qu'il avoit moins de séve. Il fut abattu le 30. Le bois en étoit si dur , que la coignée du Bucheron cassa ; l'aubier sembloit plus dur que le cœur, qui étoit encore humide & plein de séve ; d'autres chênes résistèrent davantage , & ne quittèrent leurs feuilles que peu de jours avant le tems ordinaire. Au Printems suivant tous ces arbres écorcés devancèrent les autres ; ils se couvrirent de feuilles dix jours avant. Il en fit abattre un le 30 Août 1734 , qui s'étoit dépouillé le premier ; il le trouva aussi dur que l'autre ; il y avoit un an qu'il étoit écorcé ; les deux autres arbres quittèrent leurs feuilles en Septembre , où ils furent abattus : ils étoient très - durs à la coignée ; le cœur du bois étoit

preſque ſec', le dernier qui avoit quitté ſes feuilles le
22 Septembre, étoit plus vigoureux que celui qui les
avoit quittées le premier Septembre : ils furent con-
ſervés tous les deux pour l'année ſuivante. Au printems ce dernier étoit mort, ayant été abattu en
Mai, il n'avoit plus d'humide radical ; il étoit très-
dur au dedans & au dehors ; l'autre donna ſigne
de vie : les boutons ſe gonflèrent ; mais les feuilles
ne purent ſe développer.

On ajoutera à ces expériences ce que M. le Comte
Duhamel, Seigneur de la Chauſſée & de Saint-Remi
en Champagne, pratique depuis long-tems. Lorſqu'il a beſoin de charpente pour ſes réparations,
il fait, dans les taillis qui ont été exploités l'hiver,
écorcer des chênes ſur pied, dans la force de la ſéve
du mois de Mai : on les coupe le mois d'Août ſuivant, & l'hiver d'après ils ſont employés.

ART. 86. *De l'inconvénient d'écorcer.*

L'ÉCORCEMENT d'un arbre ſur pied occaſionne
preſque toujours la perte de ſa ſouche, parce que
la ſéve s'extravaſe au dehors, & qu'elle ſe perd
lorſqu'elle ne trouve plus d'écorce où elle puiſſe
être contenue. Si c'eſt un mal réel pour la ſouche,
on peut réſerver cette pratique pour le bois de
Marine ſeulement ; mais on croit que ces ſouches ne
ſont point à conſerver, d'autant que leur production
eſt très-médiocre, & que ſi par haſard il croît pluſieurs arbres ſur la même ſouche, ils ne peuvent
être auſſi parfaits que ceux venus de graine. On
eſtime donc qu'il y auroit de l'avantage à déraciner
les ſouches des arbres écorcés, parce qu'on procureroit à un bel arbre de Marine deux pieds de
plus de longueur ; mais ſi l'on ſe déterminoit à
cette nouvelle manière d'exploiter, ainſi que MM.
de Buffon & Duhamel le propoſent, il ſeroit indiſpenſable de prendre des précautions pour éviter qu'il
ne fût commis des abus de la part des Adjudicataires des bois, & même de ceux à qui la garde

des forêts est confiée : abus qui ne consiste que trop souvent à déraciner des arbres qui n'ont pas été marqués en délivrance.

A R T. 87. *Comparaison des Arbres écorcés.*

M. de Buffon, pour s'assurer de la différence de pesanteur & de force des bois écorcés & non écorcés, fit couper en 1733, l'année de l'écorcement, quatre arbres qu'il laissa sécher dans leur écorce ayant fait la comparaison avec ceux écorcés. La solive de l'arbre écorcé pesoit 242 livres, elle se rompit sous 7940 livres ; celle non écorcée pesoit 234 livres, & rompit à 7320 livres. Une autre écorcée, pesant 249 livres, rompit sous 8262 livres ; celle non écorcée pesoit 236 livres ; elle rompit à 7385 livres. Une solive non écorcée, laissée à l'injure du tems, pesoit 258 livres, rompit à 8926 livres ; celle écorcée pesoit 239 livres, rompit à 7420 livres. Une autre expérience a fait voir qu'une solive écorcée, tirée du sommet d'un arbre, pèse davantage qu'une tirée du pied d'une solive non écorcée, qui pèse ordinairement plus, lorsque les deux solives sont tirées du même arbre non écorcé. Des épreuves faites sur des barreaux d'aubier d'arbres écorcés de 3 pieds de long, sur un pouce de grosseur, qui pesoient 23 onces un tiers, ont rompu à 287 livres : ayant été comparé avec des barreaux du cœur de chêne non écorcé, le poids du barreau moyen étoit de vingt-cinq onces un tiers, & la charge de 256 livres. Ceci prouve que l'aubier du bois écorcé & séché sur pied est plus fort que l'aubier ordinaire, quoiqu'il soit moins pesant que l'autre, & beaucoup plus fort que le cœur du meilleur bois non écorcé. La partie extérieure de l'aubier est celle qui résiste davantage d'après l'expérience. La cause physique de cette force se présente d'elle-même. En effet la substance ou la séve destinée à former le nouvel aubier, se trouve arrêtée ; elle est contrainte de se déposer & de se fixer dans tous les vuides de l'aubier de l'année précédente , & même du cœur de l'arbre : c'est donc l'addition de la séve qui augmente la solidité de l'aubier d'un an , & par conséquent la force du bois ; par la raison que plus le bois est pèsant , plus il est fort.

Cet aubier devient donc , par l'écorcement, plus dur que le bois parfait, qui n'est point écorcé , parce qu'étant plus poreux , il reçoit plus de séve que tout le corps de l'arbre , qui tire jusqu'à ce que les tuyaux capillaires se trouvent remplis & obstrués. On ne doit plus regarder cet aubier d'un an comme un bois imparfait, par la raison qu'il a acquis en un an , par l'écorcement , la solidité & la force qu'il auroit en 12 ou 15 ans. On regarde l'écorcement du chêne comme très-avantageux, en ce qu'on emploie un arbre dans toute sa grosseur , & que la soustraction de l'aubier occasionne presque un cinquième de perte sur la grosseur.

Art. 88. *Calculs sur les Bois écorcés.*

PAR les expériences de M. Duhamel , pour connoître la densité du bois , on voit les rapports qui se sont trouvés entre les bois écorcés & ceux qui ne l'avoient pas été , relativement à leur pesanteur & à leur force. Le poids de 4 arbres écorcés étoit à celui qui ne l'avoit pas été , comme de 100 à 90, 92, 94, 96, & la force , comme de 100 à 80, 83, 88, 92. Les bois les plus lourds étoient ceux qui avoient subsisté plus long-tems avant de mourir. Il est évident que les arbres dépouillés de leur écorce augmentent en densité & en force à mesure qu'ils subsistent plus long-tems en vie.

Art. 89. *Essai sur l'écorcement de Russie.*

EN 1738 on cita à M. le Comte de Gallowin, Amiral Russe , ce qui étoit rapporté dans M. de Buffon. Ce Comte fit faire l'épreuve sur 300 arbres des forêts du Royaume de Cazan en Russie pendant 3 ans ; mais il ne fut pas content des expériences , parce qu'il vit que cette méthode n'étoit utile que pour les bois droits , & que ceux qui avoient été écorcés ne pouvoient se ceintrer par le feu, & suivant les pratiques ordinaires : cela n'est pas étonnant, le bois écorcé & séché à l'air n'est plus liant ni flexible , comme le bois coupé avec son écorce.

A R T. 90. *Usage Anglois sur l'écorcement.*

COMME il n'est point indifférent d'être parfaitement instruit de ce qui se pratique en Angleterre, j'ai écrit à ce sujet à des personnes dignes de foi. Voici ce qui m'a été répondu en 1778.

On a publié depuis quelque tems une nouvelle édition de M. Evelin , avec des notes de M. Hunter d'Yorck. Il y est fait mention de M. de Buffon. L'Auteur Anglois dit qu'il est plus profitable d'écorcer les arbres sur pied le printems , & de les couper ensuite pendant l'hiver, que de ne les point écorcer.

Le Secrétaire de l'Académie des Beaux - Arts de Londres , bien versé dans la partie des bois, assure que les habitans de Stafonshire écorcent les chênes aux mois d'Avril & Mai, quand la séve monte , & que les arbres continuent à pousser leurs feuilles vertes ; mais qu'elles meurent après le mois d'Octobre pendant tout l'hiver , & qu'alors on les coupe, & qu'ils préfèrent cette méthode à celle de ne point écorcer.

T I T R E IX.

De l'Exploitation du Chêne.

A R T. 91. *Quand doit-on abattre le Chêne ?*

CE n'est ni la grosseur ni l'âge qui doit déterminer à abattre un chêne : le sol & l'exposition produisent des variétés à l'infini , ainsi qu'il a été dit au titre 2. Il est souvent à propos de laisser sur pied des arbres âgés , & d'en couper qui pourroient vivre encore long-tems. Les marques qui annoncent le retour d'un arbre, ou le terme de l'abattage, font, lorfque la tête s'arrondit comme un pommier, & qu'il fe couronne; quand il fe dégarnit avant l'automne de fes feuilles, ou qu'elles fe jauniffent de bonne-heure; enfin fi l'écorce fe détache, & que la féve fe perde par les gerfes. Dans tous ces cas il ne faut plus attendre d'accroiffement, l'arbre dépérit alors s'il refte fur pied. Il ne faut pas différer de l'abattre s'il a des défauts, quoiqu'il puiffe vivre encore. On a vu au titre 7 les maladies dont il peut être atteint. Lorfqu'elles font incurables, il eft convenable de le couper; en prolongeant fa durée, fes défauts augmentent : alors il n'eft bon pour aucun ufage, & c'eft une perte réelle pour le Propriétaire. Cette raifon doit déterminer, lors de l'exploitation des taillis, à couper les arbres dépériffans.

ART. 92. *De la faifon & des jours de la Lune pour couper le Chêne.*

M. Duhamel, pour s'affurer du tems où le bois eft plus léger, a fait pefer 25 foliveaux chacun de 3 pieds de long & 3 pouces d'équarriffage. Voici le réfultat.

	l.	o.	g.		l.	o.	g.
Décembre .	340	11	4	Juin. . .	297	5	
Janvier. . .	340	14	4	Juillet. . .	297	4	
Février. . .	328			Août. . .	314	7	4
Mars. . . .	331	11		Septembre. .	306	14	
Avril. . .	311	14		Octobre. .	328	14	4
Mai. . . .	319	8		Novembre. .	331		

Quoiqu'on ait trouvé moins de poids en Juin, Juillet & Août, on ne voit pas que cela décide pour couper en été. M. Duhamel a fait d'autres expériences pour connoître s'il falloit obferver le décours de la Lune, qui démontrent qu'on peut s'en difpenfer; mais les Marchands de bois penfent le contraire;

l'expérience leur a appris qu'un chêne abattu en nouvelle Lune eft plutôt piqué du ver, que l'aubier s'altère
promptement , & que pour préferver le bois de la
piquure des infectes & contribuer à fa confervation, il
faut couper depuis le quatorzième jour de la Lune
jufqu'au deuxième de la nouvelle. On prétend
même qu'on doit abattre le chêne feulement dans
les pleines Lunes de Décembre & de Mars , ayant
été obfervé que dans la pleine Lune de Janvier ,
l'arbre eft fec dans fa partie fupérieure ; que celle
adhérente au fol eft verte , & qu'elle pouffe des
jets. Lorfque les Ouvriers doivent ceffer d'abattre
les arbres, alors ils s'occupent à couper les branches de ceux qui font giffans , & à les mettre en
ordre pour les différens ufages auxquels ils font
deftinés.

Le gros bois n'eft pas le feul qui demande à être
coupé en pleine Lune ; celui qui eft deftiné au
chauffage doit être exploité dans le même tems ,
ainfi que le petit bois deftiné à faire du charbon,
parce qu'en confervant leur écorce , le feu en eft
plus ardent : cependant il n'eft pas toujours poffible d'obferver exactement le décours de la Lune, fi
l'on ne veut point interrompre l'exploitation. On
s'apperçoit aux forges de la différence du tems où les
bois ont été coupés. On a même remarqué que
pour donner de la qualité aux bois taillis & autres
deftinés au chauffage, il falloit les couper depuis le
15 Septembre jufqu'au 15 Décembre , tems où il
faut commencer à couper la futaie. Quoiqu'on doive
abattre la futaie depuis le 15 Décembre, cependant il
faut ceffer dans les trop fortes gelées, parce qu'alors la
féve venant à geler depuis un pouce jufqu'à 2 , il
y auroit à craindre que les arbres ne s'éclataffent.
D'ailleurs, dans ce tems rigoureux, les Bûcherons
ont de la peine à entamer cette partie gelée , qui
eft fi dure , qu'elle ébrèche leurs outils.

ART. 93. *De l'abattage du Chêne.*

L'ORDONNANCE de 1669, titre 25, article 41, prescrit de couper les futaies le plus bas que faire se pourra, & les taillis à la coignée, à fleur de terre, sans les écuisser ni éclater. Avant d'abattre un arbre, il est à propos d'examiner de quel côté il panche, & où est le plus grand poids de ses branches, afin d'empêcher qu'il ne rompe en tombant du côté où le porte son propre poids, & qu'il n'entraîne la perte de certaines branches qui, par leur contour, peuvent fournir des pièces très-utiles, telles que des courbes & des fourcats pour la Marine. Pour y parvenir, on fait une forte retenue au pied de l'arbre, & l'on dirige les entailles pour faire tourner l'arbre sur lui-même. Il seroit peut-être plus convenable, pour conserver les branches qui forment des courbes, & les préserver des accidens occasionnés par la chûte de l'arbre, de les couper avant l'abattage. Le prix qu'on vendroit ces branches dédommageroit bien du surcroît de dépense. Quand un arbre est fourchu, il faut le faire tomber sur le plat des deux branches, pour éviter qu'il ne se sépare en deux.

Pour bien abattre un arbre, le Bûcheron doit faire son entaille du côté qu'il veut le faire tomber. Il faut qu'elle pénètre plus avant que le cœur, pour éviter qu'il ne sorte du milieu de l'arbre un morceau de bois, quelquefois de 3, 4 ou 5 pieds de longueur, appellé *l'ardoire*, vulgairement dit l'ame du cœur de l'arbre. Ensuite il fait la contr'entaille qui pénètre jusqu'à la première, après quoi il abat l'arbre, lorsqu'il a coupé les *nerons* ou grosses racines extérieures qui le retiennent. En suivant cette manière, il est sûr de la direction. Il y a une autre façon de procurer à l'arbre environ 2 pieds de plus de longueur, c'est de pivoter ; ce qui consiste à ôter la terre autour de l'arbre, & à couper les grosses racines internes, afin que l'arbre tombe avec son pivot, ce qui s'appelle couper *en cul noir.* Cette méthode s'écarte de la Loi ; mais elle peut être tolérée en certains cas pour de belles pièces de Marine, attendu que les souches qui ont 100 ans & plus repoussent rarement des rejets, ou ne produisent que du bois rabougri. Le prix de cet abattage coûte moitié de plus que le prix ordinaire, qui est de 5 sols. Si l'on vouloit déraciner l'arbre, le prix seroit de 3 liv. dans un terrein de glaise trop compacte ; mais il n'en résulteroit que bien peu de longueur de plus. Dans le pays de Flandre & Haynaut, François & Autrichien , on est dans l'usage d'arracher les arbres, parce que le sol est très-meuble , & qu'on obtient jusqu'à un pied & demi de plus de longueur.

Il ne faut point permettre de couper en faisant des entailles en *pas de vis.* Cette manière fait perdre trop de bois & déprise un arbre de 6 à 10 liv. On a prétendu qu'on tireroit plus de longueur d'un arbre, s'il étoit permis de scier, au lieu de se servir de la coignée ou de la hache, pour éviter la perte qu'occasionne les entailles. Cela n'est pas praticable, non-seulement à cause que le bois est trop dur à la patte de l'arbre pour la foiblesse de l'instrument, & qu'il seroit impossible de faire agir la scie dans l'épaisseur d'un très-gros arbre, & aussi parce que le frottement échauffe le bois, & qu'il en résulteroitt plus d'un pied de perte. D'ailleurs , par cette manière, la souche ne repousse jamais. Lorsqu'un arbre est abattu , on ne peut trop tôt en retrancher les branches & mettre à part pour la Marine celles qui sont courbes.

OBSERVATION.

Pour reconnoître dans les Ports de construction les qualités des bois, il seroit peut-être convenable , lors de l'abattage , de désigner par une marque particulière au pied de l'arbre , les sols soit humides ou secs, ou montueux où les chênes ont

crû : ces mêmes marques seroient répétées en façon-
nant les bois dans les ventes.

ART. 94. *De l'Exploitation en été.*

Les Hollandois font couper le chêne en été, de
préférence à l'hiver, lorsqu'ils sont pressés, parce
que la séve se dissipe plus promptement, & que le
bois se trouve plutôt en état d'être employé ou
d'être assemblé en train, pour pouvoir être mis à
flot. M. Boyer, Constructeur à Toulon, rapporte
que dans le Royaume de Naples & autres lieux
d'Italie, on coupoit en Juillet & en Août de préférence, & qu'il avoit vu des vaisseaux construits de
ces bois qui, après 25 ans de service, étoient
encore très-sains. Ne peut-on pas attribuer cette
bonne qualité au sol & au climat, plutôt qu'à la
saison où les arbres ont été coupés ? On dit que les
paysans de Catalogne & du Roussillon coupent les
chênes en Juillet & Août. Si l'on étoit dans la nécessité de les employer verds & sur le champ, il est
sûr qu'un arbre abattu l'été seroit meilleur, parce
qu'il y auroit alors moins de séve. Un Commissaire
de Marine de Toulon ayant fait couper un arbre
en Bourgogne à la fin de Juin, cet arbre fut employé à faire un bau de deux pièces. On voulut en
faire la comparaison avec un chêne coupé l'hiver
précédent. Le pied cube de celui coupé en été, pesoit
63 livres, sa couleur étoit feuille morte ; elle n'é-
toit pas avantageuse. L'autre pesoit 70 livres ; mais
sa couleur étoit vive : peut-être que le premier avoit
quelques défauts. Pour en savoir la raison, il auroit fallu faire des expériences sur plusieurs arbres.
Les mêmes pieds cubes de ces arbres furent pesés
six ans après : le premier de 63 livres, étoit réduit
à 43 livres. Cela prouve que l'arbre abattu en
séve se trouvoit plus sec que l'autre.

M. le Comte Duhamel est en usage depuis plus
de 20 ans, pour réparer ses bâtimens & ses usines
dans ses Terres de Saint-Remi & la Chaussée en

Champagne , de faire couper des chênes dans le mois de Juillet , qui fuit la coupe des taillis ; il les fait façonner l'hiver fuivant , fans ôter tout l'aubier. On enlève feulement celui qui fe trouve hors la ligne d'équarriffage , fuivant l'ufage ordinaire. Ces arbres fe trouvent alors totalement dépouillés de leur féve , & ce qui refte d'aubier ne fe pourrit pas , ni n'eft fujet à être attaqué des vers.

Tous ces faits doivent-ils faire changer l'ufage d'abattre le chêne en hiver ? On croit qu'il faut , avant d'adopter cette méthode , faire un plus grand nombre d'expériences , étant certain qu'en différant la coupe jufqu'en été , la recrue des taillis fouffrira non-feulement par l'abattage & le froiffement des arbres , mais encore par les charrois. Ainfi on ne pourroit tout au plus fuivre cette nouvelle manière , fi elle eft à préférer , que pour les bois de Marine , attendu qu'il fe trouve peu d'arbres par arpent pour fon ufage & pour ceux qui s'exploitent en haute-futaie.

ART. 95. *Des Bois en grume & d'équarriffage.*

ON n'eft point d'accord fur le tems de l'équarriffage : il y en a qui font d'avis de faire équarrir tout de fuite , d'autres 8 jours , d'autres 6 ou 8 femaines après l'abattage , d'autres , qu'il faut laiffer l'arbre plus long-tems avec fon écorce ; d'autres enfin , qu'il faut l'écorcer après l'abattage , & ne l'équarrir que peu de tems avant de l'employer. Ces différentes opinions ont pour but de conferver au bois fa bonne qualité.

D'après les expériences , on fait que la féve s'échappe plus promptement des bois équarris ou fimplement écorcés , & que fi on laiffe les bois en grume , ils pouffent des jets au printems , même des fleurs , fur-tout lorfque l'hiver eft humide. Comme on a démontré que la féve eft une liqueur prompte à fe corrompre , on doit fentir qu'il faut équarrir ou du moins écorcer les bois auffi-tôt qu'ils

ont été abattus, afin qu'ils puiffent librement fe
purger de la féve qui, par fon altération, porte un
préjudice confidérable aux fibres ligneufes. En effet,
lorfqu'on écorce les bois, il arrive que l'aubier
privé de la féve qui s'eft évaporée plus vîte, ne fe
réduit pas en pouffière. D'ailleurs, s'il fe trouve
des défauts dans le corps d'un arbre en grume,
toute la féve & l'humidité que contracte l'écorce
fpongieufe, fe porte fur la partie viciée. On apperçoit cette humidité fous l'écorce ; elle eft rouffe &
puante, & ne peut être que très-nuifible au corps
de l'arbre. Il arrive auffi que les vers qui y naiffent
prennent plus de nourriture, deviennent plus gros,
& qu'ils attaquent les parties ligneufes, adhérentes
à l'aubier, qui font encore tendres.

A R T. 96. *Des Gerfes & des Fentes.*

LES bois en fe defféchant, fe gerfent, fe fendent,
s'éclatent, fe voilent, fe courbent ou fe tourmentent à proportion qu'ils perdent de leur féve & de
leur humidité. Leur volume diminue plus ou moins,
fuivant leur qualité. En Provence, ils contiennent
moins d'humidité ; ils font très-forts, mais ils s'é-
clatent & fe fendent, ce qui arrive peu aux bois
de Bourgogne, & encore moins à ceux du nord,
qui font plus gras que ceux de Lorraine. Les dernières couches du bois, qui font plus chargées d'humidité, perdent plus de leur volume. Cette perte eft
en proportion fur toutes les couches, & diminue
en approchant du cœur de l'arbre : ainfi plus les
fibres font anciennes, moins elles font fufceptibles de contraction. Il arrive quelquefois que les
dernières couches en s'éclatant ou en fe fendant
fubitement, caufent d'autres fentes aux couches
fuivantes, & même de proche en proche, jufqu'au
centre, en forme de zigzag. Il eft vrai que dans
la fuite la féve en fe diffipant les referme, parce
que les fibres fe rapprochent ; mais les fentes ne
font pas entièrement refermées, lorfque l'arbre

eſt tout-à-fait deſſéché. Les bois parfaits ne ſont point endommagés par la fente en zigzag, parce que les couches ligneuſes étant collées intimement, il arrive que la force d'adhérence eſt plus conſidérable que la force de l'union tranverſale, que M. Duhamel appelle force de cohéſion. Il y a une autre cauſe qui occaſionne les fentes ; c'eſt quand le tronc de l'arbre eſt étoilé ou quadrané au cœur : ces défauts viennent de ce que l'arbre eſt ſur le retour. Les bois dont on a enlevé l'écorce ſont ſujets à ſe fendre, même après avoir été équarris : ceux en grume le ſont moins. L'évaporation qui ſe fait bruſquement dans les bois écorcés, eſt la cauſe que le rapprochement des fibres s'opère par ſecouſſes, & que les couches extérieures reçoivent plus de contraction que les intérieures, ce qui produit des fentes & fait ouvrir les roulures. On peut éviter les inconvéniens de la fente en faiſant refendre tout de ſuite les billes dont on fait l'uſage, ſoit pour des plançons, des madriers, des plattesformes, des précintes, des bordages, & toutes les pièces néceſſaires à la conſtruction des vaiſſeaux ; ſoit enfin pour tous les bois de charpente. Les bois équarris ſe fendent moins que les rondins de bois verd, parce qu'il réſulte moins de contraction, & que les fentes ne ſont pas conſidérables. Il convient auſſi de débiter tout de ſuite les corps de pompes & les autres tuyaux, les gouttières & toutes ſortes de bois ceintrés. On prétend que le flottage fournit un moyen de prévenir la fente. On a fait pluſieurs remarques qu'il eſt néceſſaire de rapporter.

1°. Que ſi le cœur de l'arbre ne ſe trouve point dans une pièce de charpente, il ne s'y forme jamais de grandes fentes, & que les bois débités en charpente ou en ſciage ſe fendent davantage, plus ils s'approchent du cœur, parce que c'eſt au centre de l'arbre que les fibres ſont plus rondes, par conſéquent plus ſujettes à contraction. 2°. Qu'il ne ſe forme preſque jamais de fentes ſur les ſurfaces des pièces , lorſque le cœur ſe trouve exactement dans le milieu de l'arbre. 3°. Que lorſque le cœur de l'arbre eſt en dehors de la pièce , & qu'il répond à ſon milieu , il ſe forme ordinairement quelques fentes en cet endroit. 4°. Le double aubier , les nœuds , les couronnes de bois , les gelivures , la roulure & la quadranure , dérangent l'ordre commun ou la route de la ſéve. 5°. Lorſqu'une pièce de bois reſte conſtamment tournée vers le ſoleil , elle ſe fend beaucoup , parce qu'elle ſe defsèche ; mais que le côté qui eſt tourné vers la terre étant à l'abri , ſe fend très-peu , & même point du tout. 6°. Une pièce équarrie ſur trois faces , la quatrième reſtant chargée de ſon écorce , ne ſe trouve jamais fendue ſur cette face. L'expérience nous apprend encore qu'une planche priſe exactement au centre d'un arbre , ne s'argue pas , & que les autres s'arguent d'autant plus , qu'elles ſont éloignées de ce centre. Les planches minces s'arguent plus que les épaiſſes. Ces dernières ſont ordinairement peu endommagées des fentes ; elles ont ſeulement quelques gerſes à la partie moyenne de la face , qui approche le plus du couvert de l'arbre : elles ont auſſi quelques fentes à leurs bouts.

Art. 97. *Des précautions contre la fente.*

Lorsque la contraction des fibres ligneuſes fait éclater les bordages par les bouts , & que dans d'autres elle les fait arguer , il n'eſt pas aiſé d'empêcher que les bouts des planches ne s'éclatent , quoique les planches ſoient ſerrées les unes contre les autres. Cet inconvénient n'eſt pas conſidérable ; il n'arrive pas à toutes les planches de ſe fendre : celles du cœur y ſont le plus expoſées. Sur un bordage de 25 ou 30 pieds de long , il n'y a guère que le côté qui répond aux racines qui ſe fend de 2 ou 3 pieds ; mais cela n'oblige pas de rogner ces bordages. Lorſque la fente n'eſt pas oblique , & qu'elle n'eſt pas fort ouverte , on peut

la calfater. Si elle fe trouve trop forte, on y rapporte un *rombailler*. Pour prévenir les accidens de
la fente, il faudroit tenir les planches à couvert
fous des hangars, & avoir foin que les bouts foient
à l'abri du foleil & du vent. Il réfulte donc des
inconvéniens de la fente, qu'il eft avantageux de
débiter le bois après l'abattage le plutôt poffible,
fuivant leur deftination, plutôt que de les conferver en plançons.

A r t. 98. *De l'économie de refendre les Bois dans les Forêts.*

Il y a plufieurs avantages réels à débiter les
bois dans les forêts. 1°. En ce qu'un arbre refendu
en 2 ou en 4 perd de fa féve plus aifément, &
qu'il fe fend moins, fur-tout fi fa groffeur permet
de le refendre fur la maille ou lorfqu'on refend le
bois en grume par des lignes dirigées à peu près
du centre à la circonférence. 2°. En ce qu'il eft
tres-coûteux de voiturer dans les Ports les billons
ou plançons deftinés à faire des précintes, des bordages & autres pièces de conftruction. 3°. Parce
qu'on peut, fans frais, changer la deftination des
pièces. Si en les débitant on trouve des défauts
dans l'intérieur des arbres, il arrive de là qu'on épar-
gne la main-d'œuvre, les frais de voitures, & le
prix du bois, qui ne pourroit être employé pour
la Marine : d'ailleurs, dans les forêts le fciage eft
plus aifé & moins cher quand le bois eft verd.
4°. Le bois refendu fe defféchant plus promptement,
il peut être employé plutôt. 5°. Les bois refendus
font plus aifés à ranger, & occupent moins de
place fous les hangars. 6°. Ils font d'un fecours
plus prompt, lorfqu'on en a befoin. On ne doit
pas cependant refendre les pièces de tour, qui ne
peuvent être refendues avant le tems de la conftruction, parce qu'elles font affujetties à des gaba-
ris trop précis. Il y a auffi de l'avantage à exploiter dans les forêts tous les bois qui doivent être

convertis en mairrains, ou autres bois pour la Marine.

ART. 99. *Des Bois propres à la fente.*

LE chêne & le hêtre se fendent mieux que l'orme
& l'érable. L'orme teille ou tilleul à larges feuilles,
qu'on nomme improprement femelle, se fend mieux
que l'orme tortillard. Le chêne qui porte son fruit
en grapes, se fend mieux que celui dont les fruits
sont attachés à des queues fort courtes. On juge
que le chêne est propre à la fente quand l'écorce
est fine ; qu'il diminue uniformément de grosseur,
& qu'il y a peu de nœuds. On connoit si un arbre ou sur pied ou gissant doit se fendre droit ou
obliquement, en détachant du bas en haut une
lanière de l'écorce, parce que le bois doit se fendre suivant la direction de cette portion d'écorce.
Les bois roux, pouilleux & vergetés, quoique défectueux, se fendent bien quand ils ont leur séve.
Les bois roulés, les bois forts & rustiques ne sont
pas propres à la fente. Les arbres qui ont poussé
avec force se fendent mieux que ceux venus lentement. Le bois verd se fend mieux que le sec ; les
bois gras se fendent bien, pourvu qu'ils ne soient
pas secs. Le bois de fente s'emploie pour faire des
rames, des gournables ou chevilles, & du merrain
pour la Marine. Cette façon de débiter le bois a
plusieurs avantages. 1°. De tirer des bois viciés de
bonnes billes, ce qui est à préférer plutôt que de
mettre en bois de fente des arbres entiers bien
sains, propres à toutes sortes de charpentes. 2°. Parce
qu'il est moins dispendieux qu'à la scie, & plus
expéditif par la contexture de l'arbre. Cette façon
de débiter le bois a des avantages sur la scie, laquelle
ne peut suivre régulièrement la direction des fibres.
Les bois débités en fente ont beaucoup plus de
solidité, par la raison que les fibres restent dans
leur entier : d'ailleurs il y a une économie, en ce
que le trait de scie fait perdre deux ou trois ligues,

ART. 100. *Des Bois de sciage.*

LE débit des bois de sciage , qui est très-intéressant, a toujours été négligé en France. Cette partie de l'exploitation des bois est celle qui demande le plus d'intelligence & d'attention , pour donner de la qualité aux bois & les ménager. La négligence à cet égard est cause qu'il y a un déchet ou une perte de près d'un quart sur les arbres mal débités en planches , parce qu'on a suivi l'ancienne méthode d'équarrir les arbres destinés à être refendus en planches. Il résulte de cette fausse pratique que le meilleur bois, qui est celui de la circonférence, a été réduit en copeaux. C'est positivement celui que les Menuisiers préfèrent, parce qu'il n'a point reçu d'altération comme celui du cœur, & qu'il est plus profitable à l'emploi. Cette mauvaise méthode de France & des Vosges, n'a donné que des planches défectueuses & fendues par les deux bouts, plus ou moins , suivant l'épaisseur.

Il faut absolument proscrire cet usage, qui fait perdre beaucoup de bois à l'Ouvrier. Il lui seroit avantageux que les bois fussent fendus suivant la direction des rayons transversaux, ou ce qui est la même chose sur la *maille*, ainsi qu'on le verra dans la suite, quand même il devroit les payer plus chers ; non-seulement il y gagneroit , mais il n'éprouveroit point de reproches : d'ailleurs, ceux qui emploient de confiance un Ouvrier , ne seroient point obligés de payer plusieurs fois des ouvrages de Menuiserie ou autres sur lesquels il auroit été fait des dépenses de sculpture , de peinture , & même de dorure. Il est donc convenable pour tous les ouvrages en bois , & même pour la Marine , qui emploie beaucoup de planches de différentes épaisseurs , de réformer les mauvaises pratiques des Scieurs de long. Il est aisé d'y parvenir , si l'on veut se donner la peine d'examiner la contexture du chêne, & les fentes & les gersures qui se trouvent

au cœur lorsqu'il a été scié, ou à l'extérieur lorfqu'il a été simplement écorcé. On doit voir que
ces fentes se font suivant la direction des rayons
transverfaux. La nature indique donc le vrai sens de
refendre les arbres ; l'emploi des bois démontre que
c'est ce qui leur donne plus de force, plus de sou-
plesse, & ce qui en prolonge la durée. Le mairrain,
pour les différens usages, a toutes ces qualités essentielles ; il est refendu suivant la direction des rayons
transverfaux, ou fur la *maille* : il paroît que les
anciens ont connu la *maille* du bois , mais on
ignore fous quel nom. Ils étoient dans l'usage de
donner beaucoup d'épaisseur aux planches ; leurs
panneaux de menuiferie n'avoient guère que 2 à
3 pieds de long; la largeur proportionnée à la groffeur
des arbres , étoit de 5 , 6 & 7 pouces , ce qui rendoit leurs ouvrages plus folides.

Les anciennes menuiferies , dont les bois ont été
fciés fur la maille, durent à l'infini, ce qui s'eft
vu dans les démolitions des anciennes Eglifes &
des Colléges conftruits depuis 150 ans , & dans les
maifons bâties fous François I. On a trouvé dans ces
édifices des parquets & des lambris fans la moindre
altération. Le bois avoit pris un peu de couleur noirâtre ou brune ; il étoit d'une folidité fi parfaite ,
qu'il a encore été employé fort utilement. On
voit tous les jours des lambris & des parquets dont
les rez - de - chauffées expofés au midi tombent en
pourriture peu d'années après qu'ils ont été pofés ,
parce que les bois n'avoient point été fciés fur la
maille. Si par hafard dans ces lambris il fe trouve
des parties qui l'aient été , elles n'ont point éprouvé
d'altération. On a trouvé fur le même morceau de
bois pofé dans un endroit humide , une partie
faine , & l'autre entièrement confommée. Cette fingularité vient de ce que le chêne qu'on a employé
avoit été tourmenté ; c'eft-à-dire, que l'ordre des
fibres tranfverfales avoit été dérangé ; par la même
raifon cela peut arriver , lorfqu'on a fait refendre

un arbre qui n'eft pas droit dans toute fa longueur ; alors la partie qui s'écarte de la ligne droite eft fciée à *contre maille* pendant que la partie droite fe trouve fciée fur la maille.

La maille du bois eft fa défenfe ; elle le préferve de fe fendre & de fe gerfer ; elle eft auffi dure que l'écaille : cette dureté vient de l'entrelacement des fibres. Les planches fciées fur la maille fe confervent à l'injure du tems, parce que l'humidité ne peut les pénétrer , & que le hâle ne les gerfe point ; elles reftent à découvert fans recevoir aucune altération , & l'on peut s'en fervir pour couvrir les piles de planches, ainfi que le bardeau dont on fe fert pour couvrir les maifons. Cette efpèce de tuile de bois , qui eft du merrain , dure un tems infini, à quelqu'expofition qu'on l'emploie.

Le bois fcié fur *la maille* a de plus l'avantage de ne fe retirer que très-peu fur la largeur, quand il perd de fon humidité , parce que la féchereffe qu'il acquiert, fe fait aux dépens de l'épaiffeur. La diminution du bois qui s'opère de cette manière , ne dérange point l'économie de l'ouvrage ; elle eft imperceptible , & le bois ne travaille abfolument plus lorfqu'il eft arrivé au dernier dégré de féchereffe , par la raifon qu'il ne contracte plus d'humidité. Les bois fciés à *contre-maille* font, en fe féchant, un effet contraire ; ils diminuent très-peu en épaiffeur & beaucoup en largeur, ce qui caufe un défordre confidérable, parce qu'alors le bois fe tourmente continuellement, fe cofine & fe gerfe à tous les changemens de tems, par la raifon que les pores qui font à l'extérieur , donnent accès à l'humidité · cela eft encore plus fenfible dans les panneaux de menuiferie qui font minces ; la féchereffe les fait retirer ; elle ouvre les joints , ce qui fait rompre les languettes des plattes-bandes, les joints des rainures, & même les chevilles des affemblages. Il arrive auffi que les bâtis de menuiferie font bailler les onglets , les joints & es arrafemens ,

lorqu'ils

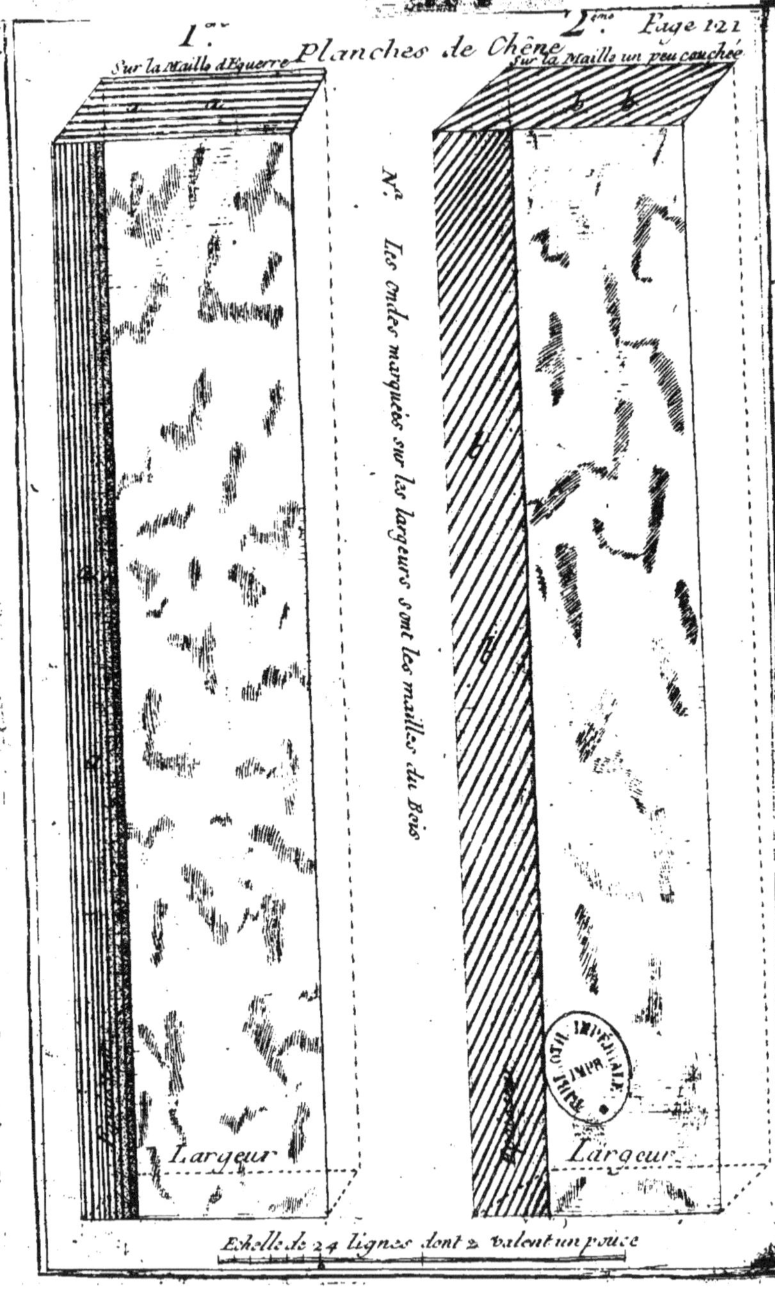
1.er
2.eme
Planches de Chêne
Sur la Maille d'Equerre
Sur la Maille un peu couchée
a a
b b
No. Les ondes marquées sur les largeurs sont les mailles du Bois
b
b
Largeur
Largeur
Echelle de 24 lignes dont 2 valent un pouce

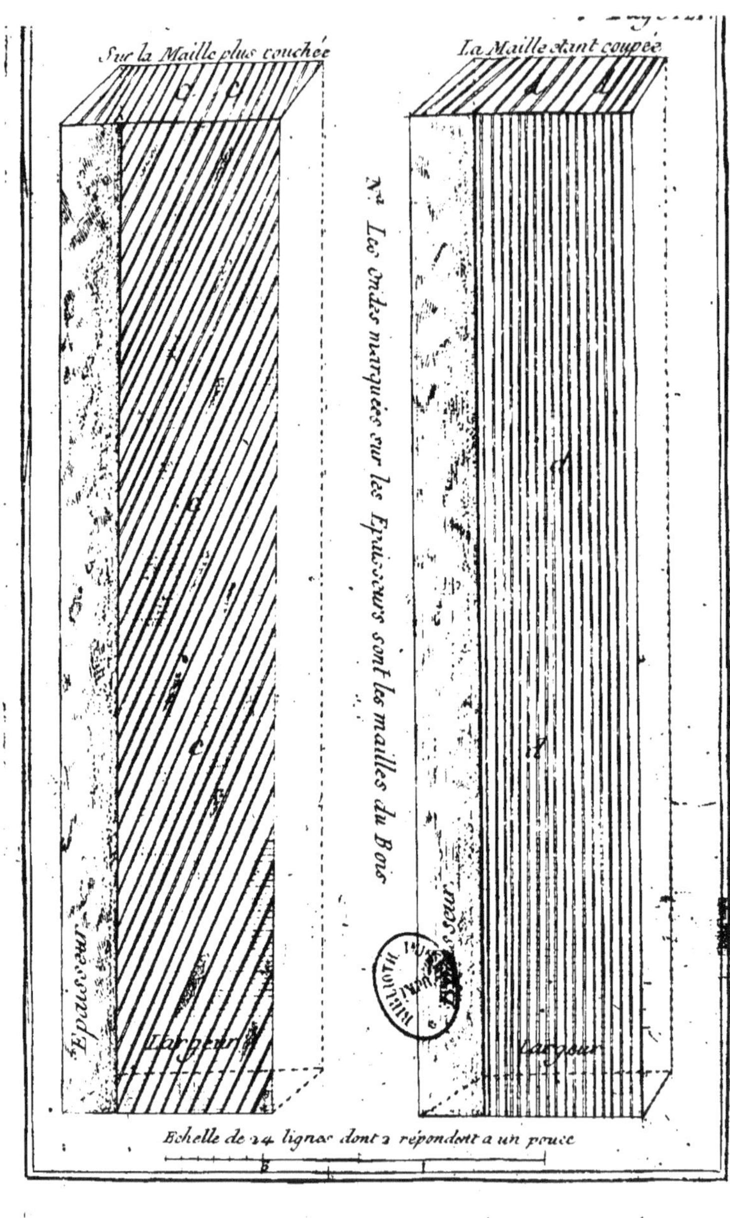

Sur la Maille plus couchée
La Maille etant coupée
N.° Les ondes marquées sur les Epaisseurs sont les mailles du Bois
Epaisseur
Largeur
Largeur
Echelle de 24 lignes dont 2 répondent a un pouce

lorfqu'ils font pouffés par l'effet du renflement des panneaux.

Il eft bien conftant que les arbres mal refendus ne donnent qu'une mauvaife qualité de bois ; mais ce n'eft pas le feul inconvénient ; il en réfulte encore une très-grande perte, par le déchet que les fentes & les gerfures occafionnent. Tout ce qui vient d'être dit pourroit être fuffifant ; mais pour le rendre plus fenfible, on va tracer quatre planches de bois de chêne fciées différemment. On voit fur la première planche les lignes (a a), qui font les petites fentes formées par les rayons tranfverfaux ou la maille. Ces rayons étant paralièles à l'épaiffeur de la planche, ils ne font point coupés ; d'où il réfulte que le fciage eft très - parfait. Lorfque les lignes (b b) qui repréfentent les rayons, font un peu plus inclinées fur l'épaiffeur, comme à la planche 2, le fciage eft encore bon, mais il n'eft pas fi parfait.

Les rayons (c c) de la planche 3, font inclinés davantage ; ils partagent l'angle de l'épaiffeur du chevron ; le fciage, par cette raifon, eft moins parfait, mais il n'eft pas défectueux ; il peut paffer encore, fur-tout lorfque le bois a de l'épaiffeur.

Quand les rayons font en travers de l'épaiffeur, comme les lignes (d d) de la planche 4, alors étant totalement coupés, le fciage en eft des plus mauvais ; c'eft celui qui eft en ufage en France & dans les Vofges, & qu'il eft indifpenfable de réformer.

On doit regarder le bois qui n'eft pas refendu fur la maille, comme un bois déchiré par la fcie, qui a mis en pièces le tiffu des mailles en les coupant.

On a fuffifamment démontré l'avantage de bien refendre le bois, pour engager de changer les mauvaifes pratiques ; mais ce qui doit le plus y déterminer, c'eft la rareté des gros bois : on doit en juger par les prix exceffifs. Il y a 30 ans que le cent de planches de 12 pieds de long, fur 10 pouces de large & un pouce d'épaisseur, coûtoit dans les sciries 54 liv., aujourd'hui le prix est monté à 90 liv.

Cette révolution sur le prix, fait voir qu'il est à propos de ménager les bois, non-seulement parce qu'ils sont moins communs, mais parce que la consommation augmente tous les jours.

Il y a très-long-tems qu'on a dit que les bois manqueront en France. Un Duc de Lorraine a écrit qu'elle seroit énervée par le manque de bois. M. de Réaumur, en 1721, nous a donné de l'inquiétude sur cette partie : les craintes étoient mal fondées à cette époque ; mais aujourd'hui, où l'on s'apperçoit de la rareté du gros bois, il est nécessaire de prendre des précautions, si l'on ne veut pas en manquer pour la Marine, la menuiserie & la charpente. On a indiqué, article 63, celles qu'il falloit mettre en usage pour se procurer des futaies ; mais en attendant qu'on puisse jouir des plantations & des réserves d'arbres qu'on recommande, il faut éviter la perte que nos mauvaises pratiques occasionnent ; c'est le moyen de rendre le bois moins rare, non-seulement parce qu'il n'y aura pas de déchet, mais par la raison que le bois ayant plus de qualité, durera davantage. La consommation sera moins grande, lorsqu'on ne sera pas obligé, dans un court espace de tems, de refaire des menuiseries qui doivent durer des siècles, lorsque le bois employé sera refendu sur la maille. Les Hollandois nous ont fait voir tout l'avantage qu'on pouvoit tirer des bois. Tâchons de les imiter. On va indiquer leurs méthodes, & même proposer une nouvelle manière de refendre les bois, ensuite on en fera des comparaisons avec les mauvaises pratiques de France & des Vosges.

Nouvelle manière de refendre les Bois.

ON doit à M. Moreau, ancien Marchand de bois de sciage, homme très-intelligent, qui a tâché d'être utile à sa Patrie par ses recherches, l'inven-

Figure 1.

Tronce de 21 pouces de Diamêtre

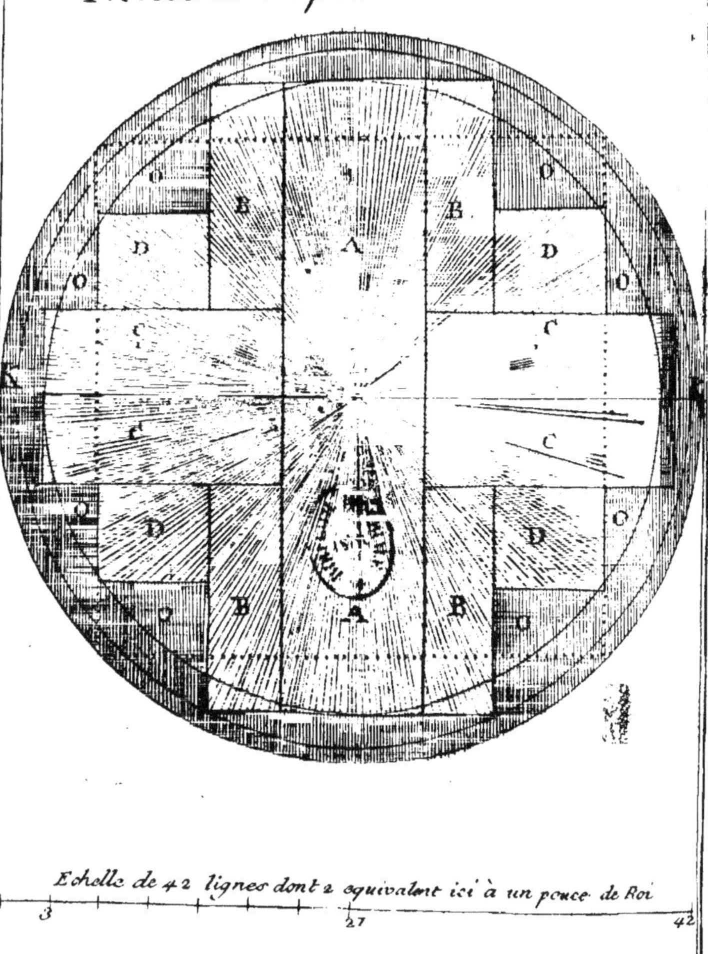

Echelle de 42 lignes dont 2 equivalent ici à un pouce de Roi

3   27   42

tion de cette nouvelle manière avantageuse de refendre les bois, laquelle est tracée dans la première
figure, qui représente la surface d'une tronce de
21 pouces de diamètre. Les Scieurs de long doivent commencer à refendre la tronce en deux morceaux par la ligne (k k), en faisant attention que
le cœur soit partagé le plus également possible, de
façon que chacun des deux morceaux ait autant du
cœur. Si le cœur se trouvoit toujours au milieu de
l'arbre, on pourroit scier la tronce en deux morceaux égaux ; mais cela étant fort rare, il faut
examiner aux deux extrémités comment le cœur est
placé pour diriger la scie, & le partager également.
Lorsque la tronce a été divisée en deux, on lève ensuite les autres morceaux (A B C D), sur les dimensions justes, pour prendre le toisé plus facile,
en les proportionnant aux deux premiers morceaux.
On finit par les quatre chevrons (D), après quoi
il faut lever à la scie, & non à la hache, les 8
cantibais (O), pour qu'ils soient plus réguliers,
en observant de laisser voir le côté de l'écorce pour
guider l'Ouvrier, & afin qu'ils puisse ôter de préférence le côté de l'aubier, si l'ouvrage l'exige. Ce
sciage donne les 10 morceaux (A B C), qui sont
bien sciés sur la maille ; il n'y a que les 4 chevrons (D) qui ne le soient pas parfaitement ; mais
comme ils sont employés comme bois quarré, il
ne peut en résulter aucun inconvénient à cause de
l'épaisseur qui, étant plus forte, les empêche de
se fendre.

Ces 14 morceaux de différentes dimensions, sont
d'une qualité bien supérieure aux bois refendus en
Hollande ; ils devroient être d'une plus grande valeur ; mais comme le sciage n'en est pas aussi
mince, c'est-à-dire que l'épaisseur des morceaux en
est plus forte, & que le cœur n'est point ôté,
on établira le prix sur celui des bois des Vosges.

Le produit de cette tronce est de 24 toises réduites, c'est-à-dire la toise de 6 pieds de long sur 10

pouces de large , un pouce d'épaiſſeur ; leſquelles à
125 liv. le cent, (droits acquittés), les 4 au cent
déduits , donnent la ſomme de. . . . 28 liv. 16 ſ.

Si l'on avoit équarri cette tronce , comme il eſt
d'uſage , ainſi que le repréſente le quarré tracé par
des lignes ponctuées , on auroit perdu tout le bon
bois hors de la ligne , lequel eſt ponctué , ce qui
fait 2 toiſes réduites.

M. Moreau , homme très-ingénieux , a auſſi imaginé
un moulin à eau fort ſimple pour refendre les bois ;
il en a donné le modèle à la Marine ; mais il ignore
où il eſt & ſi on en fait uſage. Il eſt à ſouhaiter de
le retrouver.

La figure 2 repréſente une tronce renfendue ſelon
la pratique de France. Ce ſciage mange 2 lignes de
bois par trait de ſcie ; les hommes ne font entrer la
ſcie que de 2 lignes à chaque mouvement, pour
une planche d'un pied de large. Comme dans le
débit de cette tronce il ſe perd beaucoup de bon bois ,
tant par les copeaux de l'équarriſſage , que par les
2 mauvaiſes doſſes, on ne peut compter les onze
morceaux qui contiennent 18 toiſes , ſuivant les
dimenſions de la première figure, que pour 11 toiſes courantes, parce que le bois eſt de mauvaiſe qualité. Ces 11 toiſes , au prix de 115 liv. le cent,
déduction des 4 au cent, produiront. . . 12 liv. 3 ſ.

Si parmi ces morceaux, on choiſit ceux qui ſont ſur
la maille , on ne trouvera pas la moitié de bon ſciage.

Par la comparaiſon de ce produit avec le ſciage
de la première figure, il y a un bénéfice de 16 liv.
13 ſ. pour le vendeur, qui n'eſt point au déſavantage de
l'acheteur. En effet, il trouve plus que ſon dédommage-
ment , en s'approviſionnant de bois de bonne qualité.

La figure 3 , de même dimenſion , repréſente
une tronce tracée ſelon la pratique des Voſges. Le
ſciage ſe fait avec des moulins à eau ; mais quoique l'épaiſſeur des planches ſoit aſſez égale , le
ſciage n'eſt pas bien uni ; la forte épaiſſeur des
ſcies mange ou réduit en ſcieure de quatre lignes

Tronce de 21 pouces de Diametre
Figure 2 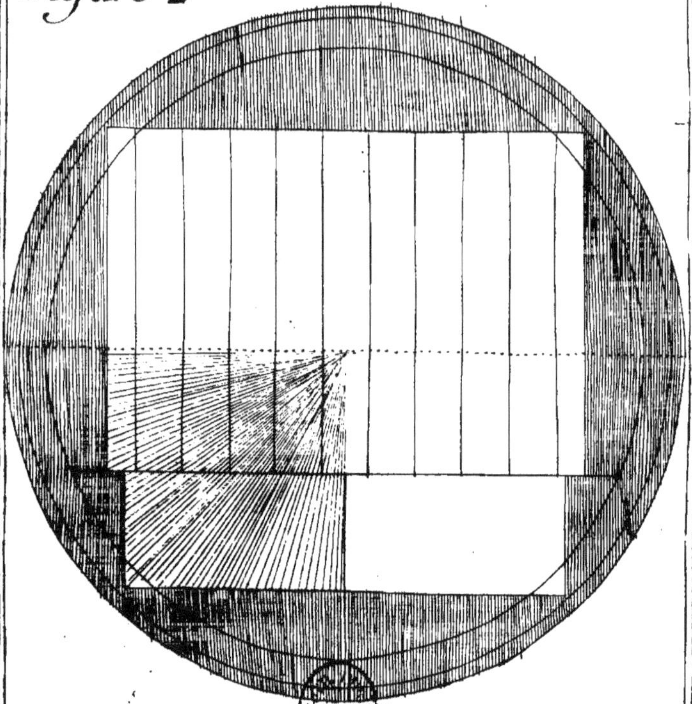
Echelle de 42. lignes dont 2 equivalent à 1.po. de roi
3

Figure 3.
Page 124
Tronce de 21 pouces de Diamêtre
Echelle de 42 lignes dont 2 repondent à un pouce de Roi

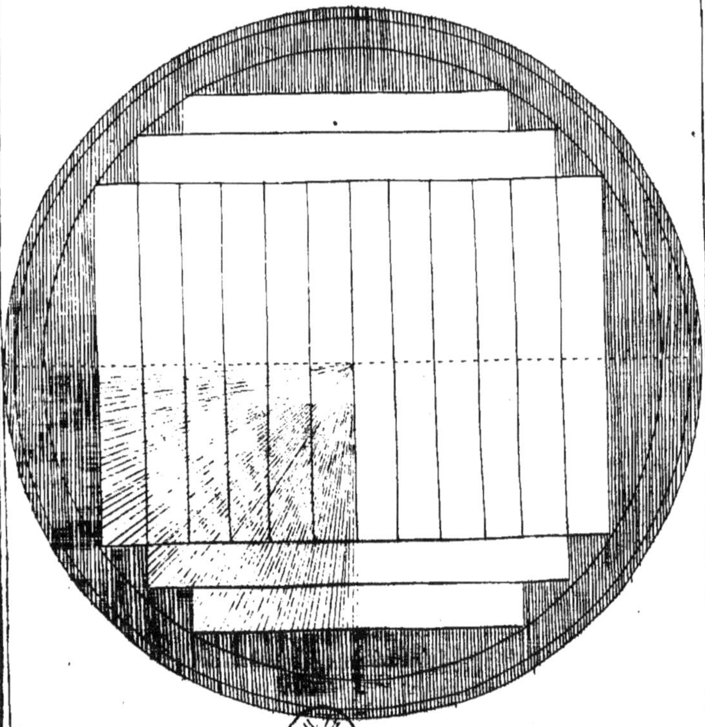

Tronce de 14 pouces de Diamêtre

Figure 4.

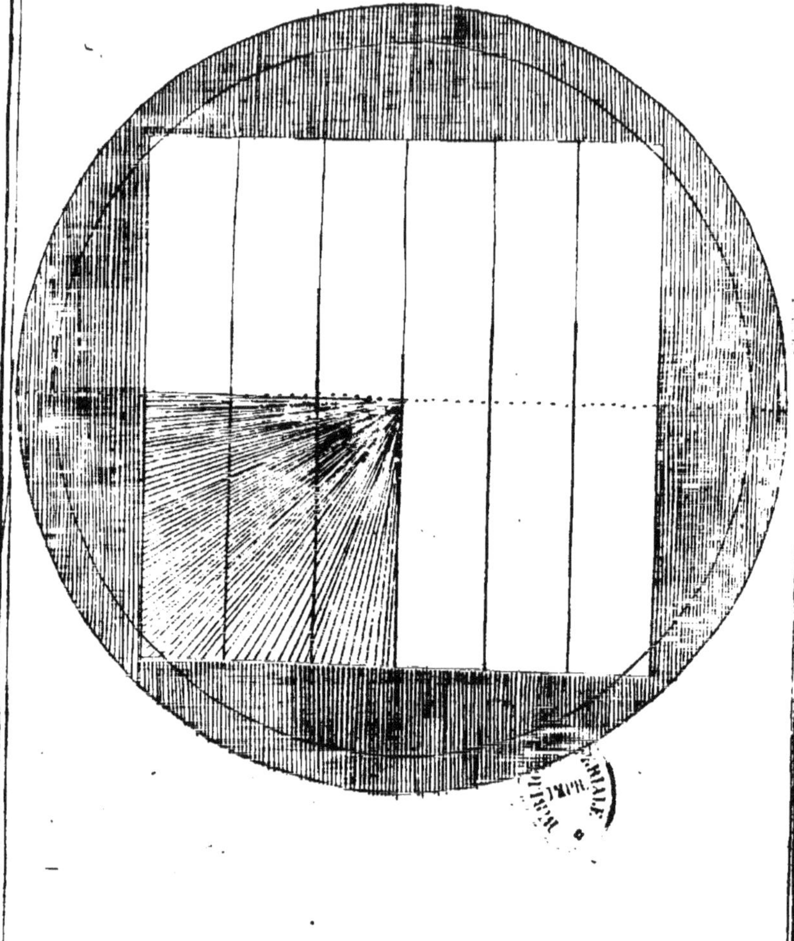

Echelle de 28 lignes dont 3 valent ici un pouce de Roi.

7.

d'épaiſſeur de bois par chaque trait, à cauſe de l'abattage & de la forte épaiſſeur des lames. Ce ſciage entre de 9 lignes chaque fois que la ſcie monte ou deſcend. Cette mauvaiſe pratique de refendre le bois, ne donne qu'un cinquième ſcié ſur la maille ; le reſte eſt abſolument mauvais , les rayons tranverſaux étant coupés. Cette tronce produit 16 toiſes & demie réduites (c'eſt-à-dire de 6 pieds de long ſur 10 pouces de large & un pouce d'épaiſſeur) qui , au prix de 125 liv. le cent de planches , déduction des 4 au cent , donnent la ſomme de. . . . . 19 liv. 16 ſ.

En comparant ce produit des Voſges , avec celui de la première figure , on voit que la nouvelle manière donne 9 liv. de bénéfice au vendeur & procure un ſciage de bonne qualité.

Comme la nouvelle manière de refendre de M. Moreau peut trouver des contradictions à cauſe de la rareté des gros bois, & qu'il n'eſt pas ordinaire d'en trouver du diamètre de 21 pouces , on va prouver que cette manière peut être miſe en uſage pour des arbres de 14 pouces de diamètre , & on va faire la comparaiſon de leur produit avec un pareil arbre refendu à la Françoiſe, repréſenté par la figure (4), que l'on ſuppoſe une tronce de 14 pouces de diamètre , débitée ſuivant la mauvaiſe pratique de France. Les Scieurs de long tirent de cette tronce 6 planches de 6 pieds de long , de 16 lignes d'épaiſſeur, & de 10 pouces de largeur , qui ſont les petits échantillons. Comme on fait tomber dans le débit beaucoup de bon bois en copeaux & 2 mauvaiſes doſſes , on peut évaluer la perte à un tiers. De ces 6 planches, il ne s'en trouve guère que la moitié de bonne qualité, ſciée ſur la maille ; ainſi on ne peut établir le prix qu'à 115 liv. le cent de planches, fournies des 4 au cent : donc les 6 toiſes font la ſomme de. . . 6 liv. 12 ſ.

Voici encore la nouvelle manière de M. Moreau, tracée fur une tronce de quatorze pouces de diamètre ,
repréfentée par la figure (5). Elle a l'avantage de ne
perdre que très - peu de bois par l'équarriffage ;
c'eft la même que celle de la figure première. Le
bois des 8 cantibais (H) , qui font dans les angles , eft le feul bon bois qui foit perdu. Les 20
morceaux de fciage (A B C D K) de diverfes largeurs , produifent 10 toifes réduites de 6 pieds
de long , 10 pouces de large , fur un pouce d'é-
paiffeur , qui , évalués à 125 livres le cent de planches , les 4 au cent déduits , font la fomme
de. . . . . 12 liv

En comparant le produit de cette tronce avec
celui de la figure (4) , on voit que cette nouvelle
manière donne au vendeur 5 l. 8 f. de bénéfice, indépendamment du fciage de bonne qualité. On peut ajouter à ce qu'on vient de dire , que le grain du bois
eft plus parfait , & que s'il fe trouve des nœuds
plus ou moins gros dans le bois, ils font fouvent
emportés par un feul morceau de fciage , parce que
fuivant cette nouvelle manière , le fciage qui fe
fait de la circonférence au cœur , fuit la même
route que la naiffance de la branche qui a formé
le nœud. Le contraire arrive dans le fciage François ; car la moitié des planches font percées , fi
par hafard il fe trouve des nœuds en cheville, ou
à bois debout. La qualité du bois doit décider
auffi pour la façon de le fendre : fi le chêne eft
dur , le bois en eft roide. Il eft encore plus à
propos de le fcier fur la maille , parce que les nerfs
étant plus roides , la contraction en eft plus grande,
& fe fait plus promptement , & par conféquent le
bois eft plus fujet à fe fendre & à occafionner de
la perte. On fuppofe qu'on foit dans la néceffité
de l'employer en fciage ; car fi on pouvoit y fuppléer par d'autres bois , il faudroit réferver le chêne
qui eft roide pour la charpente.

Figure 5.
Page 126
Tronce de 14 pouces de Diamêtre
H
B
C
E
A
D
K
Echelle de 42 lignes dont 3 repondent à un pouce de Roi
3

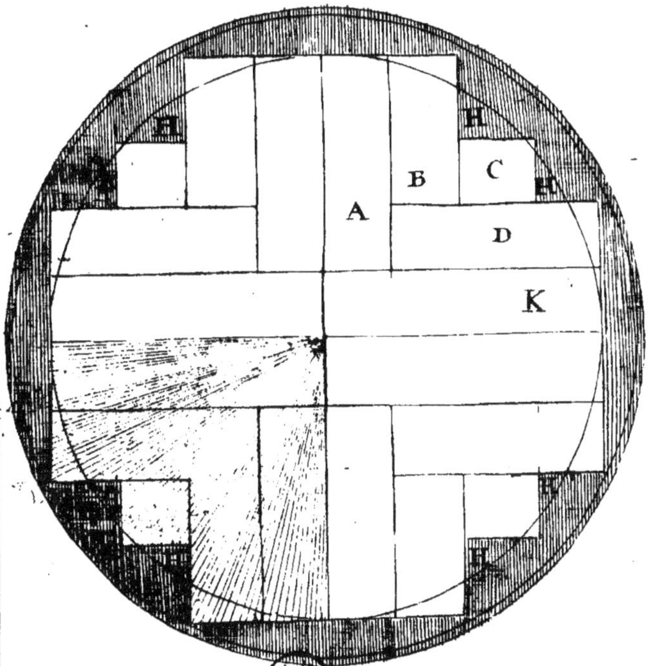

On vient de démontrer qu'il est possible de scier sur la maille des bois d'un petit diamètre ; on observe qu'on a laissé le cœur, qui quelquefois est défectueux, parce qu'il peut être employé suivant la nature de l'ouvrage, attendu qu'il se trouve à la rive de la planche. Dans le sciage ordinaire, le cœur se trouve au milieu de la planche, ce qui est réellement défectueux, & rend les ouvrages imparfaits : les Marchands de bois s'en embarrassent peu ; ils croient qu'il suffit de donner de la largeur aux planches. Cela est bien différent en Flandre & en Hainault. A Valenciennes on y refend tous les bois sur la maille, quelque dimension qu'ils aient. Il seroit à souhaiter qu'on suivît par-tout cette bonne méthode. La cause que le sciage n'a point été perfectionné, vient de ce que les Marchands ont toujours cru qu'il falloit du bois d'échantillons justes ; mais c'est un faux préjugé, & l'on doit s'attacher de préférence à tirer d'un arbre tout le parti possible, & à avoir des bois débités de toutes sortes de longueurs & épaisseurs, sauf après l'exploitation, à faire ranger séparément les bois de semblables longueurs, largeurs & épaisseurs ou à peu près. Il seroit à désirer que les Marchands donnâssent *gratis* les excédens de dimensions ordinaires ou des dimensions justes, plutôt que de laisser mettre en copeaux ce qui excède le pied. Les Ouvriers, en trouvant un petit bénéfice, se débattroient moins sur le prix, & les marchés se feroient plus aisément. Dans un arbre où l'on peut tirer des planches de 6 pieds 3 pouces, 7 pieds 5 po., 8 pieds 4 po., 9 pieds 3 po., pourquoi réduire ces planches à 6, 7, 8 & 9 pieds ? C'est perdre le bois volontairement. Si les Menuisiers étoient assujettis à ces dimensions justes pour leurs ouvrages, cela seroit nécessaire. Mais comme dans un attelier il est employé des bois de toutes les longueurs, il leur est indifférent d'avoir des bois qui passent celles qui sont en usage ; parce qu'il arrive toujours qu'ils font obligés de réduire la longueur & la largeur des bois.

Pour faire voir que le fciage de la nouvelle manière eft préférable, même à la méthode des Hollandois, quoique leurs bois foient refendus fur la maille, & que le cœur du bois foit fupprimé, on va donner un détail très-exact de leurs procédés & des bénéfices immenfes qu'ils font fur les bois qu'ils nous achètent à vil prix dans toute l'étendue de la Lorraine, même dans celle qui comprend les Vofges, dont les montagnes qui bordent l'Alface & la Franche-Comté font partie. Ils tirent ces bois par les rivières de la Mozelle, de la Meurte & de la Sarre, qui reçoit la Bieff & la Nide.

Des différens fciages de Hollande, repréfentés par les 3 figures fuivantes.

La figure 6 repréfente la furface d'une tronce pour être fendue en cartelles, c'eft-à-dire en quatre. Le diamètre de la tronce eft de 3 pieds; chaque cartelle eft arrondie à peu près dans les trois angles, pour faciliter le flottage, ce qui fait que le cœur eft ôté. Le fciage de cette tronce eft fait avec un moulin à vent; chaque trait de fcie mange une ligne & demie. Quoique le trait de fcie réduit l'épaiffeur d'une ligne & demie, la planche qui n'a que 10 lignes & demie eft comptée pour un pouce d'épaiffeur. Suivant cette méthode, la fcie entre d'une ligne à chaque mouvement : ce fciage n'eft pas fi vîte que celui des Vofges, mais il eft plus parfait. On tire de chaque cartelle 18 planches de 10 lignes & demie, réputées d'un pouce d'épaiffeur : la longueur eft de 6 pieds effectifs ; mais les largeurs font différentes ; chaque planche eft vendue 12 f. de Hollande, ce qui fait 10 liv. 16 f. par cartelle, ou 43 liv. 4 f. pour les 4 cartelles de 6 pieds de long. Comme les arbres ont au moins 8 toifes de hauteur, on tire jufqu'à 8 longueurs de 6 pieds, ce qui fait 8 fois 43 liv. 4 f. de

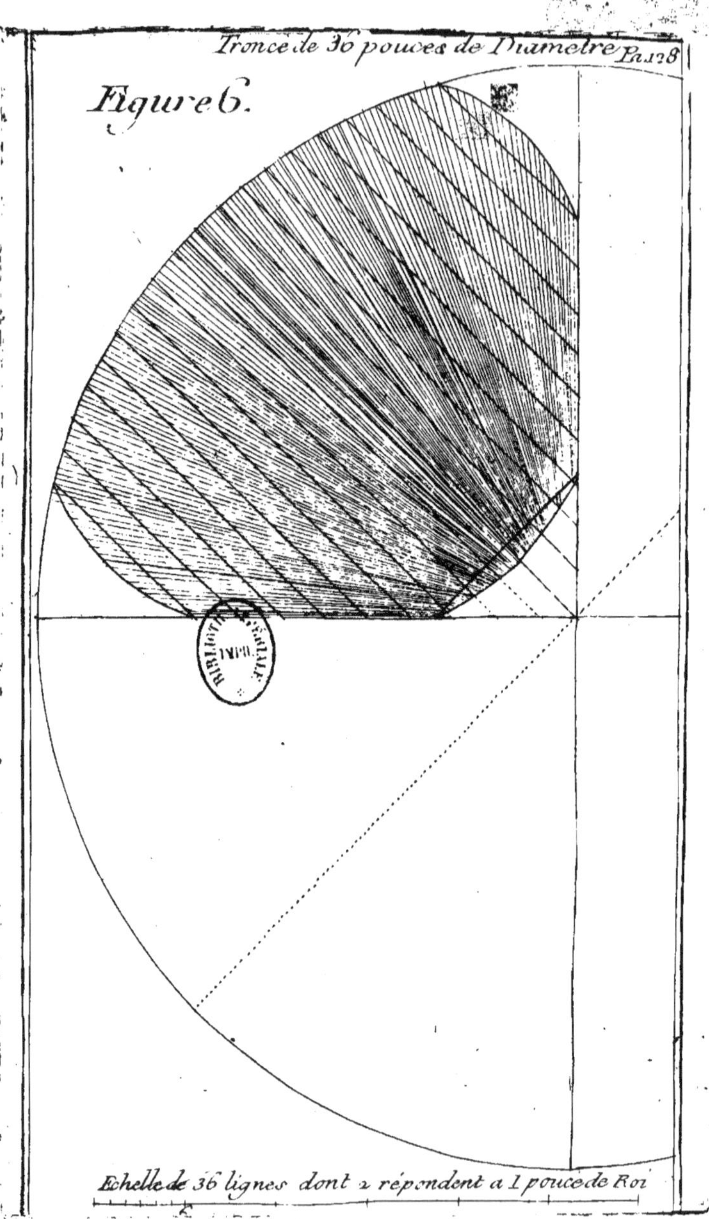

Tronce de 36 pouces de Diametre. Pa.128
Figure 6.
Echelle de 36 lignes dont 2 répondent a 1 pouce de Roi

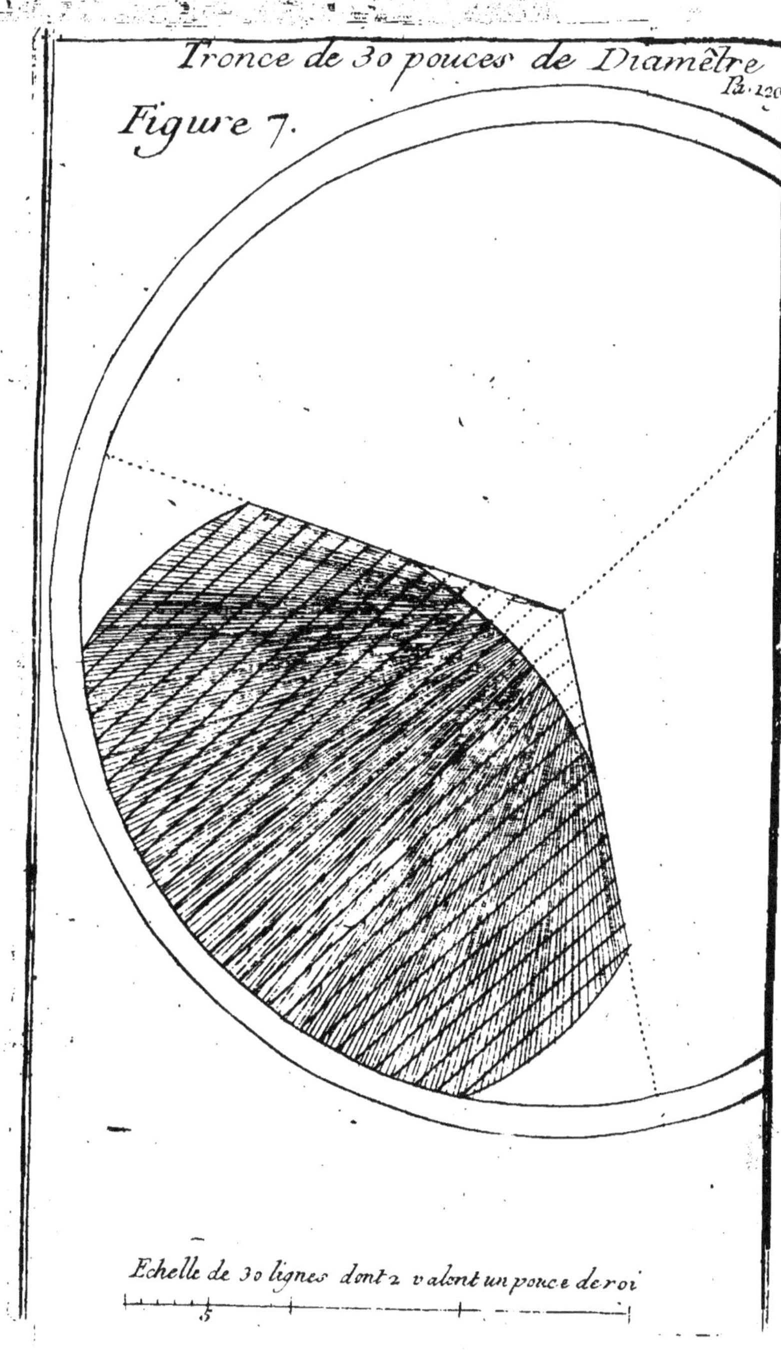

Tronce de 30 pouces de Diamêtre
Pa. 120
Figure 7.
Echelle de 30 lignes dont 2 valent un pouce de roi
5

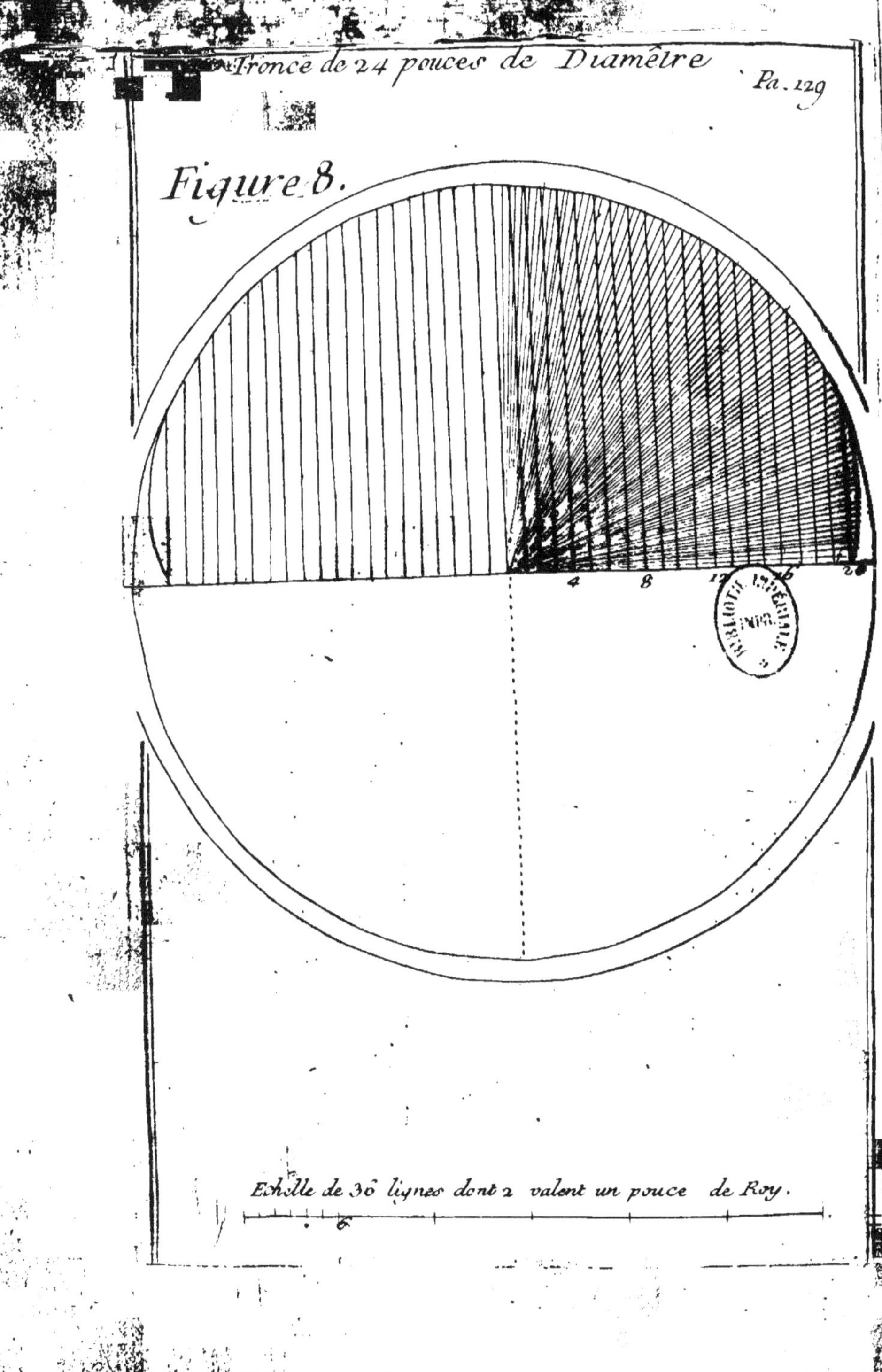
Figure 8.
4   8   12   16   20
Echelle de 36 lignes dont 2 valent un pouce de Roy.
6

Hollande : ainsi chaque arbre est revendu tout scié 344 liv. de Hollande, ou 688 liv. de France. Quel bénéfice énorme sur un arbre qui n'est souvent acheté dans la vente que 12 liv. de France !

Les 18 planches de cette cartelle sont toutes sciées sur la maille. Les quatre cartelles produisent 72 planches. Une tronce de même dimension, refendue par la nouvelle manière de M. Moreau, donne au moins 10 planches de plus, ce qui prouve l'avantage sur la méthode Hollandoise.

La figure 7 représente la surface d'une tronce de 30 pouces de diamètre, tracée pour être fendue en trois, & chaque partie refendue en 30 planches de 5 lignes d'épaisseur, qui sont vendues chacune 5 s. de Hollande, ce qui fait 7 liv. 10 s., & pour les trois morceaux de 6 pieds de long, 22 liv. 10 s. ou 180 liv. de Hollande, & 360 liv. de France, pour un arbre qui peut avoir coûté 9 liv. dans la vente.

La figure 8 représente la surface d'une tronce de 2 pieds de diamètre fendue en deux ; chaque moitié est refendue en 40 planches, qui, à 5 s. de Hollande, fait 10 & 20 liv. pour les deux moitiés. Comme on tire d'un arbre 8 longueurs de 6 pieds, le produit est de 8 fois 20 liv., qui est de 160 liv. de Hollande, ou 320 liv. de France pour un arbre qui a coûté 6 liv. pris dans la vente.

Le trait de scie mange une ligne & demie de bois ; mais il n'est pas pris sur l'épaisseur de la planche.

Il est à desirer qu'on réfléchisse sur les bénéfices des Hollandois & sur le préjudice que la France éprouve de leur vendre les bois à vil prix. On obtiendra le gain qu'ils font, en établissant des scieries à vent ou à eau. M. Noel en a fait construire une en 1765, sur le Loing, à Moret, près Fontainebleau, plus parfaite que celles de Hollande ; elle fait agir par une seule roue douze lames. Le succès de cette usine est prouvé par le certificat des Jurés-Maîtres Menuisiers de Paris, du 16 Octobre 1766. M. Grignon, dans un Mémoire qu'il a lu à l'Académie de Châlons en 1770, fait l'éloge de cette fcierie , qui a travaillé dix ans. La mort de M. Noel l'a fait ceffer ; mais en Décembre 1786 , fes fils l'ont perfectionnée & remis en activité. Le Courier d'Avignon, en 1767, en annonçant cette fcierie, gémit de ce qu'on laiffe paffer à l'Etranger les bois des Vofges. La Gazette de France , du 9 Mars 1769, dit qu'un Particulier de Londres qui avoit établi une fcierie à vent , obtint un fubfide de 44000 liv. pour la réparer, ayant été démolie dans une émeute populaire. Voilà le moyen d'exciter l'émulation , & d'engager à faire des établiffemens utiles au commerce. Il faut efpérer qu'on cherchera à multiplier les fcieries en France, où les bois ne peuvent être tranfportés.

TITRE X.

Du choix & du débit des Chênes pour la Marine.

INTRODUCTION.

ON a vu , article 34, que les chênes blancs à gros & petits glands , étoient à préférer pour la Marine ; mais cela n'exclut pas les efpèces venues en bons terreins , aux meilleures fituations & expofitions , ou dans les climats les plus favorables. Cet arbre peut avoir plus ou moins de qualité , fuivant fa deftination. Les Etrangers prennent leurs bois dans toutes les forêts *en maffifs* ; ils employent le theca , ou le faux chêne des Indes ; & indiftinctement, comme on l'a dit art. 64, toutes les efpèces de l'Amérique & du Canada , qui font inférieures à celles de France , ainfi que celles du Nord , de la Pruffe & de la Ruffie. Cet Empire a dans le Royaume de Caffan des forêts. Celles en chêne bordent la rive droite du Volga , dans une étendue de 400 lieues ; les pins & les fapins la rive gauche : c'eft-là où l'on fait le goudron.

Pour bien juger de la qualité du bois, il faut le pefer ; celui qui eft plus compact & plus roide pèfe davantage. Voyez l'art. 78 , qui traite des différens poids du chêne.

ART. 101. *Des connoissances nécessaires pour choisir & mesurer les arbres sur pied.*

CE n'est que par une grande pratique qu'on parvient à distinguer les bois qui sont propres aux constructions navales, & la manière d'en tirer tout l'avantage possible. Le sol, la situation, l'exposition, ainsi qu'on l'a vu au titre 2, donnent au bois le plus ou moins de qualité. Il faut donc faire attention à ces trois choses essentielles.

Avant de faire le choix d'un arbre, il est à propos d'observer s'il n'est point sur le retour, & s'il n'a pas les défauts dont on a parlé au titre 7. Lorsqu'on est bien assuré à l'inspection qu'un arbre peut convenir, alors on cherche à lui donner une destination. Pour y parvenir, il faut connoître ses dimensions. Il n'appartient qu'aux personnes qui ont une très-grande pratique, de décider du premier coup-d'œil de la hauteur d'un arbre sur pied. Ceux qui ne font pas bien sûrs de leur fait, ont recours à des mesures brisées de 3 à 4 pieds, qui se vissent les unes dans les autres, & par le moyen desquelles on arrive jusqu'au bois des branches. Si la mesure ne se trouve point assez longue, on y supplée par un brin de taillis. Il y a des Facteurs qui simplement avec une regle de deux toises, posée sur le pied de l'arbre, & appuyée sur le corps, connoissent, à peu de chose près, la hauteur du tronc, qui est au-dessus de la règle, en se mettant à une certaine distance de l'arbre. On pourroit aussi se servir de la planchette; mais cette méthode est très-embarrassante, on ne peut guère en faire usage que pour les arbres isolés. Le plus sûr pour avoir exactement la mesure, & même pour connoître s'il n'y a pas de gouttières dans la cime, est de faire monter dans l'arbre un petit Bûcheron, à qui l'on donne un cordeau avec un plomb au bout, ou une chaîne légère, & à petites mailles, où les toises & les pieds sont marqués. Cette longue manière n'est convenable que pour des pièces extraordinaires , & lorfqu'on eft affujetti à des dimenfions précifes. Quand on eft parvenu à connoître à peu près la hauteur de l'arbre fans le petit Bûcheron, il faut en trouver la groffeur moyenne. Pour y parvenir, on va indiquer ce qu'il faut faire, en fuppofant des dimenfions certaines.

Suppofons un arbre, dont la   pieds.
Première hauteur totale eft de 48
La feconde hauteur prife à 6 pieds de terre, de . 42
La première groffeur prife à la patte de l'arbre
    près de terre, de 10
La feconde groffeur prife à 6 pieds au-deffus
    de la patte, de 9

Multipliez la première hauteur . 48
Par la feconde groffeur . . . 9
                                } . 432
Produit. 432

Multipliez la feconde hauteur 42 par
10, première groffeur 420

Différence 12

Il faut divifer enfuite cette différence 12 par 6 pieds ou la hauteur du tronc prife entre les 2 groffeurs. Le quotient fera 2 pieds qui font la troifième groffeur au fommet de l'arbre ; enfuite il faut additionner les 3 groffeurs 10, 9, 2, qui font un total de 21 pieds, dont il faut prendre le tiers , alors on trouve 7 pieds qui font la groffeur moyenne.

On peut éviter tous ces calculs, fi l'on fait monter un Bûcheron dans l'arbre , qui pourra, en defcendant, prendre la groffeur à la moitié du tronc, après l'avoir prife au fommet. Lorfqu'on eft parvenu à connoître les groffeurs, n'importe de quelle façon, on peut avoir le toifé de l'arbre , qui indique ce qu'il contient de pièces. Pour cela , il faut faire ce qui eft dit à l'article 129. La figure d'un arbre , c'eft-à-dire la groffeur , la hauteur , la courbure , le trait du tronc & des branches , annoncent les pièces de conftruction qu'on peut en tirer , foit droites ou courbes.

Les arbres qui font bien élancés , même avec une légère courbure, annoncent à l'infpection qu'ils font propres aux conftructions navales ; ceux qui font moins élevés & même défectueux , peuvent fournir des courbes. Les arbres noueux & très-branchus , ruftiques & rebours , dont la figure ne prévient pas , ne font pas moins utiles à la Marine. Lorfqu'ils font fains , on doit les employer de préférence fuivant leurs dimenfions. En effet , les nœuds qui fe forment à l'infertion des branches , & qui dès leur naiffance ont été parfaitement recouverts , font plus dûrs que le bois vif , s'il n'y a point de vice occafionné par une gouttière. Les arbres qui font raffaux & rabougris ont le tronc creux , fourchu , chargé de branches ; on les trouve dans les terreins fecs fur la croupe des montagnes , où ils font expofés aux vents , qui fouvent rompent les cimes. Les gelées du printems , l'abroutiffement des beftiaux , des bêtes fauves , & leur trépignement, arrêtent leur croiffance. Quoique ces bois ne fourniffent pas de belles pièces de Marine , on y trouve des genoux & des courbes affez fortes.

Les arbres de lifières procurent de belles courbes du côté où les branches fe font étendues ; l'air & un efpace fuffifant leur ont donné cette faculté : on trouve auffi d'affez groffes courbes fur les arbres , que la neige & les vents ont rendu difformes. Les branches mortes qui forment des courbes , ne font point bonnes ; les Conftructeurs n'en font point de cas : ainfi il eft inutile de les conferver ; mais ils affurent qu'on peut employer en pièces courbes les groffes racines enterrées , qui forment des courbes avec celles qui tracent fur la terre. Il eft difficile de s'en procurer , parce que l'Ordonnance défend de déraciner les fouches dans les bois. Cette Loi pourroit être mitigée pour les courbes , qui font adhérentes à la fouche , en prenant des précautions pour éviter les abus. Tout doit favorifer ce qui peut procurer cette efpèce de bois, qui eft rare & très - effentielle pour les conftructions navales. C'eft auffi dans cette vue qu'il conviendroit peut-être que les Fourniffeurs ne fuffent pas auffi gênés qu'ils le font par le tarif de la Marine , fait à Breft en 1765 , lequel fixe des dimenfions précifes pour toutes les efpèces, ce qui empêche les traitans de préfenter des bois courbes , & même des bois droits , à qui il manque quelques pouces , dans la crainte qu'on ne les prenne pour l'efpèce au-deffous. Comme il leur feroit onéreux de les fournir , ils préfèrent par cette raifon de laiffer dans les forêts fouvent de très-belles courbes & des bois droits. S'il y a de l'inconvénient à admettre des dimenfions au-deffous du tarif, pour les bois de première efpèce , parce que les Fourniffeurs ne chercheroient plus à en procurer de plus fortes dimenfions , on peut régler les prix fans diftinguer les efpèces, c'eft-à-dire , payer à tant le pied & le pouce cubes , fournis de telle largeur & de telle épaiffeur.

Comme les bois courbes font très-rares, & qu'il eft effentiel de préfenter des moyens naturels pour s'en procurer, je rapporterai une citation de M. Duhamel , lequel dit qu'il y a dans la Bretagne , près d'Ancenis, des communes qui n'ont jamais été cultivées, qui font plantées d'une infinité de chênes ifolés , gâtés & rabougris par l'abroutiffement des beftiaux. Ces bois fe courbent & fe tortillent; ils ont une vilaine figure ; mais ils fourniffent beaucoup de bois courbes. En empêchant ces bois d'être abroutis , il feroit poffible d'en tirer de l'avantage pour l'Etat & pour le Propriétaire. Dans toutes les Provinces de France, ils y a des friches, où il seroit possible de faire de pareilles plantations pour la Marine.

M. de Buffon a essayé de procurer des courbes par une autre manière, en faisant couper à différentes hauteurs, de 2, 4, 6, 8, 10 & 12 pieds au-dessus de terre, les tiges de plusieurs jeunes chênes, après quatre ans de pousse ; il a fait couper le sommet des jeunes branches que ces arbres étêtés ont produit. La figure de ces arbres est devenue par cette double opération si irrégulière, qu'il n'est pas possible de la décrire. Ces arbres, que M. de Buffon a fait étêter en 1734 & 1737, ont fourni en 1769 des courbes assez grosses pour être employées. J'ai consulté sur cet objet des personnes éclairées, qui n'approuvent point cette manière ; ils prétendent qu'il en résulteroit des inconvéniens : la raison qu'ils donnent est que l'accul (c'est - à - dire le talon ou le milieu) d'une courbe, qui est la partie la plus essentielle, ne manqueroit pas d'être offensée & viciée par le retranchement de la tête de l'arbre, & que d'ailleurs, quand même cette partie seroit saine, elle ne seroit pas assez parfaite, parce qu'étant morte, elle se trouveroit desséchée, ce qui ôteroit la solidité nécessaire à ces bois courbes, dont tout l'effort se porte au collet ou au milieu.

Pour avoir des courbes factices, il seroit peut-être plus convenable de mettre un poids léger à la tête des baliveaux, qui ont déja un penchant à se courber : cette façon ne peut point nuire aux arbres ; la courbure qui en résulteroit, seroit toute naturelle, & n'auroit aucun inconvénient. La plûpart des courbes que l'on trouve sur les chênes, viennent de la neige qui séjourne sur les extrémités des branches : elle les fait courber par son poids si elle y reste quelques tems, & la séve du printems conserve le pli que la neige a fait prendre aux branches.

ART. 102. *De l'Equarriſſage des Bois droits.*

QUOIQUE l'équarriſſage regarde ceux qui font exploiter, & les Ouvriers qui débitent les bois ; cependant il eſt convenable de dire comment on doit opérer. L'équarriſſage des bois ſe fait après avoir bien examiné l'arbre, en le roulant ſur le terrein de tous les côtés, pour voir celui qui s'aligne le plus droit. Lorſqu'il eſt calé, on prend le diamètre du petit bout, qui eſt celui de la tête de l'arbre, avec une règle diviſée en pouces ; la moitié de la moyenne proportionnelle du tiers & du quart, indiquent de combien de pouces il faut charger la ligne ſur le corps de l'arbre ; on l'équarrit d'abord ſur les deux faces, ſi le petit bout de l'arbre a 24 pouces de tour, non compris l'écorce, il faut en prendre le tiers, qui eſt de 8 pouces, & le quart, qui eſt de 6 pouces, ce qui fait 14 pouces, dont la moitié eſt de 7 pouces : c'eſt ce qu'il faut retrancher ; ſavoir 3 pouces & demi de chaque côté pour l'équarriſſage des deux premières faces : ainſi il ne reſtera plus de tour que 17 pouces, au lieu de 24 qu'il y avoit en grume. Les Ouvriers, que l'on nomme Equarriſſeurs, ne prenent pas toutes ces précautions ; ils ſe contentent, après avoir placé l'arbre ſur ſes deux faces les plus droites, d'enlever l'écorce des deux côtés de la partie ſupérieure, après quoi ils forment leurs lignes avec le cordeau, obſervant ſeulement d'éviter le plus de flaches, & de laiſſer trop d'aubier. Il ſeroit avantageux aux Marchands de veiller à ce que ces Ouvriers priſſent les dimenſions ci-deſſus, pour tirer le plus de profit poſſible de l'arbre. A l'égard du pied de l'arbre, qui eſt plus gros, il faut laiſſer 2 à 3 pouces de plus, & autant que la groſſeur le permet, pour en faire uſage ſuivant les circonſtances. Pour bien dreſſer ces deux premières faces de l'arbre en grume, on fait des entailles de diſtance en diſtance, en obſervant de ne point paſſer les lignes de blanc ou de noir faites avec le cor-

of deau. Lorfqu'on a paré les deux premières faces ;
on retourne l'arbre & on le cale pour travailler les
deux autres côtés ; lorfqu'il eft parfaitement de
niveau , on l'équarrit d'équerre , fuivant la même
manière des deux premiers , pour que les quatre
faces foient exactement à angles droits. La pièce
n'ayant aucune courbure , on jette un coup de
ligne fur les faces parées en premier lieu ; enforte
que la pièce ne foit point trop avivée , mais qu'il
paroiffe des défournis & un peu d'aubier , pour
faire voir que la pièce n'eft point trop parée. Les
gros bois pour la Marine ne doivent être équarris
à vive arrête , qu'à 2 ou 3 pouces près.

Art. 103. *De l'Equarriffage des Bois courbes ceintrés.*

Les bois courbes étant précieux pour la Marine,
on doit chercher à leur donner le plus de courbure
poffible, fans cependant trancher le bois. Le parage
des courbes fur le plat , fe fait comme aux pièces
droites. On les frappe feulement davantage, comme
quand on veut équarrir méplat, pour leur donner
plus de largeur , & afin que les Charpentiers puiffent
y promener leur gabarit, & augmenter ou diminuer
la courbe, fuivant les circonftances. Pour principe
général d'exploitation des bois courbes , il faut beaucoup frapper fur le méplat, & ôter très-peu aux furfaces courbes. C'eft pour cela qu'il faut commencer par travailler les deux faces droites ; les courbes
en deviennent plus aifées à travailler. Les pièces qui
ne peuvent s'aligner droites dans aucun fens, peuvent fervir à faire des barres d'arcaffe ou des liffes
d'ourdy. Les pièces qui ont une légère courbure d'un
côté de 3 à 4 lignes par pied , doivent être équarries
avec précaution. Il faut bien fe garder de les re-
dreffer, parce qu'elles trouvent leur ufage pour des
baux ou barots ou pièces de tour. On peut tirer
d'un arbre en grume , qui ne porteroit tout équarri,
à l'ordinaire, que 9 à 10 pouces, des précintes qui

auront un pied de large. Il eſt à propos de faire tomber le pepin ou le centre dans le milieu d'une
pièce de tour, pour éviter que le pepin ne ſoit
partagé en deux, ce qui pourroit être nuiſible,
parce que le pepin qui eſt partagé, eſt plus ſujet
à s'altérer, comme étant la partie la plus âgée de
l'arbre.

ART. 104. *De l'Equarriſſage des Anglois & des Hollandois.*

LES Anglois ne donnent aucune façon à leurs
bois, avant de les tranſporter ; ils retranchent ſeulement les branches inutiles & l'écorce. Il peut y
avoir de l'avantage dans cette pratique, qui dédommage des frais de tranſport, en ce qu'elle ménage le bois qui eſt précieux, ſur-tout lorſqu'il eſt
gros. Cette méthode eſt plus coûteuſe & rend le
tranſport par terre plus difficile. Les Hollandois
font équarrir groſſièrement les bois dans les forêts
avec des défournis ; mais les dimenſions excèdent
la deſtination des pièces de conſtruction ; ils ména-
gent ſur les frais de tranſport, & conſervent une
partie des avantages de la méthode Angloiſe.

ART. 105. *De l'Equarriſſage de France.*

LES François font débiter les bois à peu près pour
leur deſtination, ce qui diminue les frais de tranſport.
Si la fourniture ſe fait par des marchés, on ne
paye point le bois qui doit être retranché ; mais il
arrive ſouvent qu'on ôte trop de celui qui pourroit
être employé ; il ſeroit poſſible de tirer parti de ces
différentes méthodes, ſi le Roi faiſoit exploiter pour
ſon compte les bois de Marine qui ſe trouvent dans
ſes forêts, ſans avoir recours à des Fourniſſeurs.
Les bois médiocrement travaillés, ont l'avantage de
pouvoir être changés de deſtination ; on peut ménager ſur les plus groſſes pièces, les parties qui ne
ſont point flacheuſes, ſoit pour un bau, un demi-
bau, avec un plançon à peu près droit. On trouve

une précinte dans une pièce équarrie à vive arrête ,
& qui ne porteroit que la largeur ordinaire d'un bordage.

ART. 106. *Des Bois droits d'un vaiſſeau.*

LA quille eſt la première & la principale pièce
d'un vaiſſeau ; elle ſupporte tous les membres qui
en doivent former le corps ; elle peut être faite de
bois tendre, parce qu'en général tous les bois qui
doivent ſéjourner dans l'eau, y acquièrent de la
dureté ; la quille eſt plus large qu'épaiſſe ; elle reçoit le premier bordage dans une rablure ou rainure.
La contre-quille eſt une pièce qui ſe met ſur la quille ;
quelquefois on n'en fait uſage qu'à l'avant & l'arrière
du vaiſſeau : cette pièce ſert à ſoulager la quille, & à
diminuer la hauteur des acculs des varangues ; elle
peut être de bois tendre.—La fauſſe quille eſt une
femelle qu'on met quelquefois ſous la quille pour
la garantir des vers & des frottemens qu'elles pourroient éprouver dans les ports : elle n'eſt attachée
qu'avec des clous & des équerres, pour avoir la
facilité d'en remettre une autre. Son épaiſſeur eſt
d'environ de 6 à 7 pouces ; elle peut être de bois
tendre. — L'étambot doit être de bois dur & parfait,
attendu qu'il n'y en a qu'une partie de ſubmergée.
Cette pièce ſe place au milieu de l'arrière ; elle
s'emboète par le bas à mortaiſe, dans l'extrémité
ou talon de la quille ; elle ſe termine un peu au-
deſſus du premier pont.—Le contre-étambot eſt une
pièce qui ſert à fortifier l'étambot en dedans ou
en dehors. On attache le gouvernail ſur celui qui
eſt à l'extérieur, pour que l'étambot ne ſoit point
endommagé des ferrures : cette pièce doit être de
bois dûr.—La carlingue eſt plus large que la quille ;
elle eſt compoſée de pluſieurs pièces de bois ; elle
ſe poſe ſous la quille & ſous le milieu des varangues. Par cette raiſon elle contient tous les membres du fond. La carlingue doit être de bon bois
dur, attendu qu'elle ne reçoit point d'air, étant

cachée par la charge du vaiſſeau. — La carlingue des mats ou l'étembraie, eſt un aſſemblage de charpente poſé ſur la carlingue ; elle a pour objet de contenir le bas des mâts, comme dans un chaſſis. — Les marſouins de l'avant & de l'arrière ſont des pièces dont le choix eſt de moindre importance ; elles ſe poſent aux extrémités de la carlingue pour la fortifier. — La mèche du gouvernail, qui en eſt la partie extérieure, doit être de bois dur & très-ſain, attendu qu'il n'y en a qu'une partie de ſubmergée, & qu'elle fait de grands efforts ; elle eſt attachée ſur le contre-étambot extérieur.

Le ſep de driſſe ou chomard, eſt une groſſe pièce de bois quarré, dont le haut eſt entaillé de pluſieurs grandes mortaiſes qui reçoivent les rouets des poulies : ce ſep excède de 3 ou 4 pieds le ſecond pont.

Les montans de bittes ſont formés de 2 pièces de bois quarré qui portent ſur le fond de cale ; ils s'élèvent juſqu'au-deſſus du dernier pont : on y attache les cables, ſoit qu'on mouille ou qu'on amarre le vaiſſeau dans le Port. Il y en a de grandes & de petites ; elles ſont placées près des mâts, & peuvent être de bois tendre. Le traverſin des bittes eſt une petite pièce de bois qui lie les deux groſſes pièces qui forment les bittes. La mèche du cabeſtan eſt une groſſe pièce de bois quarré, qui doit être plus forte par le haut, poſée ſur le premier perpendiculairement. Elle s'élève juſqu'à 4 ou 5 pieds de hauteur au-deſſus du ſecond pont ; la partie ſupérieure eſt percée de trous pour les barres : cette mèche peut être de bois tendre. La carlingue du cabeſtan eſt une pièce de bois ſur laquelle le cabeſtan tourne ; elle eſt placée ſur le premier pont. — Le chuquet ou choquet eſt un gros billot de bois percé de mortaiſes, moitié quarré, moitié rond, qui ſert à couvrir la tête des mâts dans les gros vaiſſeaux. Il eſt de deux pièces, & doit être de très-bon bois dur. — Le ſep d'écoute de hune eſt une

groſſe pièce dont le haut eſt percé de pluſieurs mortaiſes : il peut être de bois tendre. — Les pompes ſont
de groſſes pièces rondes de bois d'orme. Les quatre
qui ſont autour du grand mât ſont enfermées par
une cloiſon ; l'enſemble ſe nomme archipompe ; elles
poſent dans le fond de cale, & s'élèvent au-deſſus du
ſecond pont, à la hauteur requiſe pour pomper toute
l'eau du vaiſſeau qui ſe raſſemble au pied du grand
mât. Le bois d'orme doit être de la meilleure qualité :
on prend de préférence celui qui eſt à petites feuilles.
Il y a beaucoup d'autres pièces droites qui ſont de
moins d'importance quant au choix du bois ; elles
ſe trouvent dans les pièces qu'on eſt obligé de réduire.

Les bois longs ſont les plus avantageux, lorſqu'ils
ſont de bonne qualité. Les pièces les plus longues,
comme les quilles & les carlingues, ſont compoſées
de pluſieurs pièces qui ſe joignent par des empa-
tures. — Les épontilles ſont des étais ou pièces de
bois poſées droites, pour ſoutenir les baux ou
poutres des planchers ou pont. — On appelle auſſi
traverſins les petites pièces de bois qui contiennent
les baux, barots & barotins.

ART. 107. *Des Bois débités en planches.*

LES bois refendus en planches ont différentes
dénominations, ſuivant l'emploi qu'on en fait. Les
plançons ſont des bois longs que l'on débite dans les
forêts depuis 12 juſqu'à 18 pouces d'équarriſſage.
Dans cet état ils ſont bois quarrés ; mais leur deſtination eſt d'être refendus en planches avec la ſcie,
dans les Ports de conſtruction, ſoit pour des bordages, des précintes, &c. On pourroit les débiter
dans les ventes où ils ont été exploités ; cela ſeroit
moins coûteux, & d'un tranſport plus facile; mais
la Marine préfère d'avoir des plançons pour en faire
uſage ſelon les beſoins. Elle prétend d'ailleurs qu'ils
ſont mal débités dans les forêts : cela peut être ; mais
on pourroit y faire attention, ſi l'on n'admettoit
à la réception des bois de Marine que des bor-

dages bien débités & très-fains, les Marchands feroient tout leur poffible pour n'en vendre que de
parfaits aux Fourniffeurs de la Marine : en payant
un peu plus les Scieurs de long , on feroit sûr
d'avoir des bordages fans défauts. L'Ouvrier , le
Marchand de bois , le Fourniffeur , y trouveroient
tous de l'avantage, & il y auroit de l'économie dans
les conftructions.

Les plançons font débités en planches plus ou
moins épaiffes , qui prennent des noms différens.
Les précintes fervent à revêtir une partie de l'extérieur du vaiffeau : ce font des planches plus épaiffes
que les bordages. Le premier précint , qui eft au-
deffous des fabords, forme une faillie ; le fecond &
troifième qui le fuivent en defcendant, font moins
épais ; ils vont en diminuant , de manière que le
troifième eft par le bas de la même épaiffeur que
le bordage qui le fuit. Les précintes étant à la
ligne de flottaifon , doivent être de bois dur &
parfait , parce qu'ils reçoivent les impreffions de
l'air , lorfqu'ils ne font point dans l'eau. Dans les
vaiffeaux à 2 & 3 ponts, il y a des précintes au-
deffous de tous les fabords.

Les bordages font des planches de deux pouces d'é-
paiffeur ou plus , fuivant l'importance du vaiffeau,
qui fervent auffi à revêtir l'extérieur, pour empêcher l'eau de pénétrer dans l'intérieur. Les précintes & les bordages font joints fans rainure ni languettes. Les joints font fi parfaits, qu'on eft obligé
d'en ôter une ou deux lignes de bois pour former la
couture qui doit être garnie d'étoupes & de goudron ; ce qui s'appelle calfater. Les bordages qui
font dans l'eau peuvent être de bois tendre.

Toute la partie qui forme la couverture extérieure s'appelle virure ; c'eft une file de bordages
qui règne tout autour du vaiffeau.—Les vaigres font
des planches de l'épaiffeur des bordages. Pour revêtir
les membres intérieurs , ils peuvent être d'un bois
tendre & moins parfait. Les vaigres ne fe joignent

pas comme les bordages ; on laiſſe même entr'eux de
l'intervalle , pour donner la facilité à l'air de circuler entre les membres du vaiſſeau, pour empêcher
qu'ils ne s'échauffent.

Les bauquieres ou ſerres-bauquieres forment dans
l'intérieur une ceinture. Ce ſont de gros bordages
qui ſervent à ſoutenir les baux ou poutres des ponts
ou planches : ils peuvent être d'un bois moins parfait.
— La liſſe de plat-bord eſt la pièce qui ſe poſe ſur le bout
des alonges de revers ; ſon épaiſſeur eſt au moins du
double de celle d'un bordage ; c'eſt pour cela qu'elle
peut être d'un bois tendre. — Le plat-bord de la liſſe termine la hauteur du vaiſſeau, entre les gaillards d'avant
& d'arrière ; c'eſt un fort bordage qui doit être de bois
parfait. — Le ſerre de plat-bord eſt une planche qui contient intérieurement la liſſe de plat-bord ; elle peut
être de bois tendre. — Les planchers des ponts, des gaillards, du tillac, de la dunette & des faux ponts, ſont
des bordages ou planches ; ils ſont de bois de ſapin ,
dont l'épaiſſeur eſt en raiſon des étages & de l'importance du vaiſſeau. — Les illoires ou hilloires ſont auſſi de
forts bordages ou planches de chêne ; il y en a pluſieurs rangs , ſuivant la largeur des ponts; ils ſervent
à fortifier les planchers de ſapin , avec leſquels ils ſont
corps : ils peuvent être de bois tendre. Les illoires ſe
placent en deſſous des ponts dans les gros vaiſſeaux.
— Les lattes ou barotins ſont des petites planches plus
minces , qui ſervent à ſoutenir & fortifier les ponts ;
on les met en deſſous des baux ou poutres, ou barrots petites poutres. — Les gouttières ſont de forts
bordages, qui font corps avec les ponts celles du dernier pont ſervent pour écouler les eaux en dehors du
vaiſſeau ; celles des autres ponts ou faux-ponts ſont
conſtruites de façon qu'elles conduiſent l'eau dans la
cale au pied du grand mât. Celle qui eſt au dernier
pont, doit être de bon bois dur & très-parfait, les
autres peuvent être d'un bois plus tendre. — La contre-
gouttière eſt une planche ou bordage qui joint la
gouttière. — La ſerre-gouttière eſt un fort bordage placé

au-deſſous de la gouttière , qu'elle fortifie.—Les gattes ſont des planches qui forment une eſpèce de réſervoir , placé au-deſſus de l'écubier pour recevoir l'eau des cables.—Les ſabords ou les embrâſures pour les canons , ſont fermés par des trapes ; ils ſont couverts de planches ou bordages , pour faire corps avec le bordage intérieur. Les ſabords ferment avec la plus grande préciſion , pour empêcher l'eau de la mer ou la pluie d'entrer dans l'intérieur.

Les bordages pour doubler les vaiſſeaux , qui vont dans les pays chauds , ſont des planches de ſapin de 9 lignes d'épaiſſeur : ce doublage eſt garni de bourre , & enduit d'une compoſition liquide réſineuſe. Cet enduit s'applique lorſque le bordage de chêne a été calfaté & collé d'un gros papier ; ce doublage de ſapin eſt aſſujetti au bordage de chêne par des clous de fer à tête large , placés près les uns des autres. On prétend que la rouille qui s'y forme contribue à conſolider le doublage , & à le préſerver de la pourriture.

Art. 108. *Des Courbes de l'avant ou de la prouë d'un vaïſſeau.*

Le brion ou ringeot eſt une pièce courbe extérieure : l'un de ſes membres eſt long & droit ; il ſe joint à la quille par une empature , l'autre partie eſt courbe ou croche , & forme un angle en dehors de 110 juſqu'à 160 degrés. Comme cette pièce eſt ſubmergée , elle peut être de bois tendre. — L'étrave eſt aſſemblé ſur le brion ; il ſert à former & à ſoutenir la prouë , & s'élève au-deſſus du ſecond pont. Il eſt compoſé de pluſieurs pièces très - ceintrées qui doivent être d'un bois dur & parfait. — La contre-étrave eſt jointe ſur le dedans de l'étrave ; elle a le même ceintre , & doit être de bois parfait ; elle fortifie l'étrave.—Le taille-mer ou la gorgère , eſt en avant de l'étrave , dont il prend ceintre ; il doit être de bon bois dur de la même épaiſſeur.—La courbe de capucine eſt à angle aigu ,

&

& se place au taille-mer ou à l'éperon , selon que le cas l'exige. Les jolleraux ou joullereaux sont des courbes posées parallèlement à l'avant du vaisseau pour soutenir l'éperon ; ils doivent être de bon bois dûr & parfait.

Les courbes & alonges d'écubier sont des pièces de bois larges & épaisses qui joignent l'étrave à droite & à gauche. Les alonges d'écubier servent à prolonger ces courbes ; elles doivent être de bois dur & parfait. Les pièces de Tour de l'avant ou de l'arrière, sont des gros bois ceintrés , dans lesquels on refend à la scie les précintes ou bordages ceintrés , suivant la forme du vaisseau. Lorsqu'ils ne passent pas 4 à 5 pouces, on peut les ceintrer au feu , ainsi que cela est d'usage pour les bordages de 2 & 3 pouces d'épaisseur , qui sont employés dans la partie basse de l'avant. Les pièces de tour sur lesquelles on lève les précintes , doivent être de bon bois dur , attendu qu'elles sont placées au-dessus ou à fleur d'eau.

Les boussoirs sont de bois ceintrés , qui servent à élever les ancres & à les soutenir. Ils débordent le vaisseau de chaque côté ; ils peuvent être de bois tendre. Les jats d'ancre sont des pièces de bois un peu ceintrées ; ils sont attachés & joints ensemble vers l'anneau de l'ancre , pour empêcher qu'elle ne se couche sur la vase.

ART. 109. *Des Courbes des pièces ceintrées ou arquées de l'arrière ou de la poupe.*

La courbe d'étambot est une pièce qui a deux branches en forme d'équerre. Elle est placée sur la quille ou la contre-quille , & elle la lie avec l'étambot. Cette courbe , qui est submergée , peut être de bois tendre. Les courbes d'arcasse sont des pièces de bois qui forment l'arcasse ; elles doivent être de bon bois dur.

La lisse d'ourdy ou barre d'arcasse, est une pièce de bois ceintrée en deux sens. Elle est posée par

ſon milieu ſur le haut de l'étambot, & par les bouts
ſur les cormières; elle doit étre de bois dur & parfait. Les cormières ou eſteins ſont des pièces de
bois ceintrés en deux ſens, à peu près comme une S.
Ce ſont les deux côtés de l'arcaſſe; ils doivent étre
de bois dur & parfait. Les alonges de cormières
ſont ceintrées comme les cormières; elles ont un
peu plus de revers par le haut; elles poſent ſur les
bouts des eſteins.

Art. 110. *Des Courbes des Pièces ceintrées de l'intérieur.*

LES varangues plates de fond & acculées, ont
plus ou moins d'arc ou d'ouverture d'équerre, ſuivant qu'elles s'approchent ou s'éloignent de la mai-
treſſe varangue, qui eſt preſque plate, & qui ſe
met à peu près au milieu de la calle. Les varangues poſent par les acculs ſur la quille ou ſur la
contre-quille; lorſqu'elles n'ont point aſſez d'acculs
on y met une fourrure. Les genoux de fonds ſont
de deux morceaux; ils ne touchent point à la quille;
ils ſont goujonnés avec les varangues qu'ils dé-
paſſent, & les premières alonges qui les croiſent.
Les varangues de porques ſont poſées ſur les varangues de fond qu'elles fortifient; elles ont la
même ouverture d'arc. Les genoux de porques ſont
goujonnés comme ceux de fond, & produiſent le
même effet. Les genoux de revers, placés vers les
extrémités du vaiſſeau, ont deux arcs à peu près comme
une S. Les alonges première, ſeconde & troiſième,
ſont des pièces qui ſervent à former le ventre du
vaiſſeau avec les varangues. Elles ont plus ou moins
d'arc, ſuivant ſa capacité. La dernière alonge, qui
ſe nomme de revers, ſe termine à la liſſe de plat-
bord; elle eſt arquée en 2 ſens comme une S. Le
fourcat eſt une pièce à 3 branches, qui ſe place
horiſontalement ſur la carlingue, à l'arrière & à
l'avant du vaiſſeau, il reſſemble à un Y; il ſert à
fortifier & à contenir les deux côtés du vaiſſeau.

La guirlande eſt une groſſe pièce de bois ceintrée, qui ſe met à l'extrémité de l'arrière à tous les étages, entre les ponts. Plus elle a d'étendue, plus elle fortifie l'endroit où elle eſt placée. Les baux des ponts du tillac & des faux-ponts, ou les demi-baux, lorſqu'ils ſont de deux pièces, font l'effet des poutres ; ils ſont placés en travers du vaiſſeau, pour porter les planches du pont, qui ſont faites de bordages de ſapin. Les baux ſont aſſujettis ſur les ſerres-bauquières qui les reçoivent. Ces pièces ſervent auſſi à contenir le vaiſſeau, & à prévenir l'écartement. Les barrots de gaillards & de dunettes, ſont des baux moins forts ; ils ont les uns & les autres autant de ceintre que la conſtruction du vaiſſeau le permet. Les courbes des baux & des barots, & les courbatons qui ſont à 2 branches, forment une équerre ou fauſſe équerre. Plus elles ont d'épaiſſeur, & plus les branches ſont longues, meilleures elles ſont ; leur largeur n'eſt pas ſi importante.

OBSERVATIONS.

LORSQU'ON ne peut trouver du bois aſſez fort, ſoit pour des guirlandes ou autres pièces ceintrées, on en fait de deux pièces qui ſont auſſi ſolides que celles qui ſont formées d'une ſeule, quoique pour y parvenir il ſoit néceſſaire de perdre beaucoup de bois, & que la façon coûte beaucoup. Cependant il eſt préférable d'avoir recours à cet expédient, plutôt que d'en conſtruire en fer, qui ſont trop peſantes, & qui d'ailleurs ſont plus diſpendieuſes. Les bois deſtinés à être aſſemblés pour faire des pièces ceintrées, doivent avoir une légère courbure, afin de rendre la pièce aſſemblée plus ſolide.

La diſtinction qu'on vient de faire des bois durs & tendres dans les 5 précédens articles, démontre qu'on peut mettre en uſage des bois de différentes qualités pour les conſtructions navales, puiſque ceux qui ſont tendres peuvent être deſtinés pour les parties qui font fubmergées, parce qu'elles y acquièrent de la dureté. Les parties de l'extérieur du vaiffeau n'exigent pas non plus des bois fi durs, parce qu'ils font a l'abri des injures du tems, & qu'ils font aérés, tels que les membres & les bordages intérieurs qu'on nomme vaigres ; les baux, les barots, les courbes, les courbatons & les planches de chêne qui fortifient les ponts & d'autres petites pièces de l'intérieur. Il n'y a uniquement que les bois hors de l'eau & à l'extérieur, qui demandent à être d'une qualité parfaite & très-dure. Ainfi, dans un vaiffeau on peut dire qu'il peut y être employé des bois tendres, d'une qualité moins parfaite, environ pour la moitié de ce qui eft néceffaire pour telle conftruction que ce foit. On ne prétend pas comprendre dans les bois tendres le chêne roux ni celui qui eft trop tendre & gras, que les Menuifiers préfèrent. Le chêne de Lorraine, qui n'eft point crû dans les terreins humides ni marécageux, peut être bon pour l'intérieur du vaiffeau & pour les œuvres vives, parce que le bois de chêne acquiert de la dureté dans la mer. Ce bois eft même préférable à celui du nord. Les courbes de bois tendres des chênes de Lorraine ou autres, font très-bonnes pour l'intérieur, parce que leur deftination eft de fortifier & de contenir les endroits où elles font placées.

D'après ces obfervations, on peut affurer qu'il y a en France des bois de toutes les qualités requifes pour les conftructions. Les Hollandois font toutes les parties de leurs vaiffeaux avec les chênes d'Allemagne & du nord, pris dans les forêts en maffifs, dont le bois eft très-tendre : ils emploient auffi les bois de la Lorraine qui font plus parfaits, fur-tout pour les bâtimens qui naviguent dans le nord ; ils préfèrent ces bois à ceux de l'Amérique feptentrionale, qui ne valent abfolument rien, parce qu'ils font trop tendres,

RT. III. *De la Proportion des Bois de conſtruction.*

Tarif ſuivant fait à Breſt en 1765, indique les propor-
ſions que doivent avoir les pièces de Bois de conſtruction, pour
faire la différence des eſpèces dans leſquelles elles doivent en-
rer ; enſemble de l'arc que doivent avoir celles qui en
ſont ſuſceptibles.

N. B. On a ſupprimé du Tarif la dernière colonne ; mais on va
porter par des renvois les ouvertures des courbes de dehors
dehors que cette colonne contient.

	PIEDS de longueur.		POUCES de largeur au milieu.		POUCES d'épaiſſ. au milieu.		ARC par pied de longueur de dehors en dehors.
PREMIÈRE ESPÈCE.							
Quille	36	à 50	16	à 20	16	à 20	
B Brion ou Rin-geot (a)	18	30	16	20	16	20	
Étrave	24	36	20	36	16	20	de 9 à 16 lignes.
Contre-étrave . .	18	22	20	24	16	20	de 12 à 18 lignes.
Étambot	28	36	20	30	16	20	De 5 à 7 lignes depuis 13 à 15 pieds du gros bout, & ſur les ſens oppoſés.
Cormières ou Eſ-teins	16	22	19	24	12	15	De 39 à 40 lig. en prenant depuis cette diſtance du gros bout, juſqu'à l'extrémité du petit bout.

(a) Le Brion a 110 à 160 degrés d'ouverture.

	PIEDS de longeur.	POUCES de largeur au milieu.	POUCES d'épaiss. au milieu.	ARG par pied de longeur de dehors en dehors.
XI Alonges de Cormières	22 à 26	16 à 18	10 à 13	De 39 à 40 lignes jusqu'à 3 ou 4 pieds du gros bout, & sur les sens opposés. De 2 à 5 lignes depuis cette distance du gros bout, jusqu'à l'extrémité du petit bout.
G Barre d'Arcasse, ou Lisse d'Ourdy.	26 36	16 32	16 20	De 3 à 4 lignes pour le dévoyé de l'Estein. De 3 à 4 lignes dans les sens des Baux.
S Varangues plates de fond & de porques	22 28	15 20	12 16	de 5 à 8 lignes.
T Varangues acculées de fond & de porques . . .	12 18	15 20	12 16	de 9 à 29 lig. d'arc.
V Fourcat	10 16	18 26	12 16	De 6 pouces d'ouverture par pied de longueur & plus, autant qu'il sera possible, mesuré depuis le talon de la pièce.
X Genoux de fond & de porques . .	12 18	12 18	12 16	de 12 à 20 lignes.
Q Alonges	14 18	14 17	14 15	de 8 à 14 lignes.
III Beaux de Tillac.	30 51	15 19	15 18	de 3 à 4 lignes.
IIII Demi-Baux . .	24 29	15 19	15 18	de 3 à 4 lignes.

	PIEDS de longueur.		POUCES de largeur au milieu		POUCES d'épaiſſ. à milieu.		ARC par pied de lngueur de dehors en dehors.
aux de Pont . . .	26 à	46	12 à	14	12 à	14	de 3 à 4 lignes.
Guirlande . . .	14	18	18	36	14	18	de 15 à 28 lignes.
. Courbe d'E-tambot (a). . .	14	20	14	20	14	18	
Courbe de Jotte-reau (b). . . .	12	14	16	20	12	16	
Courbe d'Ar-caſſe (c).	15	18	16	24	14	18	
Courbe de Til-lac (d), ...	10	13	14	20	14	17	
ourbe de Pont(e).	8	12	13	16	10	13	
Boſſoirs	14	18	14	18	14	18	de 15 à 20 lignes.
Pièce de tour . .	16	29	16	18	16	18	de 12 à 20 lignes.
Mèche de Gou-vernail	26	38	16	30	16	30	
Plançons . . .	30	60	12	18	12	18	

(a) La Courbe d'Etambot . . . . 90 à 100
(b) Le Jottereau 116 124
(c) La Courbe d'Arcaſſe . . . . 100 120.
(d) La Courbe de Tillac 70 90
(e) La Courbe de Pont 90 100

	PIEDS de longeur.		POUCES de largeur au milieu		POUCES d'épaiss. au milieu.		ARC par pied de longueur de dehors en dehors.
XXX Précinte . . .	30	à 60	13	à 16	8	à 11	
AΛ Bordage	25	60	12	16	3	7	
4 C Courbe de Capucine (*a*). . .	10	13	14	20	12	16	
E C Alonge d'Ecubiers	19	26	14	18	12	16	de 7 à 9 lignes.
P Genoux de revers.	14	22	15	18	14	16	De 4 à 7 lignes jusqu'à 7 à 11 pieds du gros bout, & sur les sens opposés. De 8 à 11 lignes depuis cette distance du gros bout, jusqu'à l'extrémité du petit.

IIᵉ. ESPÈCE.

	PIEDS de longeur.		POUCES de largeur au milieu		POUCES d'épaiss. au milieu.		ARC par pied de longueur de dehors en dehors.
S Varangue de fond.	16	21	12	14	10	11	de 5 à 8 lignes.
T Varangue acculée.	12	17	12	14	10	11	de 9 à 29 lignes.
V Fourcat	10	14	16	20	10	11	De 5 pouces d'ouverture par pied de longueur & plus, autant qu'il sera possible, mesuré du talon de la pièce.

(*a*) La Courbe de Capucine . . . . 55 à 65

	PIEDS de longueur.		POUCES de largeur au milieu.		POUCES d'épaiss. au milieu.		ARC par pied de longueur de dehors en dehors.
Genoux de revers.	14 à 18		14 à 18		10 à 13		De 9 à 12 lignes jusqu'à 7 à 9 pieds du gros bout, & sur les sens opposés. De 4 à 7 lignes depuis cette distance du gros bout, jusqu'à l'extrémité du petit bout.
Alonges	12	18	12	14	12	13	de 8 à 14 lignes.
Barot de Gaillard.	25	38	10	11	10	11	de 4 à 5 lignes.
Plançons . . .	25	60	11	12	11		
IX Illoire . . .	25	60	11	14	6	10	
A Bordage . . .	18	60	9	11	1	6	
IIIe. ESPÈCE.							
Alonge moyenne.	12	17	12	13	10	11	de 8 à 14 lig. d'arc.
Alonge de revers .	13	22	12	13	10	13	De 11 à 18 lignes jusqu'à 7 à 9 pieds du gros bout, & sur les sens opposés. De 4 à 6 lignes depuis cette distance du gros bout, jusqu'à l'extrémité du petit bout.
Barot de Dunette.	20	30	8	9	8	9	de 5 à 6 lignes.

	PIEDS de longueur.		POUCES de largeur au milieu.		POUCES d'épaiss. au milieu.		ARC par pied de longueur de dehors en dehors.
6 Courbe de Gaillard (*a*).	6	à 9	10	à 12	8	à 10	
7 Courbe de Chambre (*b*). . . .	4	6	6	9	5	8	
II Seps de drisse ou Chomar	10	16	16	30	14	20	
I B Bitte	12	15	14	20	14	20	
I E Seps d'écoute de hune	11	14	10	13	10	13	De 11 à 14 lignes du petit bout, jusqu'à 7 à 8 pieds au-dessus, & le surplus jusqu'à l'extrémité de la pièce, doit être droit.
12 Mèche de Cabestan	11	15	16	30	de diam.		
Ch Chuquet . . .	5	12	18	36	13	18	
20 Jats d'ancre . .	12	20	12	18	12	16	de 4 à 5 lignes.
16 Plançons	22	60	9	11	9	10	
P X Genoux de fond.	9	11	9	11	8	11	de 9 à 16 lignes.

(*a*) La Courbe de Gaillard . . . . 75 à 110
(*b*) La Courbe de Chambre . . . . 75 à 110

	PIEDS de longueur.	POUCES de largeur au milieu.	POUCES d'épaiss. au milieu.	ARC par pied de longueur de dehors en dehors.
Etambrai ou Flasques de Carlingues	8 à 16	16 à 20	6 à 9	
IVe. ESPÈCE.				
Bois droits . . .	8 21	8 14	8 13	
Bois torts . . .	8 12	8 10	8 10	de 8 à 18 lignes.
Bouts d'alonge .	8 5	8 11	8 11	de 6 à 11 lignes.
Ve. ESPÈCE.				
Bois de Barque.	6 8	5 8	5 7	de 10 à 18 lignes.
Soliveaux ou petits bois droits .	6 30	6 7	6 7	
Bois de Chaloupe	3 6	2 4	2 4	de 20 à 26 lignes.
AUTRES BOIS.				
Billes d'Orme — Pour pompes ordinaires . .	2 2 3 2 2 3	12	13 de diam.	
Billes d'Orme — Pour pompes royales.	12 18	14	de diam.	
Billes d'Orme — Pour poulies & autres usages.				
Billes de frêne .				
Billes de fouteau.				
Billes de Châtaigner				
Billes de Peuplier				
Bois de Noyer.				

G 6

Art. 112. *Des menus ouvrages en Chêne pour la Marine.*

Les chevilles de bois de chêne qu'on nomme gournables, dont on se sert pour arrêter les bordages avec les membres d'un vaisseau, doivent être faites avec du bois de fente bien sec. On choisit les jeunes chênes très-forts, liants & point gras, dont on emploie le cœur de préférence. La gournable ne sauroit être trop forte , pour résister aux coups redoublés qu'elle reçoit , pour joindre les bordages avec les membres. Le bois pour la gournable se débite & se fend comme celui pour les échalas ; sa longueur est depuis 24 jusqu'à 36 pouces, sur 2 pouces & demi ou 3 pouces de gros , suivant la force du vaisseau. Les tonneaux , futailles ou barriques à l'eau & aux liqueurs pour la Marine , se font avec du mairrain de chêne ou bois de débit , refendu en petites planches, qu'on nomme douves. Ce bois doit être sain , très-dur & point gras. Pour éprouver les douves, on les frappe avec force sur l'angle d'une enclume, ou d'une grosse pierre dure. Si elles se rompent net & sans éclat, cela indique que le bois est gras : si au contraire elles résistent en cassant avec bruit, elles sont très-bonnes. Il faut avoir soin de flairer ces douves avant de les employer, pour s'assurer si elles n'ont point de mauvaise odeur, capable de donner un goût désagréable aux liqueurs : on doit aussi avoir l'attention de ne point faire du mairrain à douves avec le bois du pied des arbres , où il s'est trouvé des fourmillières ; il conserve toujours le mauvais goût de fourmi.

Les cerceaux pour relier les tonneaux doivent être faits avec les meilleures espèces de bois & les plus parfaits , tels que le chêne & le châtaignier. Ce dernier est de bonne qualité , lorsqu'il devient blanc. S'il a un œil rougeâtre, il faut le rebuter , parce qu'il s'échauffe. Il est d'usage dans la Marine de relier en fer les barriques qui contiennent l'eau & le vin : cela est mieux , parce que le bois ne résisteroit pas long-tems au frottement du roulage.

TITRE XI.

Des Bois blancs à l'usage de la Marine, & de ceux employés par les Anciens ; des blancs Bois & des morts-Bois.

Art. 113. *Du Hêtre, Fays ou Fouteau.*

Le hêtre (*fagus*), d'un mot grec qui signifie manger) dont on ne connoit qu'une espèce, a deux variétés, l'une à feuille panachée de jaune, & l'autre de blanc : il est au nombre des arbres forestiers du premier rang, quoique le quatrième. Il peut être mis en parallèle avec le chêne, le châtaignier & l'orme, en le considérant par le volume de son bois, son prompt accroissement, la médiocrité des terres où il se plaît & ses usages. Le hêtre produit des fleurs mâles & femelles. Ces dernières se trouvent sur la même tige, le calice se change en fruit épineux ; on y trouve quatre semences triangulaires, dont on fait de très-bonne huile. Les feuilles sont ovales, d'un beau verd luisant. Cet arbre s'élève beaucoup ; il devient très-gros, sa tête est fort chargée de branches, qui nuisent à la recrue des taillis : c'est par cette raison qu'il est d'usage en Lorraine d'abandonner aux Gardes le dessous des houpiers, lorsqu'on fait le martelage des coupes ordinaires. Cela m'a été assuré par les Marchands de bois. Les racines du hêtre vont au loin, & tracent sur la terre ; son écorce est très-unie, blanchâtre ; elle a deux lignes d'épaisseur ; lorsqu'elle est rousse, pour avoir été trop cuite par le soleil, le bois se trouve vicié ; alors il ne peut être mis en usage pour les constructions navales. Le hêtre se cultive comme le chêne ; on peut le transplanter des pépinières au bout de 6 à 7 ans pour en faire des plants & des avenues, ainsi qu'on en voit en Flandres. Il ne faut pas étêter cet arbre en le plantant ; il se plaît dans les terres qui ont peu de fonds , & dans les fables gras mêlés d'argile , ou dans le fable pur un peu humide ; il craint les terres fortes, les marécages , & celles qui font trop fuperficielles. Le bois de hêtre eft très-dur ; mais quand il eft trop fec il fe caffe & fe fend aifément ; fa croiffance eft lente les premières années ; mais enfuite elle eft double, jufqu'à 60 ans, où il eft dans fa vigueur : il ne commence à dépérir qu'à 80 ans.

On emploie en Angleterre le hêtre après l'avoir garanti du ver, en le préparant à la fumée & en le brûlant, jufqu'à ce qu'il s'y forme une croûte noire ; on en fait des bordages & des ponts. En France , la Compagnie des Indes l'a employé pour des pièces de quilles & des bordages dans les petits fonds. Ce bois peut être utile à la Marine royale : on a décidé qu'on pouvoit s'en fervir pour les quilles & les bordages, dans les fonds de la partie extérieure la plus fubmergée. Le feul défaut qu'on a reconnu à ce bois, eft celui d'être très-corrofif, & de détruire promptement les chevilles de fer & les clous qui fervent à lier la maffe du vaiffeau ; mais on a trouvé le moyen de diminuer cet effet, en faifant rougir jufqu'à un certain dégré les fers, & en les précipitant dans de l'huile de lin.

Le hêtre ne peut être mis en ufage pour la compofition de la membrure du vaiffeau , ni pour les courbes, mais pour ménager le chêne qui commence à devenir rare : il eft à fouhaiter qu'on emploie le hêtre dans la partie extérieure fubmergée, parce qu'il fournit des pièces énormes. Ce bois eft très-commun ; il coûte moitié moins que le chêne ; on le débite auffi pour des rames , des affuts de canons de Marine , des planches pour des encaiffemens , autour des pilotis , des feuils-graviers, des fonds d'emplacement & de batteaux ; on les emploie auffi en charpente, pour des halles à charbon ; il eft fur-tout très-utile pour faire des marteaux de forges. On doit juger de la force & de la réfiftance du hêtre par cet emploi. Un marteau

forge qui eſt mis en mouvement par un grand
courant d'eau , pèſe au moins un millier ; le man-
che qui a 9 pouces d'équarriſſage , reçoit non-ſeulement l'effort du coup de marteau, mais encore le
contre-coup d'une autre pièce de bois de hêtre de 8
pouces de gros : le bois de chêne le plus fort ne peut
ſervir pour cet uſage , parce qu'il ſe tortille & ſe briſe
en petits éclats dans la tête du marteau.

M. Elis , Auteur Anglois , dit que l'aubier du hêtre
dure très-peu , parce que les vers y font le plus grand
dommage, & qu'il faut l'ôter avant de l'employer ; il
conſeille , pour rendre les planches & les membrures
de bonne qualité , de les laiſſer dans l'eau pendant
cinq mois, ſi on veut l'employer en charpente ; il dit
qu'il faut le paſſer au feu juſqu'à ce que les pièces
aient pris une couleur noire & une croûte ; il prétend qu'il faut abſolument l'abattre dans le plus
grand été & dans la plus grande force de la ſéve ;
que c'eſt le moyen de le faire durer plus long-tems,
qui réſulte des différentes expériences qu'il a faites.
Il ajoute qu'il faut le laiſſer un an en grume , enſuite le façonner & le jetter dans l'eau. Ce bois ſe
conſerve auſſi un tems infini dans un lieu ſec ; il
eſt incorruptible ſous l'eau, dans la fange & dans les
marécages ; mais il périt bientôt , s'il eſt expoſé
aux alternatives de la ſéchereſſe & de l'humidité.

D'après les obſervations que j'ai faites du hêtre qui
eſt connu en Champagne , je puis aſſurer que cet arbre à 70 ans porte 14 pouces d'équarriſſage , & 16 à
17 pouces à 80 ans, où il commence à dépérir. Le
poids du hêtre eſt à peu près comme celui de l'orme à
petite feuille. J'ai fait peſer un pied cube pris d'un arbre , qui étoit reſté un an en grume après avoir
été abattu, il s'eſt trouvé du poids de 72 livres : il
pourra dans un an être réduit à 60 livres.

L'importation du hêtre demande certaines précautions ; il doit être voituré promptement, c'eſt-à-dire
2 ou 3 mois après avoir été abattu & équarri. Si on
ne peut le mettre à couvert lorſqu'il eſt arrivé au

Port, il faut le jetter à l'eau ; il s'y conserve bien ; mais il ne doit y rester tout au plus qu'un an s'il est destiné à être employé sur terre. Il convient de le flotter en Mars & Avril au plûtard des Ports de Champagne , pour être envoyé à Rouen. Etant arrivé à la dernière destination , il doit être mis à couvert ; mais on peut le laisser flotter , s'il doit être employé dans l'eau.

Tout ce qu'on vient de rapporter sur cet arbre, doit engager à le multiplier , puisqu'il coûte moitié moins que le chêne , & qu'il vient plus vîte du double : ainsi on peut avoir quatre hêtres pour un chêne. Cet arbre est à vil prix dans les forêts éloignées des rivières & des grands chemins ; c'est-là où l'on débite les plus beaux hêtres pour des menus ouvrages de ménage & pour faire des sabots. Il ne seroit peut-être pas impossible de tirer un meilleur parti de ce bois pour la Marine , & de le faire voiturer sur des traîneaux en tems de neige , jusqu'aux endroits où il y a des chemins & des rivières : la dépense extraordinaire pourroit être compensée par la modicité du prix de ce bois. En effet , il y a de ces arbres qui produisent plus de 39 pieds cubes , ou 13 pièces de bois qu'on ne vend que 6 liv.

A R R. 114. *De l'Orme.*

L'ORME (*ulmus*) tient le troisième rang ; il est après le chêne & le châtaignier : cependant il est d'un plus grand prix ; mais il n'éprouve point de perte par le retranchement de l'aubier , ainsi que le chêne ; il vient très-gros , très-grand & fort droit ; ses racines s'étendent au loin , entre deux terres ; elles ne nuisent pas comme celles du chêne. Au lieu de pivot , on y trouve souvent une fourchette , & quelquefois 2 & 3. L'écorce de l'orme est rousseâtre ; elle se couvre dès sa jeunesse de rides & quelquefois d'inégalités, qui augmentent avec l'âge. Sa fleur n'a nul agrément ; elle paroît en Mars. En Mai on recueille sa graine, qui tombe avant que les feuilles paroissent. On a calculé qu'un orme âgé de 100 ans , venu d'une feule graine , a pu produire 33 millions de graines.

L'orme champêtre (*ulmus tampeſtris & theo-phraſti*) , eſt un des meilleurs ; ſa feuille eſt petite & rude au toucher.

L'orme de montagne (*ulmus montana*), eſt préférable ; ſon bois eſt plus dur & plus ferme que celui des champs ; ſa feuille eſt grande & rude au toucher ; il croît très-promptement, & produit beaucoup de ramilles , ce qui rend cette eſpèce propre à en faire des bois taillis & à les régénérer.

L'orme teille, appellé auſſi orme tilleul, a la feuille plus large , moins rude au toucher ; il pouſſe vigoureuſement & vient très-vîte ; mais le bois en eſt plus tendre ; il n'eſt à préférer que pour donner de l'ombre.

L'orme (*ulmus major ampliore folio ramos extra ſe ſpargens*) n°. 9 , eſt indiqué au Livre de l'exploitation des bois de M. Duhamel, pour être tortillard ; il a de très-grandes feuilles larges, rudes au toucher , & d'un verd très-foncé ; ſon écorce eſt fort raboteuſe, ſon tronc eſt élevé en pluſieurs endroits par des petites boſſes : on l'appelle improprement orme femelle ; ſon bois n'eſt pas auſſi dur que celui de l'orme n°. 8.

L'orme (*ulmus major foliis exiguis ramis compreſſis*), n°. 8. , à petites feuilles, s'élève fort haut ; ſes branches ſont raſſemblées près de la tige ; on le nomme improprement orme mâle. M. Duhamel déſigne cette eſpèce qui eſt chargée de nœuds, comme la meilleure pour faire des moyeux de roues , ce qui eſt cependant plus convenable à l'orme n°. 9. s'il eſt *tortillard*. Quoi qu'il en ſoit , ces deux eſpèces ſont bonnes pour le charonnage. Ce ſont les Ouvriers qui ont donné le nom de *tortillard* à l'eſpèce d'orme qui ne ſe fend pas ; ils le préférent par cette raiſon & parce qu'il eſt très-dur. Les Charrons achètent le bois d'orme *tortillard* depuis 22 juſqu'à 32 liv. la toiſe, à proportion de ſa groſſeur. Il ſeroit à ſouhaiter qu'on multipliât davantage cette eſpèce que le hafard fait trouver. On n'en fait point de diftinction dans les pépinières des environs de Paris ; on dit qu'à Meaux & aux environs on cultive particulière-ment cette efpèce dont on fait beaucoup de cas.

L'orme que les Charrons appellent *tortillard* à caufe de fa forme & de fa contexture fingulières , diffère des autres efpèces , parce que les fibres longitudinales & tranfverfales forment des mailles différentes de celles des autres arbres : cette fingularité rend ce bois très-utile pour les gros moyeux de charrettes , parce qu'on évite la dépenfe des frétés & des cordons de fer , pour les empêcher de fe fendre. Il n'y a guère que les Charrons groffiers qui emploient l'orme tortil-lard ; les mortaifes qu'on fait dans ce bois , lorfqu'il eft employé en menus ouvrages , ne réfiftent pas long-tems , ce qui vient de l'irrégularité des fibres. On trouve de belles courbes dans l'orme tortillard , qui pourroient peut-être fervir à la Marine.

Il y a encore une infinité d'efpèces d'ormes dont la qualité n'eft pas fupérieure aux efpèces qu'on vient de rapporter. On plante l'orme après l'avoir étêté à 7 pieds. On en fait des quinconces & des avenues à 9 , 10 , 12 , 15 & 18 pieds de diftance ; il ne faut point trop l'enfoncer en terre. La groffeur d'un ormeau qu'on tranfplante doit être au *moins de 8 pouces , pris à 2 pieds* des racines : cet arbre reprend très-facile-ment ; il fe plaît dans les terreins plats , en pente , à découvert , bas & aqueux ; dans les lames noires & humides , les glaifes mêlées de limon , les terres douces , pénétrables , les craies humides mêlées de glaifes , les terres mêlées de fable & de gravier ; il fe contente auffi d'un fol médiocre ; mais il n'aime point les terres sèches & trop fablonneufes , ni trop chaudes ni trop froides ; il craint l'humidité ftagnante. L'orme arrive à fa perfection à l'âge de 70 ans ; fa plus longue durée fur pied eft de cent ans dans un bon terrein ; il groffit jufqu'à 30 & 36 pouces de diamè-tre. Le bois d'orme eft de couleur brune dans le cœur & jaunâtre en approchant de l'écorce ; il eft ferme ,

liant, très-fort & de longue durée. On peut le laisser
2 & 3 ans en grume sans craindre que le ver ne
l'attaque, ni que l'ardeur du soleil le fasse fendre.
Dans l'espace de ce tems, l'aubier qui n'est point
épais devient aussi dur & aussi parfait que le cœur.
Ce bois, dont les Charrons font un grand usage, est
aussi employé avec succès pour les canaux, les con-
duites d'eau sous terre, les pompes & toutes les pièces
qui sont dans l'eau. On en fait encore des pièces de
moulin, des presses de pressoirs, des écrous, des
plateaux de 4 pouces d'épaisseur pour des chanteaux
de rouets de moulins, des tables de cuisine, & des
établis de Menuisiers. L'orme entre aussi dans les constructions navales, pour les parties qui touchent dans
l'eau ; il est employé pour les affuts des plus gros canons de Marine, soit pour les flasques, les essieux,
les roues, les rouets de poulies, les boètes de co-
liornes & les caps de mouton. On dit qu'il n'est point
sujet à se tourmenter ni à se gerser, lorsqu'il est
employé aux gros ouvrages ; il ne se corrompt point ;
ces qualités le rendent très-propre à faire des moyeux.
On le débite quelquefois en planches ; on prétend
qu'elles sont bonnes, si l'on a pris la précaution de
les faire tremper un mois dans l'eau. Les Menuisiers
n'emploient point l'orme, parce qu'il n'a point assez
de corps pour les menus ouvrages de menuiserie,
& qu'il se sèche & se fend aisément. Les Charpentiers
ne font point usage de l'orme pour les combles, parce
qu'en se séchant il devient cassant, & que le ver s'y
loge. En comparant le chêne du nord, qui est le moins
pesant, à l'orme des champs, pris dans un bon terrein, on n'y trouvera point de différence pour la pesanteur : le pied cube de l'orme, lorsqu'il vient d'être
coupé, pèse jusqu'à 74 livres, & au bout de deux
ans, au moins 60 livres. L'orme n'étoit presque
point connu du tems de François I. ; ce n'est qu'en
1540 environ, qu'on a commencé à cultiver cet arbre ; mais c'est sous Louis XIV. qu'il a été multiplié
à l'infini. Depuis cette époque, ce bois a pris singu-

lièrement faveur pour toutes les plantations d'ornement ; il feroit très-convenable de le multiplier, pour
régénérer les taillis dégradés ou les parties en friche,
& parce qu'il eft d'ailleurs bon à bruler.

Art. 115. *Du Pin.*

Il y a bien des efpèces de pin. Le grand pin maritime (*pinus filveftris maritima*), porte des fleurs
mâles & femelles fur différentes branches d'un même
pied. Elles font formées de plufieurs écailles, fous
chacune defquelles il y a un noyau qui renferme une
amende douce, dite pignon, compofée de plufieurs
lobes. A mefure que l'amande fe forme, les petites
têtes produifent & forment ce qu'on appelle cône ou
pomme de pin. Les feuilles toujours vertes, font
longues, filamenteufes, & garnies à leur bord d'une
graine dont il fort tantôt 2 ou 3 feuilles, & jamais
plus ; les branches font en forme de candelabre. Cette
efpèce de pin donne un peu de réfine dans la Guyenne,
la Provence, les Pyrénées.

Le pin d'Ecoffe ou de Genève a 2 feuilles (*pinus
filveftris Genevenfis vulgaris*), M. Duhamel le
met au n°. 5, & dit que c'eft cette efpèce qui fe
trouve à Riga, & qu'il y a lieu de croire que c'eft
elle qui fournit les grandes mâtures.

Le pin du Canada ou de l'Amérique, ou du Lord
Weymouth, a 5 feuilles s'élève à une très-grande
hauteur; fon écorce unie & brillante, & d'un gris ar-
genté, reffemble à une étoffe de foie ; il aime les
terres fraîches & les lieux abrités des vents du fud-
oueft, & eft très-propre aux conftructions navales.

Le pin ne vient que de graine ; jamais il ne reproduit après avoir été coupé, parce que les racines
dont on peut faire du goudron & du charbon meurent.
Cet arbre croît dans tous les terreins, même dans
ceux de fables arides & dans les landes fablonneufes
ou fur des montagnes, où la roche fe montre de
toutes parts. Il a été cultivé avec fuccès dans l'Or-
léanois, dans les Sables de la Sologne & dans la

F Haute-Normandie, près de Rouen. La culture en eſt
fort ſimple & peu diſpendieuſe ; on sème le pin dans
des ſillons faits à la charrue, ainſi que les autres
graines ; mais il ne paroît ſur la ſuperficie de la
terre qu'après 3 ou 4 ans, enſuite il vient très-vîte. A
60 ou 80 ans les pins ſont dans toute leur force, comme les chênes à 150 ou 200 ans. On en fait à 5 ans des
échalas, à 20 ans du bois à brûler, après l'avoir écorcé & laiſſé ſécher deux ans pour ôter ſon odeur ; à 30
ans il fournit de la réſine. Le pin qui a été ſemé il y a
près de 30 ans ſur les rives de la forêt d'Orléans, a parfaitement réuſſi. Il faut 70 livres de pignons pour un
arpent. Après les avoir ſemés dans les ſillons labourés,
on les couvre avec la herſe. Les ſemis de pins qui ont
été faits en 1765 en Normandie par M. Rondeau,
Garde-Marteau de la Maîtriſe de Rouen, ont eu tout
le ſuccès poſſible ; ils furent ordonnés par M. Pecquet, Grand-Maître des Eaux & Forêts.

L'exploitation des pins eſt différente de celle de toutes les autres eſpèces d'arbres, attendu qu'il ne revient
pas ſur ſouche, & qu'il ne ſe multiplie lui-même que
de graine. C'eſt pourquoi, lorſqu'un bois eſt en
coupe, on choiſit çà & là les plus beaux arbres. On laiſſe
environ 50 arbres par arpent, & de préférence la
moitié ou le tiers des arbres qui ont le plus de
graine. Il eſt à ſouhaiter qu'on multiplie le pin en
France, ſur-tout en Languedoc, dans les plus mauvaiſes terres ; il vient auſſi dans le ſable, dans les
pierres, ſur les rochers, ſur la crête des montagnes les
plus élevées. Le ſuccès des plantations de M. le Comte
de Buffon, doit déterminer cette culture, qui n'eſt
point diſpendieuſe. Celles qu'il a faites en 1734 à ſa
terre, procurèrent en 1744 d'aſſez grands arbres
pour en eſpérer un jour du revenu.

Les pins ſont dans toute leur force à 70 & 80 ans ;
on peut en faire deux coupes contre une de chêne, &
on retire encore des futaies un petit revenu, par la réſine qu'on en obtient. Il eſt très-important de donner
ſon attention à cet arbre ; ſa culture exige peu de dé-

penſe , ainſi qu'on l'a vu art. 50. On prétend que ſes exhalaiſons balſamiques ſont très-ſalutaires , & purifient l'air.

Le pin eſt employé pour la mâture des vaiſſeaux , à doubler la carenne des bâtimens deſtinés à naviguer dans les mers, où les vaiſſeaux ſont ſujets à être attaqués des vers ; on borde les hautes œuvres mortes , ou une partie des ponts des vaiſſeaux avec des bordages des pins de France, de ceux de Pruſſe, ou qui viennent du nord. La mâture ſe tire de la Ruſſie ; celle de Lithuanie & de Courlande, dépendans de cet Empire, deſcend la Duna juſqu'au Port de Riga, qui eſt dans la mer Baltique. Les forêts de ſapin & de pin du Royaume de Caſſan , occupent environ 400 licues de long, à gauche du Volga, en deſcendant ce fleuve ; & ce qui eſt de ſingulier, c'eſt qu'à droite ſont les forêts peuplées en chêne, où la Ruſſie prend les bois pour les conſtructions navales : le Volga ſe jette dans la mer Caſpienne. Les pins pour la mâture doivent avoir les qualités ſuivantes. 1°. Le bois du pin ne doit pas être blanc : cette couleur indique qu'il eſt plus réſineux. Il doit être d'un jaune clair. 2°. Le grain doit être fin & ſerré , le bois le plus peſant eſt le plus eſtimé. 3°. Les cercles concentriques du corps de l'arbre ne doivent pas être trop épais ; il doit s'en trouver alternativement un d'un jaune brillant & fort chargé de réſine. 4°. Lorſqu'il eſt dépouillé de ſon écorce , il doit ſuinter de toutes parts une réſine de bonne odeur, ſi on la laiſſe expoſée au ſoleil. 5°. S'il eſt d'un rouge obſcur , & ſi la réſine eſt noirâtre, il eſt menacé d'une pourriture prochaine. 6°. Le pin doit avoir acquis un certain âge avant d'être à ſa perfection, les jeunes ont trop d'aubier. 7°. La couleur du bois doit être uniforme. Celui dont l'aire de la coupe fait voir des marbrures ou variétés de couleur, n'eſt pas bon pour les ouvrages de conſéquence. 8°. Il ne doit avoir ni roulures, ni gélivures , ni un trop grand nombre de nœuds ; il faut faire attention s'il n'eſt pas carié. Pour maſquer la

caric , les Marchands rapportent un nœud bien fain ,
collé avec de la réfine chaude , ce qui eft difficile à
découvrir. Pour juger fi la qualité de cet arbre eft
bonne dans toute fa longueur , il faut en vifiter foi-
gneufement les extrémirés. On renvoie à l'art. 143 ,
qui traite de la réfine.

Art. 116. *Du Cédre du Liban.*

Le cédre a été très-vanté par les anciens. L'efpèce
de cédre du liban , ou mélifle du levant , à gros fruit
rond & obtus (*larix orientalis fructus rotondiore
obtufo*). Cet arbre de figure piramidale , fe trouve
en France ; mais il n'y eft pas commun. Comme il
reffemble au pin , & qu'on peut le cultiver dans
tous les climats & mêmé dans les terreins pierreux
& arides , il faut le préférer. Le cédre porte fur le
même pied des fleurs mâles & femelles , auxquelles
fuccèdent après 10 ans de plantation , des fruits en
forme de pomme de pin , qui renferment des noyaux
anguleux , dans chacun defquels il y a une femence
oblongue. Les feuilles qui font toujours vertes ,
reffemblent à celles du genèvrier. M. Trew en a
fait la defcription d'après ceux plantés en Angleterre
dans le jardin de Chelféa , à peu de diftance de Londres. Ces cédres font de l'efpèce de ceux du Liban ;
ils ont été femés avec des cônes de cédre , tranfportés
du Mont-Liban , vers la fin du fiècle paffé. En 1755
ils avoient 80 pieds de hauteur ; on en voit qui ont
jufqu'à 135 pieds. Le bois de cédre eft léger , rougeâtre ; il découle naturellement dans l'été une réfine
qui devient dure ; on fait de cet arbre de belles charpentes , qui font prefqu'incorruptibles ; on le prétend
fupérieur à tous les bois de conftruction. Lors de la
découverte de l'Amérique , les Efpagnols l'employèrent à l'Architecture navale. Pline dit qu'il a vu un
mât de 130 pieds de long , fur plus de 5 pieds de
diamètre. Il eft fâcheux qu'on n'ait pas cultivé cet
arbre de préférence , lorfque la fureur des peupliers
d'Italie s'eft montrée. On reproche avec juftice aux

Européens d'avoir négligé de planter un bois qui auroit fait l'ornement des forêts , des parcs , & qui
peut donner du produit en peu de tems. Lawerence ,
savant Anglois , dit qu'il croît sur les plus hautes
montagnes & avec la plus grande facilité , aussi bien
que dans les endroits bas & marécageux ; il croît à
l'Amérique , à l'Isle de Cuba , à Campêche , dans
les Isles Françoises de l'Amérique : on l'appelle acajou.
Le cédre est très-propre aux constructions navales ; les
Espagnols en font usage ; les courbes verticales du
vaisseau Espagnol la Princesse , qui est en Angleterre ,
sont de bois de cédre , & d'un très-gros échantillon.

L'oxcédre est le petit cédre. Il croît en Italie , en
Espagne , en Languedoc & en Provence : cet arbre
n'est point utile à la Marine.

Art. 117. *Du Sapin.*

Le sapin blanc (*abies taxi folio fructu sursum
spectante*) a feuilles d'if , dont la pointe du fruit
est tournée vers le Ciel , ou sapin ordinaire , improprement dit sapin femelle. C'est cette espèce qu'il
faut cultiver. Ce sapin devient très-haut & très-droit ;
il est moins résineux que le pin ; il porte sur le même
arbre des fleurs mâles & femelles. Les fruits paroissent à d'autres endroits sous la forme d'un cône
écailleux. Lors de la maturité , on trouve sous chaque écaille deux semences ovales , quelquefois an-
guleuses. Cet arbre vient seulement de graine ; ce
n'est qu'au bout de 5 à 6 ans qu'on commence à
le distinguer de l'herbe. Il vient dans toutes sortes de terreins , excepté dans celui de craie & de
sable vif ; il se plaît aussi dans les pays froids , sur
le penchant & la crête des montagnes qui sont au
nord. On ne peut transplanter cet arbre qu'en pot ou
en mannequins. Pour avoir de la graine des cônes , on
les met à la rosée & à la grande ardeur du soleil , ou
au four , à une chaleur très-modérée. Si l'on fait
des plantations dans des terres labourées , il faut auparavant ces plantations herser la terre , ensuite on
met

met la graine & l'on herfe une feconde fois. On sème
un litron de graine avec fept litrons d'avoine ; il faut
y laiffer l'herbe , & garantir les plantations de la
fréquentation des beftiaux. On tranfplante le plant
en pot ou en mannequin en Avril ou en Mai pour
former des avenues. Il ne faut pas l'enfoncer ni ôter
les branches ; cet arbre s'élague de lui-même : cependant fi les petites ramilles ne tomboient pas , on peut
les rompre , pour éviter qu'elles ne deviennent trop
groffes. On a vu des fapins tranfplantés , ayant deux
pieds de hauteur, qui , au bout de 24 ans, avoient
40 pieds & 11 pouces de diamètre. Le bois de fapin
eft bon pour le dedans d'un vaiffeau ; on en fait des
aménagemens , des planches de ponts & des bordages
au - deffus des fabords : on tire de ce bois la térébenthine. On doit auffi fe livrer à la culture du fapin ,
qui réuffit dans des terres médiocres. M. Homberg ,
de l'Académie des Sciences , en 1707, rapporte qu'un
affez grand pays de la Marche de Brandebourg, qui
étoit demeuré inculte pendant les guerres de Suède ,
s'étoit couvert de grands fapins , & qu'on a eu beaucoup de peine à les défricher.

Art. 118. *Du Châtaignier , du Noyer , du Tilleul & du Platane.*

Le châtaignier (*caftanea*) qui tient le premier
rang après le chêne, a été employé anciennement
pour les plus grandes charpentes de bâtimens civils.
Aucun Auteur ne rapporte qu'on l'ait mis en œuvre
pour les conftructions navales , quoiqu'on fe foit fervi
de plufieurs efpèces de bois de qualité inférieure. Les
hautes futaies de châtaigniers en France, ont prefque
toutes été détruites en 1709, par une très-forte gelée qui
furvint fubitement après des pluies continuelles. Voilà
pourquoi on ne trouve que rarement des arbres affez
gros pour les grandes charpentes. Le châtaignier eft
perdu pour les bâtimens civils, attendu qu'il eft plus
avantageux de le couper à 9 , 10, 11 & 12 ans. L'arpent fe vend jufqu'à 500 liv. aux environs de la

Capitale, & en proportion dans les Provinces Le bois de châtaignier n'eſt utile à la Marine que pour le mairrain à futaille & à barrique. Depuis l'âge de 9 ans juſqu'à 12 ; on en fait des cerceaux qui ſont très-bons. On peut en faire des corps de pompes, ſi l'on trouve des arbres aſſez gros ; il eſt préférable à l'orme pour cet uſage, & il ſe conſerve mieux dans l'eau, à ce qu'on prétend.

Le tilleul eſt très-commun ; le bois en eſt blanc & léger ; il eſt tendre & liant ; le meilleur eſt celui qui eſt à petites feuilles ; (*tilia fæmina folio minore*) il devient très-gros ; il eſt préféré par les Sculpteurs ; il eſt employé pour les figures de l'avant des vaiſſeaux.

Le noyer ordinaire (*nux jugulans ſive regia vulgaris*), eſt aſſez connu ; ſon bois eſt liant & doux. M. Duhamel dit qu'il fournit à la Marine des gourvernails. L'aubier du noyer eſt ſujet aux vers ; mais on l'en garantit en le trempant dans une eau de noix bouillante ; le cœur eſt de très-longue durée : ce bois n'eſt point ſujet à ſe gerſer ni à ſe tourmenter, & il ſe conſerve très-long-tems dans l'eau.

Le platane qui a été ſi vanté dans l'antiquité, n'eſt point commun en France ; il y en a de deux eſpèces : ſavoir celui du levant & celui de l'occident ; les autres ne ſont que des variétés de ces deux-là. Le platane d'orient a l'écorce blanchâtre ; celui d'occident ou de la Virginie, ou de la Louiſiane, eſt le même ; il doit être préféré à cauſe de ſa qualité. Son bois eſt jaunâtre, uni, dur & ſans fil, très-peſant quand il eſt verd ; mais il perd beaucoup de ſon poids en ſéchant. On prétend que ſon eſſence tient le milieu entre le chêne & le hêtre. Le platane vient par-tout ; mais il ſe plaît davantage dans les terres meubles & douces, quoique mêlées de ſables & de pierrailles ; il vient auſſi très-bien le long des canaux & des ruiſſeaux où il n'y a point trop d'humidité. Cet arbre ſe multiplie de graine, de bouture & de branches couchées ; il a l'écorce fine & fort verte ; ſes feuilles font fermes, larges, découpées en cinq parties à peu près comme la vigne; elles font rarement endommagées des infectes; elles exhalent une odeur balfamique, & confervent leur verdure jufqu'aux premières gelées. Le platane parvient à une hauteur & une groffeur prodigieufes; il n'a point de branches à fa bafe; mais il forme une tête très-touffue. Ses branches font un peu courbées à l'endroit de leur infertion fur la tige. L'écorce des jeunes branches ou bourgeons eft d'un bleu purpurin. M. Duhamel dit que le platane fe dépouille de fon écorce, & qu'elle fe détache de l'arbre par grandes pelottes larges comme la main, & d'un quart de ligne d'épaiffeur. Pline rapporte qu'on a fait des canots du bois de platane; Riccioli affure que les Turcs l'emploient aux conftructions navales. Il eft à fouhaiter qu'on multiplie de préférence aux peupliers d'Italie cette efpèce de platane dans les terres où le chêne, le hêtre & le cèdre ne viennent pas bien. Il faut mettre cet arbre en avenues & en quinconces; fon accroiffement eft très-prompt. M. de Buffon en a planté à fa terre en 1749, fur une monticule, dans un terrein fec, léger, & d'une profondeur médiocre. Au bout de 12 ans ils avoient environ 40 pieds de haut & 30 pouces de tour. On connoit deux variétés de platane d'occident, qui ne font point à préférer.

Art. 119. *De la confervation des Bois de Marine.*

On n'eft point d'accord fur la vraie manière de conferver les bois équarris, foit dans l'eau ou fur la terre. Les Italiens & les Hollandois les laiffent féjourner très-long-tems dans l'eau. Il eft poffible que ces derniers prennent ce parti, faute d'emplacement. On affure qu'il y a encore à Breft des bois dans la mer qui y ont été dépofés très-anciennement.

Quoiqu'il foit sûr que les bois qui féjournent dans les eaux douces & falées, y acquièrent de la dureté, on prétend cependant que les bois qu'on retire de la mer pour les employer n'ont point acquis de qualité, & qu'on les trouve dans le même état qu'on les y avoit mis. Il faudroit de longues expériences pour s'affurer de la vérité à cet égard.

On convient en général que les bois dépofés dans la mer ne s'y gâtent point ; mais il eft très - difficile d'en faire ufage lorfqu'on en a befoin , par les obftacles qui fe préfentent pour les retirer, & pour choifir les pièces néceffaires. Ces inconvéniens font compenfés , fi l'on confidére qu'il n'y a que très-peu de frais à faire , & que le dépôt dans l'eau n'occupe point un terrein confidérable , tels que foient les approvifionnemens.

On peut objecter que le bois qui a féjourné long-tems dans l'eau ne peut être employé qu'après avoir été reffuyé un certain tems fur terre & à couvert, & que fi l'on eft preffé , cela retarde les conftructions. Si l'on peut parvenir à couvrir les formes qui font dans nos Ports de conftructions , on fera difpenfé d'y faire reffuyer long-tems les bois , parce qu'en les travaillant à l'abri des injures du tems & du foleil, ils ne pourroient fe gerfer ni fe fendre , & qu'ils y acquerroient le dégré convenable de fécherefle. On ajoute encore que le bois retiré de la mer ne peut être employé que pour le fond du vaiffeau, par la raifon que quand il y a féjourné long-tems , il eft fujet à fe décompofer à l'air, & qu'il fe pourrit très-promptement. Si cela eft , pourquoi les Anglois & les Hollandois qui font très-recherchés fur les conftructions, n'emploient-ils que des bois qui ont féjourné dans la mer ?

Les hangars font très - difpendieux & demandent beaucoup de place. Si l'on a foin d'empiler les bois de manière qu'ils ne fe touchent point en totalité,& que l'air puiffe circuler de tous les côtés,ils s'y confervent parfaitement. En prenant ce parti , il faut avoir l'attention de les ranger par qualités & échantillons. Lorfque les bois font fans défauts intérieurs, ils n'éprouvent point d'altération fous les hangars ; mais s'il s'y en trouve , alors le bois fe confomme : cela indique qu'il doit être rebuté & employé pour les bâtimens civils. On ne doit pas être fâché d'appercevoir qu'un bois qui avoit de la disposition à se gâter, auroit été employé si il eût été laissé dans l'eau.

Le bois conservé à l'air faute de hangars, est sujet à se gâter, & même à perdre de sa qualité par l'humidité & la sécheresse qui varient suivant les tems. Les circonstances peuvent déterminer à laisser le bois à découvert, lorsqu'il ne doit rester que peu de tems pour être chargé sur des bâtimens de transport, ou faute d'emplacements couverts. Dans l'un & l'autre cas le bois dépérit, sur-tout s'il est déposé dans des endroits aquatiques & fangeux. Les terreins humides sont très-nuisibles, quand même on auroit l'attention de mettre des chantiers pour élever les bois à cause des exhalaisons de la terre, qui donnent beaucoup d'humidité, cela étant ajouté aux injures du tems & à l'ardeur du soleil, il est certain que le bois ne peut que perdre considérablement de sa qualité. Pour remédier à ces inconvéniens, il seroit peut-être possible de prendre des précautions qui mettroient le bois à l'abri momentanément ; il s'agiroit de destiner un emplacement soit sur les bords de la mer ou à portée, qui seroit couvert de galets : dans le cas où il ne s'en trouveroit point, on feroit ôter 4 pieds de terre pour les remplir de pierres, & pour élever le terrein, à l'effet de donner de la pente. Cette opération faite, lorsque les bois y seroient empilés à une hauteur commode, de façon que les dernières rangées fussent en saillies, on couvriroit les bois avec des rebuts de chantiers, soit en gros bois ou en mauvaises planches goudronnées, ou avec de vieilles voiles, soutenues par des claies qui pourroient être employées pour garantir les 4 côtés, ou ceux exposés au couchant & au midi. Les petites dépenses qu'occasionneroient ces hangars, seroient bien compensées par la conservation des bois ; si l'on fait réflexion à la rareté des bois propres à la Marine & au prix auquel ils reviennent dans les Ports de construction,

on fentira qu'on ne peut apporter trop d'attention
pour les conferver.

ART. 120. *Des Bois employés dans l'antiquité aux conftructions navales.*

Le bois de chêne eft celui dont on s'eft fervi plus
communément pour la conftruction des bâtimens de
mer : on ne peut point abfolument s'en paffer ; il eft
à préférer à tous les autres, parce qu'il eft plus dur,
& qu'il réfifte davantage aux intempéries : d'ailleurs
il eft très-commun, quoiqu'il foit long-tems à croître. Différens bois ont été employés anciennement
à la conftruction des vaiffeaux. *Vitruve*, célèbre Ar-
chitecte des Affyriens , préféroit le cyprès , parce
qu'il duroit plus long-tems. Le pin a été auffi employé. Virgile nomme les vaiffeaux qui en étoient
conftruits , *Nautica Pinus.* Les Phéniciens fe fer-
voient du cédre , qui étoit commun. Appollinus
nous apprend que la quille du navire d'Argos étoit
de hêtre, tiré de la forêt Dodonienne. *Théophrafte*
dit qu'on faifoit les côtés du vaiffeau avec de l'é-
pine noire. On rapporte que le navire de l'Empereur
Trajan, qui étoit de pin & de cyprès , refta 1300
ans fous l'eau, au lac de Nemorance, fans fe gâter.

Il y a encore d'autres bois qui fe confervent bien ,
tels que l'ébene , le buis, l'if , le genèvrier & l'oli-
vier. Pline dit que le larix réfifte le plus à la pourriture
& au feu. On trouve ce bois fur les rives du Pô & de
la Mer Adriatique. Toutes ces efpèces de bois durs
ont été mifes en ufage pour l'ornement & le dedans
des vaiffeaux.

L'Architecture navale eft fort ancienne ; l'origine en
eft inconnue : elle a employé toutes fortes de moyens.
On fait qu'on a commencé à naviguer fur des radeaux
faits avec des poutres jointes enfemble & couvertes
de planches , que des animaux traînoient le long
des rivages. Les Latins les appelloient *Rates.* On a
imaginé enfuite des radeaux fans bois ni planches ,
formés avec des veffies enflées, des outres, des bal-

lons & des peaux coufues & remplies d'air. Anni-
bal fit paffer le Rhône à fon Armée fur des outres, &
Alexandre le fleuve d'Oxus & le Tanaïs dans le même
tems. On en a fait d'ozier, couvert de peaux de
bœufs, qui ont été long-tems en ufage parmi les
habitans de la Grande-Bretagne ; on en a fait de joncs.
L'idée des barques a fuivi. Ifaïe parle de certains Am-
baffadeurs qui naviguoient avec des barques de joncs.
Les Egyptiens en faifoient de papier, efpèce de rofeau
qui vient fur les bords du Nil. *Juvenal* dit que pour
leur donner plus de folidité, on les couvrit de terre
cuite, ce qui fit imaginer à un Marin d'en faire de
tronc d'arbre. Les Grecs adoptèrent ces derniers,
qu'ils appellèrent *Monoxillos*. Les Ethiopiens en
firent de cannes, pour éviter la peine de creufer
les arbres. Lorfque Grijavala entra dans la rivière de
Tabafco, les Indiens vinrent le trouver dans des canots faits d'un feul arbre, qui contenoient 20 hommes. Pline dit que les Pirates d'Allemagne s'en fer-
voient, & qu'on en a vu fur la Mer Rouge faits
d'un écaille de tortue, qui couvroit une maifon entière. Raveneau de Luffan dit que d'un feul tronc de
mapou & d'acajou (arbres tendres & aifés à travailler),
on a fait des canots qui tenoient 80 hommes. *Daviti*
affure qu'au Royaume de Congo on voit des vaiffeaux
de guerre d'un feul arbre, qu'on nomme *Lincondos*,
qui tiennent 200 hommes. Les piroques des Indiens
font des canots formés comme les monoxillos des
Grecs. Les habitans de l'Inde & de l'Ethiopie en ont
fait de planches fans clous ni fer.

Les anciens ont eu des armées navales ; on ne dit
pas toujours de quel bois leurs bâtimens étoient conftruits. Ofiris, Roi d'Egypte, équipa une flote pour la
conquête des Indes. Séfoftris fon fucceffeur, 1491
avant J. C., en eut une de 45 voiles. Sémiramis,
en l'an du monde 2589, fit conftruire 3000 galères
contre les Indiens, qui avoient 4000 barques faites
de cannes. En 3524, Xerxès, Roi des Perfes, voulant fubjuguer les Grecs, arma une nombreufe flotte.

H 4

Les Romains pour la première fois, firent conſtruire 160 galères ; ils livrèrent combat aux Carthagiens en 494, de la fondation de Rome ; enſuite ils en eurent 330 contre les Carthaginois, qui en avoient 350. A la bataille d'Actium, la flotte d'Antoine étoit de 800 voiles, & celle d'Auguſte, contre lequel il combattoit, étoit ſeulement de 400.

Les galères étoient les vaiſſeaux des anciens. *Philopator* en fit conſtruire une de 600 pieds de long, & de 85 pieds de large, où étoit un ſuperbe palais conſtruit en bois de cédre, que 1000 Rameurs faiſoient voguer. Celle d'Hieron fut encore plus conſidérable. Denis de Siracuſe en fit faire une qui tenoit 6000 perſonnes. Celle de Caligula étoit de bois de cédre, la poupe d'yvoire enrichie de pierreries.

Les Indiens, les Nègres de Guinée, font des canots de tronc d'arbres. Les Sauvages de la Terre-de-Feu en conſtruiſent d'écorce d'arbre qui ſont portatifs. Ceux du Détroit de David ſont en forme de navette ; ils ſont conſtruits avec des baguettes de bois pliant, en forme de claie, & couverts de peau de chien marin.

Voilà à peu près tout ce qu'on ſait des conſtructions anciennes, où ſûrement le bois de chéne a été employé.

ART. 121. *Des Bois blancs, des blancs Bois & des morts-Bois.*

ON comprend ſous le nom générique de bois blanc, les arbres qui ont le bois blanc, ou ſeulement l'écorce, ſoit qu'ils ſoient durs, tendres ou de médiocre qualité. Bien des gens ne donnent ce nom qu'à de mauvaiſes eſpèces ; c'eſt ce qui nous a engagé d'entrer dans le détail ſuivant. Les bois blancs durs ſont le châtaignier, le hêtre, le frêne, le noyer. Les bois blancs tendres ſont le pin, le ſapin & le cédre. Le tilleul eſt très-tendre. Les blancs bois, tels que le bouleau, le tremble, le peuplier noir & blanc, ont l'écorce blanche ; ce qui peut leur avoir

Fait donner le nom de blancs bois. Saint-Yon, pages 375-376, y comprend l'érable & le charme, qui sont durs & caslans, & les arbres produisant ce qui vaut & ce qui mérite d'être appellé fruit. Cet Auteur dit encore à l'article 12, titre 6 du livre 2, que les bois non portant fruits, autrement dits bois blancs, sont regardés en Lorraine comme morts-bois.

Les morts-bois que l'article 5 du titre 25 de l'Ordonnance de 1669 rappelle d'après la chartre-normande de Louis X, dit Huttin de 1315, sont au nombre de neuf dans l'ordre suivant.

1°. *Le saulx* ou saule (*salix*) ne porte point de fruit, & a la feuille velue.

2°. Une autre espèce appellée *marsault* ou marceau, n°. 22, a les feuilles rondes & argentées ; il y a encore différentes espèces de marsault, petit saule rampant.

3°. L'épine (*mespilus apii folio silvestris spinosa sive oxyaccanta*). Ce mot doit renfermer toutes les espèces d'épines qui se trouvent dans les bois : il y en a à fruit rouge.

4°. *Puisnes* ne se trouve point dans la liste des arbustes.

5°. *Seur idem.* On croit qu'on a voulu dire le petit sureau (*sambucus humilis*) ; la fleur est blanche par pelotons, & très-odorante.

6°. *L'aune* ou verne, ou vergue (*alnus latifolia glatinosa viridis*), porte des fleurs mâles & femelles, ses fruits écailleux, sont semblables à de petites pommes, & renferment une semence plate. Ce bois depuis long-tems est devenu très-utile : on en fait des sabots ; les Boulangers, les Pâtissiers & les Verriers le préfèrent pour chauffer le four. Les perches servent aux Blanchisseuses ; on en fait des échelles très-légères, quoique très-grandes. Les Teinturiers & les Chapeliers en emploient l'écorce pour teindre en noir. Lorsque l'aune est très-gros on en fait des corps de pompes & des

tuyaux ou conduits fous terre ou dans l'eau , qui durent à l'infini , lorfque l'eau ne manque pas de féjourner dedans. Il feroit peut-être poffible de fe fervir de
ce bois pour les pompes des vaiffeaux. Il fuffiroit pour
les faire durer long-tems , de les garnir de frettes de
fer & de les imbiber le plus fouvent poffible. Si l'on
peut employer ce bois pour cet ufage , il en réful-
tera de l'économie & de l'avantage de fon poids ,
qui n'eft guère que du quart des bois durs.

Cet arbre, à caufe de fes différens ufages, devroit
fortir de la claffe des morts-bois ; il eft devenu fi
utile , qu'on en fait des plantations affez grandes ,
qu'on nomme *aunais* Elles produifent à 8 & 9 ans
fouvent plus que des bois durs âgés de 20 ans.

Il y a encore l'*aune noir* (*frangula*), qu'il ne faut
pas confondre avec le verne ; c'eft le bourgène ou
bourdaine qui n'eft point un mort-bois ; c'eft un
grand arbriffeau dont les tiges font unies. L'écorce
eft brune à l'extérieur , & jaunâtre à l'intérieur. Le
bois eft blanc & tendre. On trouve ordinairement le
bourdaine fous les grands arbres dans les forêts fituées
dans un fond aquatique. Le charbon de ce bois eft
très-léger ; il entre dans la compofition de la poudre
à canon.

7°. *Genefts* (*cytifo genifta*) , genêt commun ou
genêt balais. Son fruit eft cylindrique; il y en a de
bien d'autres efpèces. Si c'eft le genêt épineux, dont
l'Ordonnance parle, on le nomme *genifta fpartium* ,
qu'il ne faut pas confondre avec le fparte (*fpartum*) ,
plante graminée des Royaumes de Valence & de Mur-
cie , & dont on fait des paillaffons & des nattes , &
même des cordes pour toutes fortes d'ufages.

8°. *Les genèvres.* On ne trouve point ce nom d'arbufte. Il y a lieu de croire que c'eft le genèvrier
(*juniperus minor*) , n°. 3. de montagnes , qui a
les feuilles larges & le fruit alongé.

9°. *La ronce* (*rubus*). Il y a lieu de croire que
c'eft la petite ronce n°. 9. qui fe tient droite , qui a
trois feuilles & des épines comme le rofier , qui porte

un fruit qui tient de la fraife : au furplus toutes les efpèces de ronces font partie du mort-bois.

Saint-Yon, article 10 du titre 6, rapporte qu'en la Coutume de Nivernois, article 20, le mort-bois eft tenu & réputé pour bois non portant fruit.

TITRE XII.

De l'arpentage, Du toifé, & Du tranfport des Bois.

Art. 122. *De l'arpentage des Bois.*

Quoiqu'il y ait eu très-anciennement des Arpenteurs, ce n'eft que depuis l'Ordonnance de 1669 qu'ils ont été réellement en fonctions dans les forêts, & qu'on a commencé à régler les bois & à les diftribuer en coupes annuelles. Le but de l'arpentage a été de connoître la fuperficie des forêts, de mettre un ordre dans les revenus, & d'empêcher d'exploiter en jardinant ; c'eft-à-dire çà & là, ce qui s'eft pratiqué avant l'Ordonnance de 1669, & même encore quelque tems après. Les défordres qui ont régné dans les bois avant cette loi, font encore fenfibles ; & fi l'on ne trouve que très-peu de bois parfaits & de forts échantillons pour la Marine, on ne peut en attribuer la caufe qu'aux défordres de plufieurs fiècles, puifqu'il faut 2 & 300 ans pour former des arbres de Marine, des plus fortes dimenfions.

M. de Réaumur & ceux qui ont écrit depuis 1721 fur les bois, ayant négligé de chercher l'origine du mal, n'ont point dit qu'en exploitant fans ordre, il arrive que les voitures en traverfant les taillis & les futaies de différens âges, les endommage & leur caufe le plus grand préjudice. Le principe de la dévaftation des forêts vient donc des charrois, par la néceffité de paffer indiftinctement au travers des bois de

différens âges. 1°. Parce que les taillis qui ont été
gâtés par les voitures, par le trépignement des chevaux & l'abroutiffement des bœufs, n'ont pu procurer de beaux baliveaux ; 2°. parce que les futaies
elles-mêmes ont beaucoup fouffert par le froiffement
des voitures. Tel eft en partie l'origine des vices
qu'on trouve aux plus anciens arbres, à la hauteur
de 6 & 9 pieds, lorfque l'écorce s'eft détachée du
tronc. On ne s'étendra pas davantage fur le dépériffement du bois ; on fe contente de renvoyer à
l'art. 152.

Quoiqu'il y ait deux Arpenteurs attachés à chaque
Maîtrife, il n'eft pas moins néceffaire que les Officiers des Eaux & Forêts aient une idée de l'arpentage. On va donner à cet effet des principes généraux.

On peut mefurer les bois géométriquement de deux
manières ; mais on confeille de s'en tenir à la plus ancienne ; c'eft celle qu'on exécute par le développement,
c'eft-à-dire par la mefure des furfaces réelles, planes
ou inclinées. L'autre connue fous le nom de cultellation, confifte à réduire & à rapporter les angles
& les furfaces au plan de l'horifon : on ne confeille pas
d'opérer de cette façon.

ART. 123. *Du mefurage par le développement.*

POUR parvenir à mefurer les bois, il faut parfaitement calculer & entendre au moins les premiers
élémens de la Géométrie. Il eft néceffaire de commencer par la théorie avant de paffer à la pratique :
l'une & l'autre doivent fe fuivre. Il y a beaucoup de
mauvais Praticiens qui feroient bons, s'ils avoient
étudié la Géométrie.

L'Arpentage ou la Géodéfie eft l'art de mefurer
les fuperficies planes, ce qu'on appelle développement. Cet art eft très-ancien ; on croit qu'il a
donné naiffance à la Géométrie, dont il fait partie. Le graphomètre, la planchette, la bouffole, la
croix ou bâton d'Arpenteur, font les inftrumens qui
fervent à prendre les points néceffaires pour parve-

tir à connoître la fuperficie d'un bois. On emploie les
jallons & la chaîne pour mefurer enfuite les lignes li-
mitées par des points trouvés, même à des diftances
inacceffibles. Lorfqu'on s'eft affuré avec les inftrumens des points & des angles néceffaires, on les
rapporte fur le papier où l'on deffine une figure qui
doit repréfenter exactement celle du terrein fur lequel on opère. Enfuite, pour connoître la mefure
on la divife fur le papier par le moyen du compas
ou du rapporteur, en triangles, en quarrés ou trapèzes, les plus régulières poffibles, pour éviter les
fractions. L'addition ou le réfultat de toutes les figures, donne l'arpentage exact. Les parties rondes ou
ceintrées d'un bois, donnent plus de peine que les
triangles, les quarrés & les trapèzes : on indiquera ce
qu'il faut faire pour trouver la fuperficie d'une portion de cercle quelconque. S'il fe préfente des empêche-
mens pour mefurer le terrein, tels que des eaux,
des foffés ou cavités impraticables pour les gens de
pied, alors on fait des emprunts, c'eft-à-dire, qu'on
prend des points commodes en dehors des empêche-
mens. On rapporte fur le papier les emprunts que
l'on défigne par des lignes ponctuées, pour fe reffou-
venir qu'ils doivent être déduits du réfultat de l'arpentage. Pour donner une idée de la mefure des furfaces, on va tracer des figures qui repréfenteront des
bois. La première eft un bois triangulaire, terminé
par les lettres (a b c). Le côté (a b) eft de 24
toifes, & celui (a c) eft de 12 toifes. Pour en avoir
la fuperficie, on multiplie 12 par 24, ce qui donne
288 toifes, dont il faut ôter la moitié, attendu qu'un
triangle eft la moitié d'un quarré, ainfi qu'on le verra
à la figure 2. Refte donc 144 toifes pour ce bois
triangulaire.

Si le triangle n'eft point rectangle, comme la
figure première *bis*, c'eft-à-dire, qu'il n'y ait point
un côté perpendiculaire fur l'autre, il faut élever
une perpendiculaite fur la ligne (A B), qui fera commune aux deux triangles [x & z], dont il faut trou-

ver la fuperficie. Pour y parvenir , multipliez (A D)
par la moitié de la perpendiculaire (D O) , vous
aurez . . . . 36 toifes.
Enfuite , multipliez (D B) par la moitié
de la perpendiculaire (D O) , vous aurez   18

____

                                          54

On peut aufli d'un feul calcul multiplier ce triangle , en prenant la moitié de la perpendiculaire , & on
trouvera toujours 54 toifes.

Si le triangle eft incliné comme dans la figure première ter, il faut prolonger fa bafe (a b jufqu'en (c) ,
pour y abbaifler la perpendiculaire (d c), & vous mul-
tiplierez cette bafe [A B] par la moitié de la perpendiculaire, comme dans les deux autres triangles précédens.

La figure 2. (a b c d) eft un quarré-long , ce qui
revient à deux triangles ; elle repréfente un bois dont
on a la fuperficie , en multipliant les deux côtés 24
& 12 , le produit 288 toifes eft la mefure de ce bois.

La figure 3 eft un trapèze (a b c d) , qui a 4 côtés
inégaux , dont il y en a deux parallèles. On en a
la fuperficie , en additionnant les deux côtés parallèles [a c] de 12 toifes , & [b d], de 24 toifes , & on
multiplie la fomme 36 par la moitié de la perpendiculaire , qui eft de 24 , c'eft-à-dire par 12 ; le produit
432 toifes eft la fuperficie du bois. On fait cette
opération pour le trapèze , parce que fa fuperficie
eft toujours égale à celle d'un triangle qui auroit pour
bafe une ligne égale à fes deux côtés parallèles , &
pour hauteur perpendiculaire, celle même de ce trapèze.

La figure 4 eft un trapézoide [a b c d], dont aucun des quatre côtés ne font ni égaux ni parallèles.
Pour en avoir la mefure , on divife cette figure en 2
triangles , dont on cherche la fuperficie : ainfi , re-
gardant la ligne ponctuée [c d] qui divife la figure
comme la bafe commune de l'un & de l'autre triangles , on multiplie cette bafe 28 par la moitié de la
perpendiculaire 24 , qui eft 12 , & l'on a 336 pour
le triangle A : multipliant la même bafe 28 par 4 ,

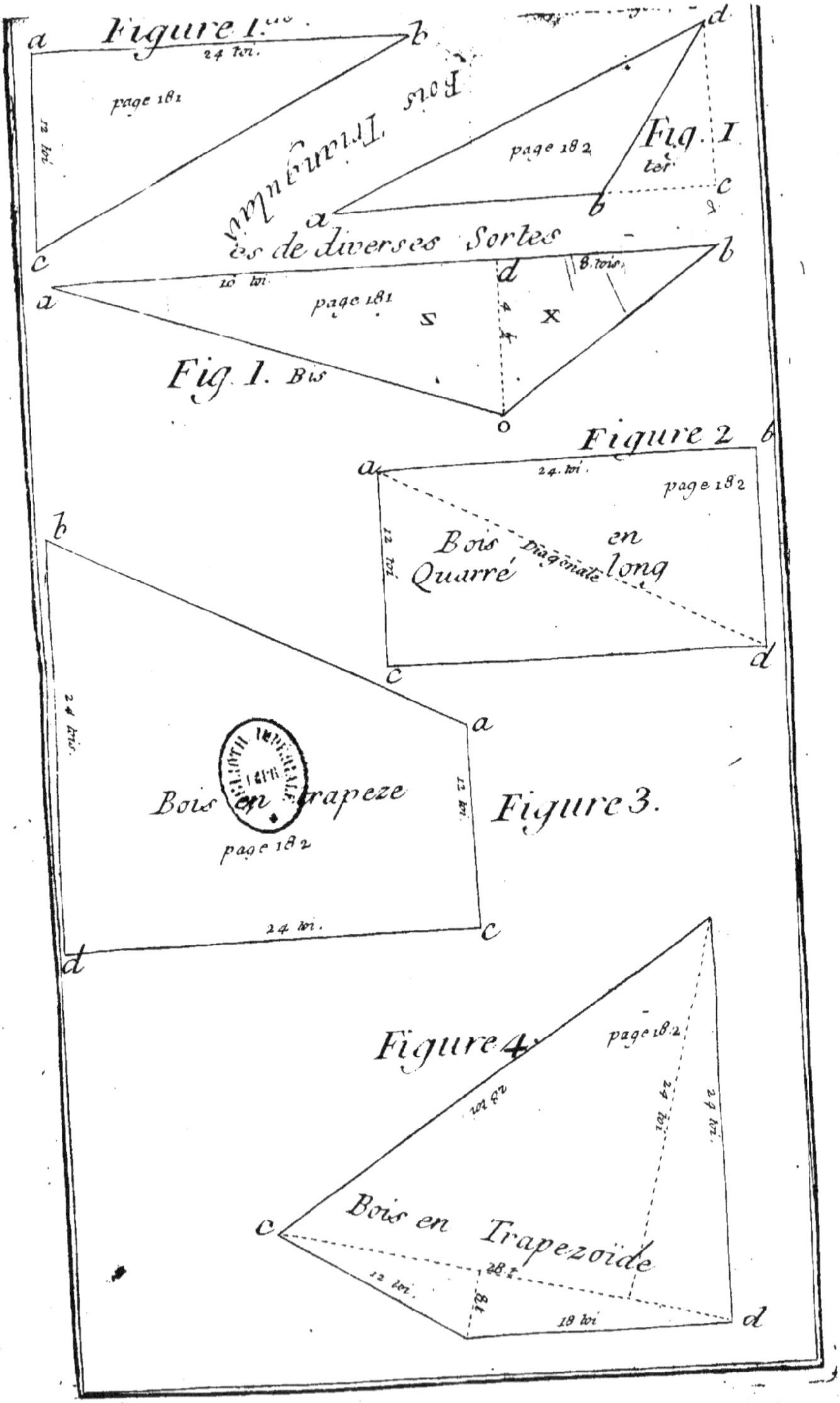

Figure 1.re

24 toi.

page 181

a   b

c

12 toi

Bois Triangulaires de diverses Sortes

page 182

Fig. 1 ter

a   b   c   d

10 toi

page 181

Fig. 1. Bis

d   b

a   8. tois

o

Figure 2   b

24. toi.

page 182

a

12 toi

Bois en Quarré   Diagonale   en long

c   d

Figure 3.

b

24 toi

Bois en Trapeze

page 182

a

12 toi

24 toi

c

d

Figure 4   page 182

25 toi

24 toi

29 toi

Bois en Trapezoide

c

12 toi

28 t

8 t

18 toi

d

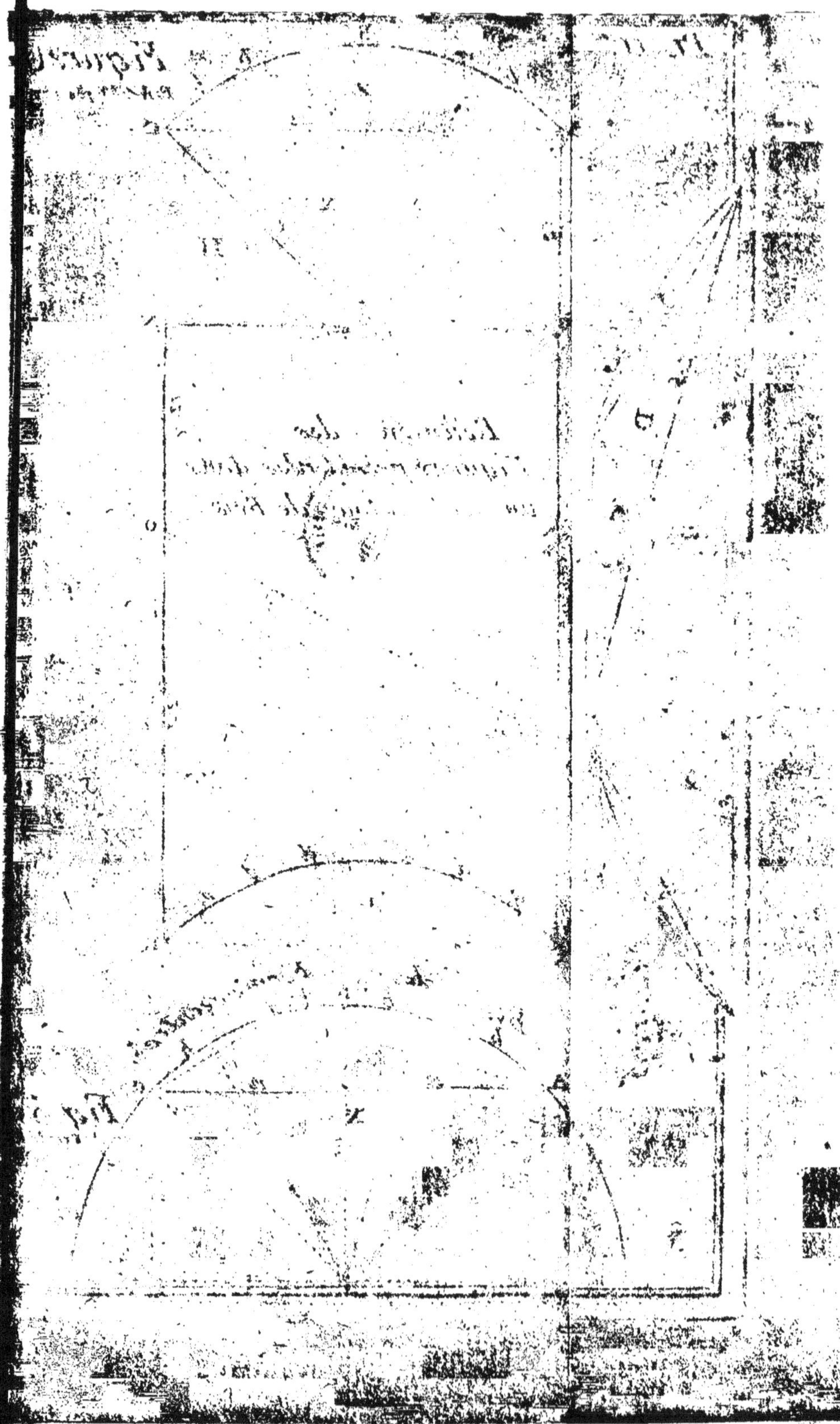

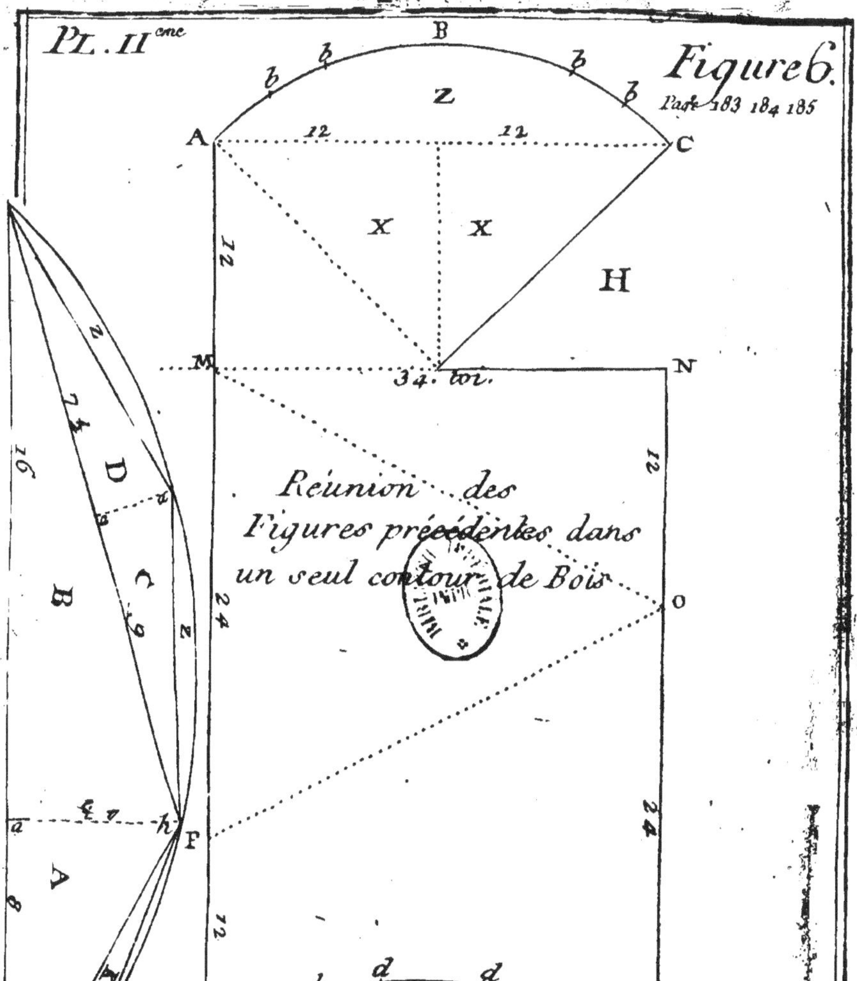

PL. IIème
Figure 6.
Page 183 184 185
B
b b b b
Z
A 12 12 C
X X
H
M 34. toi. N
12
Réunion des
Figures précédentes dans
un seul contour de Bois
O
24
24
a h F
D C B A
Figure 5
Bois Page 184
Q AB R
d d d d d d
12
Bois de Forme ceintreé
b B b E b
A 12 12 C
X
Fig. 5
Page 183

moitié de la perpendiculaire, on a 112 pour le triangle B, ce qui fait enfemble 448 pour l'entière fuperficie du bois de figure trapézoïde.

La figure 5 de la feconde planche, repréfente un
bois ceintré d'un côté. Pour la mefurer, il faut la
regarder comme une partie ou fegment de cercle, &
chercher le centre de la portion ceintrée [b b b b].
Pour cela on donne trois points à volonté fur la
circulaire connue [a f c]; enfuite on élève entr'eux
deux lignes perpendiculaires. Le point où elles fe cou-
peront, fera le centre du cercle cherché; on tire de
ce centre deux rayons aux extrémités de la circulaire
[a c]; on a alors le fecteur de cercle, dont l'angle
au centre trouvé par le rapporteur, eft ici de 90
dégrés. Le fecteur eft compofé du fegment, dont
on cherche la fuperficie, & du triangle [x]. La
mefure de ce rayon, qui eft de 17 toifes, moitié du
diamètre, conduit à la connoiffance de la circonférence entière par la proportion fuivante, qui eft
celle du rapport d'un diamètre quelconque du cercle
à fa circonférence. 7 eft à 22, comme 34 toifes,
diamètre connu, eft à [x]. Multipliez 34 par 22, on
aura 748, qui, divifés par 7, donnent 107 toifes
courantes, valeur de la circonférence. Après on multiplie cette circonférence 107 par la moitié du rayon
de 17 toifes, qui eft 8 toifes & demie, & l'on a
909 toifes quarrées pour la fuperficie totale du cercle.
Il s'agit maintenant de connoître auffi en toifes quarrées, la valeur du fecteur. Pour cela, il faut faire la
propofition fuivante. Si 360 dégrés dont eft compofée
la circonférence d'un cercle quelconque, donnent
909 toifes quarrées fuperficielles, combien donneront 90 dégrés, valeur de l'angle du fecteur du
même cercle pour fa fuperficie? Il faut, fuivant ce
qui vient d'être dit, multiplier 909 toifes par 90
degrés; en divifant le produit par 360 degrés, on
aura 227 toifes $\frac{1}{4}$, valeur du fecteur de cercle, dont
il faut fouftraire la fuperficie du triangle, qui eft
de 144 toifes quarrées, produit de la multiplication
de la bafe du triangle, qui eft de 14 toifes par

la perpendiculaire , qui a 12 toises : ainsi , ôtant 144 toises de 227 toises $\frac{1}{4}$, valeur du secteur, il restera 83 toises $\frac{1}{4}$ quarrées pour la superficie du segment [ABC].

La même figure 5 peut être mesurée plus simplement ; mais avec moins de précision , par approximation , ce qui consiste à réduire de la figure 5 *bis* , la portion de cercle [Z], en 4 triangles, qu'on mesure à l'ordinaire, après avoir élevé les deux perpendiculaires [a c] [A H]. Le triangle A contient [18], B 36, [C 9], [D 7 $\frac{1}{3}$], dont le total est 70 toises $\frac{1}{2}$. Il reste trois petites portions de cercle [KZ], dont les cordes ont environ 9 toises, & les perpendiculaires une toise ou environ, lesquelles portions peuvent être évaluées à 13 toises, qui, ajoutées aux 70 toises $\frac{1}{2}$ ci-dessus, donnent, ainsi que par la première méthode, le même produit de 83 toises & demie.

La figure 6, qui est composée de toutes les précédentes, a pour objet de faire connoître que pour avoir une surperficie quelconque, on peut la diviser en quarré, en triangle, ou en trapèze.

La portion de cercle [Z] est la même que celle de la figure 5 , qui contient . . . . . 83 t. $\frac{1}{2}$

Le quarré [a c m n] est le même que celui de la figure 2 , qui contient 288 toises ; mais comme il faut en déduire la portion de terrein [H], qui est de 72 toises, il restera 216 toises, ci 216

Le triangle [m n o] est le même que celui de la première figure , il contient . 144

Le triangle [m o p] est le double du triangle de la première figure, & contient 288

Le trapèze [o p q r] est le même que la figure 4, qui contient 432 toises ; mais comme il faut en déduire la portion de cercle [A B], qui est 83 $\frac{1}{4}$, de même que celle de la figure 5 , il restera . . . . . . 348 $\frac{2}{4}$

Total de la superficie du bois en toises quarrées 1080

Pour avoir la preuve du mefurage par partie, on peut multiplier la totalité du grand quarré long [a c r q]. En ôtant 72 toifes pour le triangle H, on aura 1080 toifes quarrées, fomme égale à celle des quarrés, triangles & trapèzes.

Art. 124. *Du mefurage par la cultellation.*

QUOIQUE l'arpentage confifte à mefurer des fuperficies planes & non des diftances, & que depuis l'origine de cet art ancien, on ait été très-long-tems fans s'élever contre cet ufage, on a voulu introduire depuis plufieurs années celui d'arpenter les bois & toutes les poffeffions, fuivant la bafe horifontale, autrement dit par la cultellation.

Pour appuyer cette méthode, on compare les végétaux aux bâtimens, fur ce qu'on prétend que les plants croiffent perpendiculairement. D'après ce faux fyftême on fupprime tous les terreins rampans ou les montagnes. Cette nouvelle méthode convient feulement aux Aftronomes & aux Géographes, qui ne cherchent que des diftances. Ainfi, il eft aifé de démontrer que l'arpentage par le développement, eft à préférer non-feulement pour éviter de mettre le trouble dans les familles, en donnant naiffance à des procès à l'infini ; mais pour empêcher qu'on ne jette une confufion générale dans tous les terriers. Tout ce qui a été fait jufqu'à préfent feroit à recommencer, fi l'on adoptoit ce fyftême pernicieux. Comment peut-on affimiler des édifices à des végétaux qui prennent naiffance & fe nourriffent dans les entrailles de la terre, à une très-grande profondeur ? & par quelle fingularité prétend-on qu'ils ont la même bafe ? Il n'eft pas difficile de faire voir le faux de la comparaifon. Les bois & certaines plantes croiffent en raifon de l'efpace qu'ils occupent, parce que l'air & le foleil agiffent & influent librement fur eux. Moins ils font près les uns des autres, plus ils acquièrent de force & de groffeur, d'autant que les racines ont plus de terreins à parcourir pour chercher & trouver de la nourriture.

Il eſt donc vrai qu'un terrein en pente a plus de ſuperficie que celui qui répond à ſa baſe horiſontale ; il
eſt certain que les arbres en même nombre que l'on y
plante, doivent être plus gros dans un terrein qui a
plus d'étendue, ou qu'on peut en mettre en plus grand
nombre à des diſtances égales. Pour le démontrer,
comparons un petit terrein rampant de 11 toiſes
quarrées, avec ſa baſe horiſontale, qui contient
ſeulement 115 toiſes & demie quarrées, il faudra
484 plants de chêne pour le terrein rampant, & ſeulement 431 pour l'autre, en les plaçant à 3 pieds de
diſtance en tous ſens, ce qui fait 53 plants de moins
dans la baſe horiſontale. Si l'on met ſur chacun des deux
terreins 431 plants, il eſt ſûr qu'ils deviendront plus
gros ſur celui qui a plus d'étendue. Tous les principes géométriques poſſibles ne doivent point faire
adopter l'arpentage par la cultellation. Ce qu'on allè-
gue relativement aux évaluations des terreins rampans,
comparés avec ceux qui ne le ſont pas, ne peut être
admis lors des partages de biens-fonds, & il ſeroit
fort dangereux qu'une perſonne dont l'art eſt de
meſurer, eût la faculté d'apprécier les terres en raiſon du plus ou moins de pente ; on ſeroit, par cette
nouvelle méthode, à la diſcrétion du Géomètre, qui
pourroit favoriſer aiſément l'une des parties, ſauf à
rejetter les erreurs ſur la combinaiſon des inſtrumens ;
d'ailleurs l'Arpenteur pourroit même ſe diſpenſer
d'apprécier les terreins montueux, qui ſouvent valent
mieux que les ſuperficies planes.

Les gens de la campagne qui cultivent eux-mêmes,
ne ſont point Géomètres ; mais ils connoiſſent parfaitement la meſure & la valeur de leurs héritages &
des fermes qu'ils ont à bail. Jamais ils ne conſenti-
roient de ſe laiſſer meſurer par la cultellation, qui
bouleverſeroit toutes leurs connoiſſances & leurs com-
binaiſons.

L'impoſition des tailles ſe fait en raiſon de la valeur
des biens-fonds & de leur production. On diviſe les
terres qui ont été arpentées par l'ancienne méthode en

différentes claſſes , qui déſignent leur qualité. Les ca-
daſtres anciens & nouveaux ont été faits ſur ce principe.

Les acquéreurs des biens-fonds , ou ſimplement de
ſuperficie de bois , évaluent ce qu'ils veulent acheter en raiſon du plus ou du moins de productions. Ils
ne connoiſſent que les meſures ordinaires des lieux.
Les labours & les exploitations de bois qui ſe font à
tant l'arpent, ainſi que tous les différens travaux
de la campagne, ne peuvent être meſurés autrement
que par le développement; aucun Géomètre ne peut
propoſer de changer cette manière. En acquieſçant à
l'ancienne méthode, pour meſurer tout ce qui s'exploite, il arriveroit qu'on en introduiroit deux pour
l'achat des fonds & pour les faire valoir, & beaucoup de difficultés dans le calcul des revenus. C'eſt en
vain que pour appuyer le ſyſtême de la cultellation ,
on cite les Mémoires de l'Académie des Sciences de
1749. Ils ne peuvent avoir d'application au meſurage
des bois ; cela ſera prouvé par les faits ſuivans, & par
l'évènement du procès d'entre M. l'Archevêque de
Reims & les Adjudicataires des bois de ſon Abbaye
de Gorze au Pays Meſſin. Les Adjudicataires ne
voulant pas ſe ſoumettre à l'arpentage fait en 1727
par le développement, dont il réſulta 1062 arpens 9
perches, & ſe flattant qu'on trouveroit moins par la
cultellation, firent meſurer en 1748 les bois qu'ils
venoient d'exploiter, & qui étoient ſur le même
terrein, dont la coupe avoit été faite en 1727. On ne
trouva en 1748 que 948 arpens 45 perches, ce qui
préſenta une différence de 113 arpens 74 perches,
ou plus d'un neuvième. M. l'Archevêque ne voulut
point adhérer à cet arpentage. M. Villain, Commiſſaire
à terrier à Reims, fut appellé pour vérifier les deux
arpentages ; ayant opéré par le développement, il
trouva que l'ancien étoit plus exact. Les Adjudicataires n'ayant pas voulu y ſouſcrire , M. Coulon ,
Grand-Maître des Eaux & Forêts , conſulta M. le
Camus, de l'Académie.

Voici l'extrait de ſon avis. *Il eſt inconteſtable*

*que la superficie rampante est plus grande que celle de
sa base ; & comme on vend une certaine quantité
d'arpens, & non pas un nombre d'arbres déterminé,
il paroît que le vendeur a droit d'exiger que l'acqué-
reur lui tienne compte de toute l'étendue de son terrein, sans avoir égard aux causes physiques qui
peuvent être favorables ou défavorables à l'accroissement du bois. Cette raison paroît très-bonne pour expliquer qu'on arpente suivant le rampant, dans les
endroits, du mois où l'usage en est établi. Mais
l'usage contraire ou la cultellation, peut être fondé
sur de bonnes raisons ; & si la différence des deux
méthodes n'est que de 100 à 103, on doit préférer
de mesurer par la base horisontale, puisqu'on admet
aux Arpenteurs une erreur de 5 arpens sur 100.*

Le sieur Villain ayant démontré à l'Académie, en
voyant le plant du terrein, que la pente des bois
de Gorze étoit à sa base horisontale comme de 6
à 7, il ne fut rien prononcé de contraire par l'Académie à l'arpentage du sieur Villain. Les Adjudicataires des bois de Gorze qui étoient en instance, se
désistèrent alors de leurs prétentions ; ils payèrent à
M. l'Archevêque sur le pied de la mesure superficielle
du sieur Villain, qui se montoit à environ 1062 arpens 9 perches, & le procès ne fut point jugé.

Peu de tems après cette contestation, plusieurs particuliers qui devoient des cens en vin, à raison de tant
l'arpent, prétendirent qu'on devoit suivre l'arpentage
par la cultellation. Il y eut des décisions en leur
faveur & des accommodemens, & même des modérations sur la taille ; mais lorsqu'on fut informé du
désistement des Adjudicataires des bois de Gorze, on
révoqua toutes les modérations, & les déclarations
aux terriers se firent sur l'ancienne méthode, par le
développement. Les Gens de Loi suivirent le même
exemple, & depuis, cette question n'a plus été agitée
dans le Pays Messin. D'après ces faits, & n'y ayant
point de loi contraire, on ne peut admettre une
nouvelle méthode d'arpenter ; on sent qu'elle occasion-

neroit un vrai défordre fur tout ce qui a été fait,
& une confufion dans toutes les poffeffions en fond de
terre. On peut ajouter que quand la cultellation
feroit autorifée, elle ne pourroit être mife en ufage
par ceux qui pratiquent l'arpentage ordinaire depuis
long-tems, puifqu'il y en a très-peu qui ne faffent
des erreurs, même par la méthode ancienne du développement, qui eft beaucoup plus aifée.

ART. 125. *Du toifé des Chênes en grume & équarris.*

POUR avoir le toifé d'un arbre en grume, qui
diminue régulièrement de groffeur depuis le point d'a-
battement jufqu'au menu bout, il faut commencer
par favoir combien il peut porter d'équarriffage, ce
qui fe trouve en prenant la circonférence ou le pourtour au milieu de l'arbre, dont on ôte un fixième ;
ce qui refte on le divife par quatre. Si l'arbre a 78
pouces de circonférence, on en ôte le fixième, qui
eft 13, refte 65, qui, divifé par 4, donne 16 pouces, qui font l'équarriffage égal en largeur & en
épaiffeur qu'on cherchoit. Pour favoir enfuite combien l'arbre qui a 5 toifes de longueur, peut porter
de pieds cubes, on multiplie 16 pouces par 16,
qui eft la largeur & l'épaiffeur ; le produit eft de 256
pouces, qu'on multiplie par la longueur 5 toifes
ou 360 pouces, ce qui donne 92160 pouces, qu'il
faut divifer par 1728 pouces, qui font un pied cube,
alors on aura 53 pieds cubes pour une pièce de charpente, ou 14 pièces $\frac{1}{3}$.

Les Marchands de bois, en faifant l'eftimation des
arbres fur pied, font dans l'ufage de fouftraire le
cinquième de la circonférence, ce qui eft à leur avantage. Il y a d'autres manières plus abrégées pour
toifer un arbre en grume ; mais celle-ci, qui eft peut-
être la plus longue, eft plus jufte ; elle peut fervir
dans tous les cas : cependant fi l'on avoit de grandes
opérations, il faudroit avoir recours au petit tarif
de Defclos, qui fe vend chez *Prault*, quai de Gefvres.

Lorfqu'un arbre en grume eft mal fait , & plus gros vers les extrémités , on doit prendre la circonférence en deux ou trois endroits, comme pour des arbres de différentes groffeurs. Enfuite on additionne les 2 ou 3 groffeurs enfemble , qu'on divife en deux ou trois , pour avoir la moyenne groffeur , après quoi on opère comme ci-deffus. Quand on veut faire voiturer des arbres en grume, ce toifé ne peut avoir lieu, attendu que la voiture doit fe payer fuivant le poids ou le nombre de pièces , fans déduction ; & comme on a ôté un fixième pour trouver l'équarriffage , il faut en tenir compte : ainfi, au lieu de 14 pièces $\frac{1}{7}$, il y en auroit environ 17 pièces à payer de voiture.

Le pied cube verd pèfe environ 80 livres, ce qui fait 240 livres la pièce.

Tous les bois équarris ou quarrés fe toifent fuivant la méthode qu'on vient d'indiquer, qui eft de multiplier la largeur par la groffeur, & le produit par la longueur de l'arbre. Enfuite on divife le produit de la dernière multiplication par 1728 pouces , nombre que contient le pied cube. Un pouce cube contient 1728 lignes cubes. On abandonne dans les toifés les fractions de lignes. Il faut 3 pieds cubes pour faire une pièce ou une folive de charpente , & 100 folives pour le cent de bois , ou 300 pieds cubes. Pour donner une idée du toifé des arbres , on va faire connoître celui des chênes de différens âges.

Etat de ce que les chênes peuvent contenir de pièces, fuivant leurs dimenfions, ainfi que M. Duhamel les fuppofe , relativement à leur âge. — Un moderne de 40 ans, de 25 pouces de tour, mefuré à 4 ou 5 pieds de terre , porte 5 pouces d'équarriffage ; il produit fur 25 pieds de hauteur une pièce. *Nota.* Il en devroit produire une pièce 2 pieds 8 pouces 2 lignes. — Un moderne de 50 ans, de 30 pouces de tour, mefuré à la même hauteur, porte 6 pouces d'équarriffage, & donne, fur 25 pieds de haut, 2 pièces. *Nota* Il devroit produire 2 pièces 6 pouces. — Un moderne de 60 ans, de 40 pouces de tour, porte 8 pouces d'équarriſſage; ayant 20 pieds de haut, il produit 3 pièces. *Nota.* Il ne peut produire que 2 pièces 5 pieds 9 pouces 4 lignes. — Un de 75 ans, de 50 pouces de tour, porte 10 pouces d'équarriſſage, & donne, ayant 25 pieds de haut, un peu moins de 6 pièces. *Nota.* Il ne donne que 5 pièces 4 pieds 10 pouces 8 lignes. — Un de 80 ans, de 55 pouces de tour, porte 11 pouces d'équarriſſage, & produit, ayant 20 pieds de haut, 5 pièces $\frac{1}{8}$. *Nota.* Il ne produit que 4 pièces 3 pieds 7 pouces 4 lignes. — Un de 90 ans, de 60 pouces de tour, porte 12 pouces d'équarriſſage, & donne, ſur 30 pieds de haut, 10 pièces. — Un de 100 ans, portant 65 pouces de tour & 13 pouces d'équariſſage, produit ſur 25 pieds de hauteur, 9 pièces $\frac{3}{4}$. *Nota.* Il produit 6 pouces 4 lignes de plus. — Un de 120 ans, de 84 pouces de tour, de 16 à 17 pouces d'équarriſſage, donne, ſur 30 pieds de haut, 18 pièces. *Nota.* Il doit donner 19 pièces 2 pieds 2 pouces. Ces évaluations, comme on l'a dit art. 63, diffèrent de celles de Champagne. — Un arbre de 40 ans, dans la forêt de Saint-Dizier, produit une pièce & demie d'équarriſſage. — Un de 80 ans, 4 pièces & demie ſeulement. — Un de 120 ans, 10 à 15 pièces, & les autres arbres de groſſeurs différentes à proportion. Lorſqu'on fait le toiſé des bois, voici les ſignes dont on ſe ſert pour marquer les numéros des pièces.

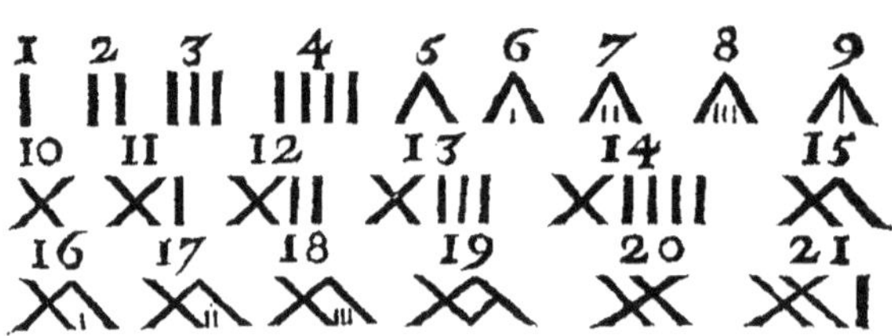

Les dixaines ſont déſignées par des croix ; pour marquer cent, on fait un O ; Pour mille on fait un 9.

Art. 126. *Du toisé des bois de sciage.*

Les bois de sciage se toisent par la même méthode que les bois quarrés ; mais lorsqu'il se trouve des fractions, ou que de certains morceaux de sciage n'ont pas tout-à-fait le nombre de pouces pour faire une pièce , on les compte cependant pour une pièce. Voici, d'après M. Duhamel , ce qui est d'usage dans le commerce de ces bois. Un morceau de sciage de 6 pieds de long , sur 5 pouces de grosseur, & 7 de largeur , fait 35 pouces , qui, multipliés par 6 pieds de longueur ou 72 pouces , ne donnent que 2520 pouces , qui forment une demi-pièce , quoiqu'il y manque 72 pouces cubes. Voici les mesures que l'on compte pour une pièce. 1°. 3 toises de poteau , sur 4 & 6 pouces d'équarriffage. 2°. 4 toises de membrures de 3 sur 6 pouces. 3°. 4 toises & demie de membrures de 3 sur 6 pouces , ou de 4 sur 4. 4°. 6 toises de chevrons de 3 sur 4 pouces. 5°. 8 toises de chevrons de 3 pouces quarrés , ou 6 membrures de 2 sur 6. 6°. 12 toises de barreaux de 2 sur 3 pouces. 7°. 18 toises de barreaux de 2 pouces quarrés. 8°. 36 toises de barreaux méplat, d'un sur 2 pouces. 9°. 72 toises de barreaux d'un pouce quarré. Une pièce ou une solive contient 5184 pouces cubes , & le pied cube 1728 pouces cubes. D'après tous ces usages reçus , il est aisé de réduire en pièce ou en solive , les bois de sciage à vendre ou à acheter.

Art. 127. *Toisé estimatif du Bois de corde.*

On ne se trompe guère lorsqu'on estime les arbres destinés à être convertis en bois de chauffage. Les Facteurs chargés de ce détail , apprécient exactement le nombre de cordes que les arbres peuvent rendre. Voici ce que rapporte M. Duhamel à ce sujet.

Un arbre de 2 toises de haut , sur 4 pieds de gros , donne une demi - corde. — Un de 3 toises *de* haut , sur 2 pieds & demi de gros , un quart de corde.

— Un de 3 troiſes & demie de haut, ſur 4 pieds un tiers de gros, trois quarts de corde. — Un de 4 toiſes de haut, ſur 3 pieds & demi de gros, 2 cordes. — Un de 6 toiſes de haut, ſur 6 pieds de groſſeur, 2 cordes & demie. — Un de 6 toiſes de haut, ſur 7 pieds & demi de groſſeur ; 3 cordes. La corde de bois de l'ordonnance, a 8 pieds de couche ou de long, ſur 4 pieds de hauteur ; elle eſt compoſée de deux voies de 4 pieds de couche, ſur 4 de hauteur. Les bûches doivent avoir 3 pieds & demi de longueur. La voie contient environ 56 pieds cubes. Il faut 75 bûches pour une voie de bois de compte ; cependant on n'en donne à Paris que 52. La bûche doit avoir au moins 18 pouces de circonférence ; quand elle a moins on la rejette pour le bois de corde. L'anneau de Paris, qu'on nomme auſſi moule, a 6 pieds 6 pouces de circonférence ; dix anneaux font une corde. Une voie de bois ſec, moitié chêne & moitié hêtre, pèſe 1650 ; celle de chêne ſeul 1700. La corde de charbonnette a 80 pouces de longueur, ſur 40 pouces de hauteur. Les bûches doivent avoir 28 à 30 pouces de longueur. Il faut 22 cordes de charbonnette, qui font 360 pieds cubes, pour couler quinze cents de fonte, qui font un millier de fer. Un arpent de bois taillis rend 36 cordes de charbonnette, ou 9 bannes de charbon. On donne communément 20 à 30 ſols pour le cuiſſage. Si l'on veut des détails plus étendus, on peut voir le tableau du titre 6, art. 63.

Art. 128. *Du tranſport des Bois.*

On tranſporte la charpente, qu'on appelle bois quarré, ainſi que les bois de ſciage & celui à brûler, par terre & par eau, ſelon les circonſtances & ſuivant la modicité des prix.

Les voitures par terre ſont très-coûteuſes, & preſqu'impraticables pour les gros bois, ſur-tout quand les diſtances ſont grandes. Elles ne peuvent être faites que dans les tems de gelée, à cauſe des chemins de traverse. On paie ordinairement pour la voiture des bois de charpente qui se transportent aux ports de la rivière de Marne , 10 liv. par lieue pour 100 pièces , ou 300 pieds cubes. On préfère cependant pour les constructions navales les bois voiturés par terre ; ils sont meilleurs que ceux qui ont séjourné dans l'eau douce ; mais il n'est possible de transporter par terre que les bois qui sont à portée des lieux où l'on construit. Si le transport est fait par eau , le bois est amené des forêts sur des voitures attelées de chevaux ou de bœufs : on ne peut indiquer les prix des différens lieux ; ils sont en raison de l'éloignement & de la traite jusqu'aux canaux, ruisseaux ou rivières non navigables , où ils sont jettés à bois perdu , pour descendre par les courants d'eau , jusqu'aux rivières navigables. Arrivés au port , on peut les charger dans des bateaux , s'il y a suffisamment d'eau. Il seroit à souhaiter qu'on pût transporter ainsi les bois de Marine , puisqu'on prétend que l'eau douce est nuisible ; mais comme il est difficile & coûteux de les faire parvenir même en bateaux , on préfère de les mettre à flot.

Jean Louvet, Bourgeois de Paris, en 1549, fut le premier qui imagina de rassembler les eaux des ruisseaux & de plusieurs rivières non navigables, & d'y jetter les bois coupés à *bois perdu* , pour les faire flotter aux rivières navigables. Son projet fut perfectionné en 1566 par Réné Arnout. Les talens & l'industrie de ces deux hommes intelligens , nous ont assuré pour toujours des bois de toutes espèces , par la facilité que nous avons d'en tirer par le flottage des forêts les plus éloignées de l'Auvergne, du Bourbonnois, du Nivernois, de Bourgogne, du Morvant, de Champagne, de Lorraine, de Montargis & autres lieux. Les bois de ces Provinces remontent les rivières au-dessus de Paris, pour descendre la Seine , & parvenir dans cette Capitale & dans les Pots de l'Océan, & même de la Méditerranée.

Pour transporter toutes les espèces de bois qui sont

venus à bois perdu , on les met en trains, c'eſt-à-dire qu'on les aſſemble avec des rouettes , des perches & des fortes barres , qui ſont de jeunes brins de taillis , dont la coupe en délit fait beaucoup de tort aux bois ſur pied. Pour faciliter le flottage des trains de bois , on met deſſous des tonneaux de diſtance en diſtance. On pratique en deſſus des cabanes pour les conducteurs ; les trains ſont différens, ſuivant l'eſpèce de bois. Un train de charpente ou de bois quarré ſur la rivière de Marne , peut avoir depuis 30 juſqu'à 33 toiſes de long , 18 pieds au-devant & 21 à la culée , meſure priſe ſur le pertuis du canal de Meaux-en-Brie. Le train eſt compoſé de pluſieurs coupons , dont le nombre dépend de la longueur du bois. 4 hommes ſont 15 jours à le conſtruire ; ils emploient 50 perches , qu'on nomme *chantiers*, qui coûtent 90 liv. le mille , & 40 bottes de harres , dites rouettes, au prix de 14 ſ. la botte. C'eſt la groſſeur du bois qui conſtitue le nombre de pièces ou ſolives qui entrent dans un train : ainſi cela varie depuis 6 à 700, juſqu'à 800 & 850 ſolives. On emploie des tonneaux pour ſoutenir le train. Il faut, pour conduire le train à Paris, 3 ou 4 hommes, qui ſont payés à 25 ſ. par jour, & en outre 18 liv. par homme pour le voyage. Il eſt d'uſage de faire des forfaits avec des Maîtres Mariniers , & d'y comprendre les riſques & tous les frais, même la fourniture d'une corde de 45 pieds , qu'on nomme *botte* , & les cordeaux néceſſaires ; ils ſont auſſi chargés de la conſtruction du train. On donne ordinairement pour tous ces frais & la conduite des trains juſqu'à Paris, ſavoir, depuis Epernay 45 liv. , du Port-Abinçon 40 liv. , & au-deſſus de Château-Thierry 36 liv. , le tout par cent de bois. Les droits d'entrées ſont à la charge des Marchands.

Le train de bois de ſciage a les mêmes dimenſions. On y met trois ſolives l'une ſur l'autre, ou 3 poteaux ou 4 membrures, ou 4 chevrons ou 15 planches d'un pouce & demi d'épaiſſeur , ou 6 planches de 2 pouces d'épaiffeur, ce qui fait un train de 6000 toifes réduites. Un train fur la rivière de Seine a 4 coupons de plus que ceux de la rivière de Marne, ce qui fait une augmentation en longueur de 36 pieds ; de forte qu'il eft de 30 à 40 toifes de longueur, fur 18 à 20 pieds de largeur. Ce train eft couplé, c'eft-à-dire qu'on unit deux trains à côté l'un de l'autre. 4 hommes conftruifent ce train en 20 jours ; ils employent 80 perches, qu'on nomme *chantiers*, & 55 bottes de rouettes ou harres. Un train couplé eft compofé de 8 à 900 folives ou pièces de bois ; on n'emploie des tonneaux que dans les baffes eaux, & il ne faut aucunes cordes pour conduire le train. On paye au Marinier, entrepreneur de la conduite, 30 liv. du cent de bois. Le train de bois à brûler qui vient par la Marne, peut être compofé de 18 coupons ; le coupon a 12 pieds de long, ce qui fait affemblé, 36 toifes de long. La largeur ordinaire eft de 6 longueurs de bûches, ce qui fait 14 pieds de large. Un train contient environ 25 cordes ou 50 voies, & plus ou moins, fuivant la hauteur de la rivière ; il fe fait des trains plus petits, qui contiennent autant de bois ; ils font auffi longs, mais plus épais.

Les bois de Marine achetés au-deffus de Paris, & qui defcendent dans cette Capitale, de même que ceux qui fe trouvent fur les bords de la rivière, flottent jufqu'à Rouen. Là on défait les trains pour charger les bois fur des bâtimens de tranfport ; ils font conduits enfuite ou au Havre, ou dans les autres Ports de conftructions. Quoique la Seine fe perde dans la Mer au Havre, cependant les trains ne peuvent y arriver, foit à caufe des obftacles qui fe trouvent dans le cours de la navigation & des bancs de fable qui font à l'embouchure de cette rivière, foit parce que les trains ne peuvent être gouvernés comme des bâtimens à voile. Prefque toutes les autres Provinces ont des rivières navigables pour le débouché de leurs bois. Celles qui rendent à la Mer font la Saune, la Vilaine, la Loire, la Charante, la Garonne & l'Adour. Sur les petites rivières qui affluent dans celles-ci, qui font navigables, on y flotte les bois de Marine & autres.

TITRE XIII.

Ordonnances & Arrêts fur les Bois de Marine.

ART. 129. *Loix anciennes.*

DANS les tems les plus reculés on s'eft occupé de procurer à la Marine des bois de conftruction. Philipe le Long, en 1318, rendit une Ordonnance qui a fervi de bafe à celles de 1388, 1402 & 1515, qui font toutes voir que le Roi n'avoit alors que deux Maîtres des Œuvres pour le choix de fes bois, en la Vicomté de Champagne, Paris & Normandie, & deux en Languedoc. L'Ordonnance de Juillet 1376 porte, que l'on ne peut difpofer des bois qu'après avoir vu ce qui peut convenir aux œuvres du Roi; celle de Septembre, de 1376, ordonne que les bois pour les navires feront pris dans la forêt de Roumare, en un feul endroit, & que les Maîtres des œuvres garderont les droits du Roi, & qu'ils avertiront les Réformateurs & Maîtres des Eaux & Forêts & leurs Prépofés, des délits & abus qui pourroient être commis.

ART. 130. *Loix fous Louis XIV, & depuis.*

L'ARTICLE premier du titre 21. de l'Ordonnance de 1669, dit qu'il ne fera fait aucunes ventes extraor-dinaires ni par arpent, ni par pieds d'arbres pour les bâtimens de mer; mais que le Grand-Maître pourra charger les Adjudicataires des ventes des forêts du Roi, de fournir les bois néceffaires, en leur en payant la valeur fur les avis de Gens à ce connoiffans. L'art. 2 dit, que fi toutesfois on avoit befoin d'aucunes pièces,

& qu'elles ne puſſent ſe trouver dans les ventes ordinaires, en ce cas le Grand-Maître pourra en marquer,
après qu'il aura été rendu des Arrêts du Conſeil &
Letres-Patentes, & qu'il pourra auſſi faire abattre
des arbres dans les forêts du Roi & celles de ſes
Sujets, tant Eccléſiaſtiques qu'autres, ſans diſtinction de qualité, à la charge d'en faire payer la valeur à
dire d'Experts, commis par le Grand-Maître.

L'Arrêt du Conſeil du 9 Novembre 1683 défend
à toutes perſonnes, ſans exception, de couper à
diſtance de 15 lieues de la mer, & de 6 lieues des
rivières navigables, aucuns arbres, ſans avoir averti
le Conſeil & le Grand-Maître 6 mois d'avance. Celui
du 10 Mars 1685, ordonne aux Greffiers de remettre *gratis* aux Commiſſaires de la Marine un état
des déclarations. L'Ordonnance de la Marine, du 15
Août 1689, défend de couper avant la viſite. L'Arrêt
du Conſeil, du 26 Août 1692, ordonne qu'il ſera
fait par le Grand-Maître une viſite pour reconnoître
s'il y a des bois propres à la Marine. Les Arrêts du
Conſeil du 24 Février & 2 Mars 1693, renouvellent
les défenſes de couper des futaies, & ordonnent que
les viſites ſeront faites par les Officiers commis par
le Roi. L'Arrêt du 24 Novembre 1695, a répété la
même défenſe, & ordonne que les viſites ſeront faites
par les Officiers de la Marine. Celui du 21 Septembre
1700, rappelle en 9 articles toutes les diſpoſitions
ci-deſſus, pour les bois de Marine.

L'Arrêt du 12 Mars 1701, ordonne 1°. que par
le ſieur Baſtard, Grand-Maître de la Guyenne, il
ſera inceſſamment procédé en préſence du Commiſſaire
de Marine & d'Experts par lui nommés, à la vente
& reconnoiſſance des forêts de la Vallée Daure & des
Pyrénées, pour connoître les bois propres aux Arſe-
naux de Marine & pour bâtir. 2°. Que les Commiſſaires & Entrepreneurs de la Marine pourront faire
couper le nombre de ſapins néceſſaires pour les
mâts, jumelles & épars, qui ſe trouveront dans les
forêts déſignées par le Grand-Maître, en payant *le*

prix fuivant l'eftimation. 3°. Qu'avant de faire des coupes pour les Habitans des Communautés, le Commiffaire de la Marine pourra faire la vifite en préfence du Grand-Maître, pour marquer les bois de conftruction.

En 1738, le 18 Septembre, le Roi de Pologne, Duc de Lorraine, rendit un Arrêt qui contient 7 articles. Par cet Arrêt il permit aux Officiers de la Marine de choifir & marquer les chênes propres aux conftructions, dans fes bois & ceux des Gens de mainmorte, & ordonne que les Propriétaires des bois fitués à 6 lieues des rivières navigables, feroient tenus de déclarer 6 mois auparavant ce qu'ils doivent couper, & que dans tous les cas les prix feroient fixés de gré à gré. Le 21 Mai 1739, ce Prince, par fa Déclaration, renouvella, art. 10, les difpofitions de l'Arrêt du 18 Septembre 1738.

L'Arrêt du Confeil du 30 Janvier 1725, confirme tous les autres. Il fait défenfe au fieur Francy, chargé de la reconnoiffance des bois de Marine, d'accorder aux Propriétaires la permiffion de couper des bois de futaie & baliveaux, & de difpenfer des délais pour les déclarations. Celui du 15 Janvier 1726, fait les mêmes défenfes au fieur Diffon, Ecrivain de Marine, qui avoit donné une permiffion de couper les bois mentionnés en fon Procès-verbal. L'Arrêt du 23 Juillet 1748, fait défenfes aux Gens de main-morte, & même aux Particuliers Propriétaires de bois, de quelque qualité qu'ils foient, de faire abattre, fous aucun prétexte, aucun arbre de futaie ou épars, & baliveaux fur taillis, qui auroient été marqués pour le fervice de la Marine, à peine de confifcation & de 3000 liv. d'amende, qui ne pourra être réputée communatoire, & de plus grandes peines en cas de récidive; enjoint Sa Majefté aux Commiffaires de la Marine, de dénoncer aux Grands-Maîtres & aux Officiers des Eaux & Forêts ceux qui contreviendroient à ces défenfes.

En 1766, fur la demande de M. de Praflin, Se-

crétaire d'Etat de la Marine, les Grands-Maîtres ont
prescrit, par une Lettre particulière, aux Officiers
des Eaux & Forêts, d'insérer dans le cahier des charges des ventes de bois, une clause qui obligeât les
Adjudicataires de livrer aux Fournisseurs de la Marine
les arbres marqués ou qui pourront l'être du Marteau de la Marine, pour être le prix réglé de gré à
gré. Depuis l'époque de 1766, cette charge subsiste
toujours.

L'Arrêt du Conseil du 8 Février 1767, défend à
qui que ce soit de disposer des arbres marqués du
Marteau de la Marine, & si les Entrepreneurs re-
fusoient de prendre lesdits arbres, les Marchands
ou Adjudicataires sont tenus de s'adresser au Secré-
taire-d'Etat de la Marine, avant de pouvoir en dif-
poser.

Depuis ces époques le Ministre de la Marine, dans
la vue de donner plus de facilités aux Propriétaires &
aux Adjudicataires de bois, leur a permis de traiter
directement avec la Marine, & leur accorde les mêmes
prix passés aux Fournisseurs, ce qui rétablit la liberté
naturelle des Propriétaires & des Adjudicataires, à
qui les Fournisseurs pouvoient faire la Loi.

TITRE XIV.

De la décomposition du Chêne.

INTRODUCTION.

QUOIQUE le Titre premier contienne le détail
des parties organiques du chêne, il convient ici, pour
faire connoître ce qui résulte de sa décomposition,
de rappeller qu'à chaque endroit où il se forme une
nouvelle couche sur cet arbre, on y apperçoit une
substance gélatineuse ou un *cambium*, que l'on
considére comme un *gluten*, qui se dissout à l'eau,
qui pourrit aisément, & qui peut devenir la pâture

des infectes. Cette fubftance commence à fe montrer en tiffu fibreux & herbacé, tels font les nouveaux bourgeons ; enfuite elle devient aubier. Les couches de cet aubier parviennent par fucceffion de tems à toute la dureté dont elles font fufceptibles ; enforte que le bois du centre d'un arbre eft plus compact, plus lourd, plus fort & moins altérable que celui de la circonférence, parce que les couches converties en bois acquièrent de la denfité par les fucs nourriciers qui y font annuellement dépofés. Ces fucs fe durciffent en paffant dans tous les états ; mais lorfque le chêne dépérit, les pores du centre fe bouchent, & le cœur ne recevant plus de nourriture, commence à s'altérer ; alors il perd fon poids, & il devient plus léger que le bois de la circonférence. Il eft abfolument néceffaire que ceux qui choififfent & emploient les bois de conftruction, foient inftruits de ces particularités.

Dans la vue de développer de quelle fubftance le chêne eft compofé, & de découvrir ce qui contribue à fa deftruction, on a eu recours à la chymie ; mais tous les procédés employés n'ont donné que des fubftances produites par le feu ordinaire de la chymie. On va les rapporter, pour ne rien omettre de ce qui a été dit fur le chêne, & pour faire fentir qu'on ne peut tirer aucun avantage de ces expériences pour la confervation du bois.

ART. 131. *Du dépériffement du Chêne.*

LE dépériffement du chêne eft produit par l'humidité & la chaleur que l'air met en action. Voilà la véritable caufe qui change entièrement l'union, le tiffu, la couleur, la faveur du bois, ou qui fait perdre aux fibres ligneufes les plus fortes leur harmonie ou leur enfemble, & enfin ce qui occafionne la pourriture. Lorfqu'il ne fubfifte plus une adhérence entre les parties, il s'enfuit une deftruction qu'on attribue mal-à-propos à la fermentation. En effet, la fermentation n'eft que l'ouvrage de l'art, au lieu

que la putréfaction engendrée dans les corps vivans
eſt une opération de la nature.

Les ſubſtances végétales, telles que le bois mis
dans un endroit chaud & humide , fermentent ; la
ſuite de cette fermentation eſt une liqueur vineuſe ,
ſemblable à la fermentation du vin, de la bière &
de l'hidromel. Si on chauffe ces dernières liqueurs pendant pluſieurs jours, elles ſe convertiſſent en vinaigre ,
ce qui eſt la fin ordinaire de la fermentation. Les
corps des animaux tombent tout de ſuite en pourriture ; jamais ils ne fermentent. Les arbres où la
tranſpiration ſe trouve arrêtée, ſont plus ſujets à la
pourriture ſi le climat eſt chaud , parce qu'ils ſuçent
beaucoup, ce qui leur donne une ſéve abondante ,
& qu'ils jouiſſent davantage de l'air & du feu élémentaire qui produit , nourrit & vivifie tout.

Art. 132. *Des ſubſtances attribuées au Chêne.*

Toutes les ſubſtances reconnues dans le chêne
par la chymie , ſont produites & formées par le feu
ordinaire ; il eſt vrai qu'il en exiſte dans leurs principes comme dans le cahos ; mais c'eſt le feu ordinaire de la chymie qui leur donne la forme que
l'on trouve par la diſtillation. On ne doit donc regarder ces ſubſtances que comme des métamor-
phoſes. En effet, il ne ſe trouve point de réſine dans
le chêne : ainſi , c'eſt mal-à-propos qu'on croit que
la réſine qu'on prétend qui s'y trouve , lui donne
plus ou moins de qualité. La réſine eſt naturelle aux
arbres qui la produiſent ; on la trouve ſur les pins
comme la térébenthine ſur les ſapins : ni l'une ni
l'autre ne ſont produites par le feu ordinaire. Voyez
l'art. 122.

Les expériences de M. Duhamel vont faire connoître ce que le feu ordinaire a produit. Par la première , il a fait diſtiller dans une cucurbite de verre
au bain de ſable, un bloc d'excellent bois, contenant
27 pouces cubes, peſant 19 onces. Il l'a fait réduire
en copeaux, & bouillir avec une livre d'eau ; ils ont

donné 7 onces & demie 4 gros de féve, & un gros
& demi d'huile empireumatique, couleur de carabé;
elle s'eſt mêlée en grande partie avec la liqueur phleg-
matique ; une partie a nagé au-deſſus : c'eſt tout
ce que le bain de ſable a pu dégager ; la tête morte
s'eſt trouvée de 48 gros 20 grains ; au moyen de
quoi il y a eu 42 gros 16 grains diſſipés entièrement, qu'on ne peut regarder comme faiſant portion
des parties ſolides ; enſuite on a calciné la tête morte
dans un creuſet, pour la réduire en cendres. Ces cendres n'ont peſé qu'un gros 8 grains, qui contenoient
6 grains trois quarts de ſel : ainſi, 10944 grains de
bois ſe trouvent réduits à un gros & 8 grains de
cendres, ou de parties ſolides, ou au moins fixes,
ou 6 grains trois quarts de ſel fixe. La ſeconde expérience ſur un bloc, contenant 27 pouces cubes de
bois plus ſec, dont les copeaux peſoient 15 onces, a
donné 2 onces & demie d'une eau légèrement ambrée,
5 gros d'une liqueur rouſſe, empireumatique ; la tête
morte peſoit 5 onces & demie, la cendre 2 gros, qui
ont rendu 8 grains de ſel. La troiſième expérience
ſur un bloc, contenant 27 pouces cubes, d'un
bois encore plus ſec, dont les copeaux peſoient une
livre, a produit 7 gros & demi d'une eau blanche,
3 onces d'une liqueur rougeâtre, tranſparente, 2
gros d'huile noire & fétide. La tête morte peſoit 6
onces & demie, les cendres un gros 2 ſcrupules 6
grains ; la leſſive des cendres a fourni 5 grains &
demi de ſel. La quatrième expérience, ſur 2 livres
& demie d'aubier réduit en petits éclats, diſtillés
dans une cornue de grais, a rendu une livre 9
onces 5 gros, tant de phlegme que d'huile, 6
onces 4 gros de charbon ; il y a eu 7 onces 4 gros
d'humidité qui ſe ſont diſſipés. Par la cinquième
expérience, faite dans la marmite de *Papin*, M.
Duhamel eſt parvenu a faire une décompoſition ſu-
bite d'un morceau de bois de chêne avec de l'eau ;
l'ayant fait bouillir, il s'eſt réduit en terre friable,
qui ſe briſoit entre les doigts, comme du bois pourri ;

il y avoit au fond une substance gélatineuse, à peu près semblable à la gomme résine : & de ce résultat on a dit que le bois est formé par une terre fine & légère, dont les parties sont réunies par une substance résineuse, gommeuse, composée d'huile & de différens sels, &c. Les Chymistes modernes ne regardent point comme des corps résineux, la terre qu'on trouve dans le charbon. La substance gélatineuse que M. Duhamel a obtenue par la marmite de Papin, ne peut pas être regardée comme une résine. S'il y en avoit dans le chêne, on pourroit l'extraire par le procédé qu'il indique, qui consiste à réduire le bois en poudre, & en mettant la poussière dans l'esprit de vin. M. Geoffroy dit que le bois distillé à la cornue donne un esprit fort acide ; après quoi l'huile fétide paroît dans un balon. Ces principes font connoître que le chêne est astringent ; il ajoute qu'il y a dans le chêne un sel alumineux, mêlé avec un peu de sel ammoniac, & beaucoup de soufre.

Le bois de chêne distillé par le célèbre M. Rouelle à feu nud, dans une cornue, a donné 1°. au dégré un peu supérieur de l'eau bouillante, une eau pure, qui est l'eau de la végétation ; 2°. au dégré supérieur, à celui-là un esprit acide de chêne, chargé de beaucoup d'huile & d'un peu d'alkali volatil ; 3°. dans le progrès de la distillation, l'acide de la liqueur augmente, & l'huile devient plus épaisse & plus colorée, & enfin si pesante, qu'elle tombe sous l'eau, au lieu que la première nage à la surface. Cette analyse donne les véritables principes du chêne, quoiqu'un peu altéré par la réaction qu'ils exercent les uns sur les autres. Il paroît évident qu'il y a dans tous les végétaux un acide & une huile qui n'existent cependant que dans un état de combinaison : on auroit donc tort de les regarder comme les matériaux immédiats des végétaux.

M. Rouelle dit que le charbon du chêne restant après la distillation à feu nud, ne donne plus rien, & qu'il résiste au plus grand feu dans les vaisseaux fermés.

ART. 133. *Des Phlegmes contenus dans le Chêne.*

COMME on a vu que le chêne contenoit beaucoup de phlegmes, d'humidité, de limphe ou d'eau, il faut en conclure qu'il n'exifte que très-peu de parties vraiment fixes & folides dans le bois de la meilleure qualité, parce que le charbon eft réduit à peu de chofe, & qu'il le feroit davantage fi le bois avoit été brûlé à feu ouvert.

Le phlegme réduit à une certaine dofe, eft nécefiaire pour la confiftance du bois ; mais lorfqu'il eft chargé de trop d'eau, il n'a pas toute la dureté dont il eft capable, & d'ailleurs il a une grande difpofition à engendrer la pourriture ; mais s'il eft privé de toute fon humidité, il eft alors friable, & fe réduit aifément en pouffière, d'où l'on conclud que l'eau en petite quantité, influe beaucoup fur la dureté du bois. En effet les fibres ligneufes qui ont perdu prefque toute l'humidité, n'ont prefque plus de force.

ART. 134. *De l'air contenu dans le Chêne.*

ON a vu, article 14, que le chêne a des trachées ou vaiffeaux qui contiennent l'air ; on ne peut pas douter qu'il ne s'y en trouve. La première expérience de M. Duhamel, qu'on vient de rapporter, admet 42 gros 16 grains en diffipation ; il eft probable qu'il réfidoit dans ce qui a été diffipé une partie d'air qui s'eft échappée avec la vapeur. Il eft fi vrai qu'il fe trouve beaucoup d'air dans le bois, que fi l'on ne prenoit certaines précautions lors des opérations chymiques, l'air briferoit les vaiffeaux qu'on emploie pour la diftillation. Halès dit que l'air furpaffe le volume du corps végétal, dans lequel il eft refferré & corporéfié ; que le bois de chêne en contient 216 fois le volume, & que fon poids eft environ du quart de celui du bois. On a de la peine à fe perfuader que le volume & le poids de l'air foient auffi confidérables : il y a d'habiles Chymiftes qui en doutent : ainfi il feroit très-poffible que de nouvelles expériences fîffent voir l'erreur de M. Halès.

Tous les corps des végétaux font dans des vibrations continuelles, qu'ils doivent à l'action du feu élémentaire. L'air, à l'aide de cet agent, entre plus ou moins facilement dans les corps en raifon de leur furface ; outre la pefanteur & l'agitation continuelle qui exifte dans l'air, il eft encore chargé de parties d'eau qui s'incorporent dans les végétaux par l'intromiffion de l'air : ainfi, il eft poffible qu'on ait compris dans le poids de l'air toute l'eau que l'air entraîne avec lui.

Le chêne, qui a les pores plus ferrés que les autres arbres, doit renfermer moins d'air.

ART. 135. *Des Métaux contenus dans le Chêne.*

Il y a très-long-tems que Becker & Henckel ont dit que le fer & l'or étoient des parties conftituantes des végétaux. M. le Sage, célèbre Chymifte, s'en eft affuré par des expériences réitérées qu'il a faites. Il n'a trouvé, dans un quintal de bois de chêne, que la deux cent trente-fixième partie de fon poids de cendre, 100 grains de fer, & 2 ou 3 grains d'or. Il n'a point obtenu d'or du bois de chêne flotté qui étoit écorcé ; il y a lieu de croire que les métaux réfident dans l'écorce du chêne ; c'eft ce que de nouvelles expériences nous apprendroient.

ART. 136. *Des Sels alkalis, retirés des cendres de Chêne.*

Les opinions font partagées fur les fels alkalis. De célèbres Chymiftes foutiennent qu'ils exiftent dans les végétaux avant d'être brûlés ; qu'ils ne font que des combinaifons de terre liée avec du phlogiftique ; d'autres, que le fel alkali réfulte des fels effentiels ; enfin, que ces fels alkalis font l'ouvrage du feu ; d'autres, que fi on enlevoit les parties graffes par l'efprit de vin, on ne retireroit plus de fel alkali, & de même fi on emportoit tout ce qui peut être diffous par l'eau. Quoiqu'on n'admette point commu-

nément d'alkali dans le genre des végétaux , cependant il n'eſt pas impoſſible qu'ils en aient tiré de la
terre. M. Bourdelin , après avoir paſſé pluſieurs
fois de l'eſprit de vin ſur des cendres , a encore retiré du ſel alkali. On donne auſſi pour preuve de
ſon exiſtence , de ce qu'il eſt tout formé de nitre ,
& qu'en verſant de l'acide nitreux ſur le nitre fixe ,
on régénère un vrai nitre , tout-à-fait ſemblable à
celui qu'on avoit décompoſé , & que ce nitre régé-
néré ne diffère en rien du premier , qui aſſurément
a pour baſe un ſel alkali fixe. L'opinion la plus générale étant que ces ſels ſont l'ouvrage du feu ordinaire, on s'en tiendra à ce ſentiment. On donne le
nom d'alkali fixe à la matière ſaline qu'on retire d'une
plante , qui produit ſur la langue une ſenſation brû-
lante , & lui imprime un goût d'urine.

ART. 137. *De la ſuie de cheminée.*

En diſtillant à la cornue , au dégré ſupérieur de
l'eau bouillante , la ſuie de cheminée , qui eſt pro-
duite de la fumée du bois , mis en combuſtion , le
réſultat eſt du phlegme ou de l'humidité , un acide ,
une huile & un alkali volatil , d'abord ſous forme
fluide , enſuite ſous forme concrete. On prétend démontrer l'exiſtence des ſels volatils & de l'huile empireumatique dans le bois , par la douleur & la cuiſſon
que les vapeurs du bois font éprouver , ſoit aux yeux
ou à la poitrine. Quand la première fumée eſt paſſée ,
la vapeur du charbon , qui n'eſt que du phlogiſtique ,
eſt très-ſuffoquante ; on le répète , toutes ces ſubſtances ſont l'ouvrage du feu ordinaire , & on ne doit tirer
aucunes conjectures de leurs effets.

ART. 138. *Des ſubſtances du Gland & des Feuilles de Chêne.*

Le gland donne une farine fine , qu'on nomme
amidon. Lorſqu'on la diſtille à la cornue , elle donne
un peu de phlegme , un eſprit acide, clair , & de
l'huile empireumatique ; il reſte au fond de la cor-

nüe, en affez grande quantité, une fubftance char-
bonneufe : cette fubftance eft encore l'effet du feu
ordinaire. M. Geoffroi, Apothicaire, dit que les feuilles de chêne font ftiptiques, un peu amères, qu'elles
rougiffent beaucoup le papier bleu, & que le gland
le rougit bien fort ; il eft d'une faveur auftère. Il
avance qu'indépendamment de la liqueur acide qu'on
tire des feuilles de chêne, on en obtient qui eft
un peu urineufe, ainfi que du fel volatil concret,
& beaucoup d'huile & de terre.

Art. 139. *De la Réfine & de la Térébenthine.*

Ces fubftances ne font point l'effet du feu ordinaire
de la chymie ; elles exiftent dans les pins & fur les
fapins. La réfine eft naturelle, & fe montre d'elle-
même. Si l'on fait des plaies aux pins, il en découle
une liqueur qui eft graffe, oléagineufe, inflammable, qui fe diffout dans l'huile, & non dans l'eau ;
elle eft compofée de parties fulphureufes, unies avec
de l'acide : il y en a de deux efpèces, l'une coulante,
& l'autre réfine sèche. De cette dernière on obtient
par la diftilation un peu d'effence de térébenthine ; ce
qui refte dans la cucurbite eft la réfine sèche, ou la
colophone, ou brai fec, qui fert à enduire les étoupes qu'on emploie pour calfater ou boucher les
jointures des bordages ou des membres des vaiffeaux.
Le bois du pin, réduit à petit feu, donne du goudron, dont on fe fert pour enduire les cordages & le
corps des bâtimens de mer, pour les empêcher de
pourrir & de fe fendre. Si l'on diftille les réfines à la
cornue, on voit paffer d'abord une huile tenue ; elle
s'épaiffit & devient empireumatique : cette huile eft
un vrai goudron ; il refte au fond de la cornue une
fugilinofité ou charbon gras ; dans cette diftillation,
il paffe un peu d'acide.

La térébenthine fe trouve en très-grande quantité à
la cime du fapin, entre le bois & l'écorce ; elle eft naturelle dans ces arbres ; elle s'accumule dans des veffies
qui gonflent l'écorce & la font crever. Cette térében-

thine eſt très-claire , réſineuſe & liquide ; lorſqu'elle eſt recuite , elle a l'odeur de l'écorce de citron ; elle jaunit & s'épaiſſit avec le tems. On tire de la térébenthine une huile eſſentielle ; elle ſert aux Peintres pour rendre leurs couleurs plus coulantes.

ART. 140. *On ne trouve pas dans la terre les ſubſtances qui exiſtent dans les arbres.*

QUOIQU'IL ſoit certain que les végétaux tirent leurs ſubſtances de la terre , les Chymiſtes les plus habiles n'ont pu extraire de la terre les réſultats de l'analyſe des végétaux. On en donne une raiſon ; c'eſt que les feuilles pompent pendant la nuit les ſucs répandus dans l'atmoſphère , & que les végétaux doivent auſſi à l'air une partie des ſubſtances qui les compoſent. Toutes les plantes végètent plus ou moins , ſuivant la qualité de la terre. Si on y apporte des engrais, comme du fumier , des plantes pourries , de la marne, de la glaiſe , de la chaux calcinée , des coquilles , des foſiles , même du ſable, le tout en proportion & ſuivant la nature du ſol, il en réſulte d'excellentes & d'utiles productions. Peut - être que pluſieurs de ces cauſes ſe combinent ; mais il eſt au-deſſus de l'eſprit humain d'en démêler les procédés. Les prodiges de la végétation ſont faits pour nous étonner , ainſi que les productions ordinaires & annuelles , auxquelles on ne fait pas aſſez d'attention. Ce qui paroît ſurprendre les Phyſiciens , c'eſt qu'une même terre , une même nourriture , produiſent un nombre de végétaux ſi différens les uns des autres par leur forme, leur odeur, leur ſaveur & les propriétés particulières & oppoſées qui s'y rencontrent. Quoique les mêmes terres , les mêmes engrais, produiſent toutes ſortes de végétaux , il ne faut pas cependant fatiguer la terre, pour lui faire rapporter la même eſpèce. On voit tous les jours qu'un terrein uſé par une futaie trop ancienne de chêne ou autres bois, produit de lui-même une eſpèce différente ſans y reprendre de graine , après que l'ancienne

futaie a été coupée. Il en eſt de même des autres
bois, lorſque le ſol a été abſolument épuiſé ou effruité
des ſucs qui leur étoient propres ; il y vient naturellement des végétaux d'une autre eſpèce. Voyez
ce que j'ai dit à l'analyſe du titre 6.

Les légumes , qui ſont des plantes délicates ,
veulent être changées au moins tous les deux ou trois
ans : il y en a qui demandent à l'être tous les ans. Les
prés , ſoit naturels , ſoit artificiels , ſe laſſent de produire. Il eſt indiſpenſable au bout de 10 ans ou
plus de les retourner pour y mettre du grain, pendant pluſieurs années. Les terres à froment en produiſent toujours ; mais l'année où l'on y met de
l'avoine , & celle de jachères , les repoſent ; d'ailleurs
la quantité de labours qu'on leur donne dans l'eſpace de 3 ans , & les engrais qu'on y répand , ré-
génèrent le terrein : ainſi, il ne faut pas être étonné
s'il vient tous les trois ans dans une même terre
de beaux bleds , ſur-tout ſi l'on a ſoin de tems
en tems de changer les ſemences , pour prévenir
qu'elles ne dégénèrent.

On peut conclure de tout ceci , que les principes
qui compoſeut tous les végétaux ſont à peu près
les mêmes, & que le ſecret de la nature eſt impé-
nétrable.

TITRE XV & dernier.

Des Bois en général , & des moyens d'en procurer à la Marine.

INTRODUCTION.

Ce titre renferme des détails qui ne paroiſſent
d'abord avoir aucun rapport à la Marine : cependant, comme il eſt vrai que tout ce qui concerne les
bois peut y être relatif , on a cru qu'on pouvoit

rappeller dans ce titre ce qui s'eſt paſſé & qui a été dit depuis la fin du dernier ſiècle , dans la vue de donner une idée générale des bois de France, pour juger par les produits & les conſommations, quels ſont nos beſoins & nos richeſſes , & ſi réellement on doit être inquiet ſur cette partie.

La garde & la conſervation des forêts, l'économie ſur les conſommations de tout genre, les plantations à faire , préſentent pour tous les beſoins, & par conſéquent pour la Marine , des reſſources. éloignées à la vérité , mais dont les moyens ſont certains , ſi l'on a l'attention de les employer.

A R T. 141. *De l'opinion ſur les bois depuis 60 ans.*

ON a cherché depuis très-long-tems a répandre l'alarme ſur l'éfat des bois. Dès l'année 1721 M. de Réaumur fit imprimer un Mémoire dans lequel il annonça que les bois de charpente & pour les autres uſages, étoient très-rares, que ceux pour le chauffage diminuoient, & qu'il étoit à craindre que les établiſſemens de forges , de fourneaux à feu & les verreries, ne tombaſſent faute de bois, parce que la conſommation pour ces différens uſages , étoit augmentée , & que l'inquiétude étoit générale ſur le dépériſſement des bois. On ignore la ſenſation que ce Mémoire fit dans le tems de cette fatale prédiction , & les précautions qu'on a priſes ſur cet objet intéreſſant ; mais on peut aſſurer que depuis 1721 la conſommation de toutes ſortes de bois a toujours été en augmentant, qu'elle ſe trouve doublée aujourd'hui, & qu'on ne s'eſt point apperçu que les bois aient manqué. On peut même dire que l'abondance a toujours régné en France , & l'on doit eſpérer qu'elle y règnera toujours. Dans le tems que M. de Réaumur écrivoit , le bois étoit à vil prix dans pluſieurs Provinces ; le prix de la voiture ſurpaſſoit ſouvent de plus de moitié celui de l'achat. Depuis 1721 le prix a monté graduellement, excepté à Paris, pour le bois de chauffage , où la taxe a été à peu près la même, diftraction faite des droits. L'augmentation générale de prix fur tous les bois du Royaume, ne prouve ni la difette, ni le dépériffement des forêts. On doit attribuer en partie cette révolution à l'augmentation du numéraire, qui a fait hauffer toutes les denrées, & à l'accroiffement des richeffes de l'Etat, par l'activité du commerce intérieur & extérieur.

On va prouver que la crainte de M. de Réaumur, & de tous ceux qui ont eu la même opinion que lui, étoit mal fondée. En effet, il n'a rien été changé dans la partie des bois depuis 1721, la confommation a toujours été en augmentant; il en réfulte que fi le dépériffement eût été tel qu'on l'annonçoit, il n'y auroit plus à préfent de bois en France, & que les produits des domaines du Roi feroient diminués & réduits à peu de chofe, au lieu d'être augmentés. On ne peut pas favoir pofitivement la révolution qu'il y a eue fur les bois des particuliers; mais on croit que les progrès fur les prix ont été les mêmes que fur ceux du Roi & des Gens de mainmorte, dont l'adminiftration eft confiée aux Officiers des Eaux & Forêts. Les confommations de la Ville de Paris, & les produits des bois du Roi, dont on a connoiffance depuis 1721, vont donner des lumières d'après lefquelles on pourra tirer des conféquences juftes fur l'état des bois, dans la révolution qui s'eft opérée depuis environ 60 ans.

ART. 142. *De la confommation des Bois depuis* 1730.

CE n'eft que par des faits qu'on va faire voir l'erreur de M. de Réaumur. La confommation de la Ville de Paris & de la Banlieue, en bois de chauffage, n'eft connue que depuis 1730, époque où l'on a commencé à tenir à cet égard des regiftres à la Ville. En cette année il a été confommé à Paris 366,605 voies de bois neuf, flotté ou de gravier. On peut imaginer que la confommation n'étoit pas

fi confidérable en 1721 , ni pendant les années précédentes , fi on fe rappelle la décadence des fortunes
caufée par le fyftême arrivé en 1720. Ainfi on peut
avancer qu'elle étoit bien moindre que celle de
1730. Depuis cette année elle a toujours augmenté.

En 1739 elle a été de 418,837 voies.

En 1751 , époque où il a été mis un droit de 1 liv.
10 f. 8 d. par voie, elle a été de 469,615 voies.

En 1756 , on a ajouté un droit de 3 liv. 1 f. 6 d.
la confommation a encore été plus forte ; elle a
monté à 573,166 voies.

Elle a encore augmenté jufqu'en 1759 , époque où
elle a diminué de cent mille livres , enfuite elle eft
remontée.

En 1765 , jufqu'en 1771 , où elle a été de 559,176
voies, le droit a été augmenté cette année de 13 f. 3 d.

La plus grande progreffion s'eft faite depuis 1776
jufqu'en 1778. La confommation a été de 627,420
voies , ce qui eft fûrement plus du double de l'année
1721 , où M. de Réaumur écrivoit.

Dans la confommation dont on vient de parler , il
n'eft point queftion de celle de l'Hopital-Général ,
de l'Ecole Militaire, des Invalides qui a été de 13,500
voies, ni du bois que les Privilégiés ont fait venir
de leurs terres.

Il y a tout lieu de croire que la confommation
en bois pour les différens ufages, a fuivi la progreffion de celle du bois de chauffage , & qu'elle a été en
proportion de Paris dans toutes les Villes du Royaume.

Les forges & fourneaux, les fonderies, les verreries , les tuileries, les falines & autres ufines ont
augmenté depuis très-long-tems leur travaux ; par
conféquent la confommation en bois a été plus
confidérable. Il a encore été établi depuis M. de
Réaumur, beaucoup de nouvelles ufines, qui ont
multiplié les confommations en bois. On ne fe feroit point prêté à leur établiffement , s'il n'y en avoit
eu fuffifamment pour les alimenter.

D'après les faits qu'on vient de rapporter , il y

auroit au premier coup-d'œil de quoi s'alarmer à la vue des dernières confommations ; mais on verra par par la fuite qu'on peut être tranquille fur les bois de chauffage , & que loin d'éprouver difette à cet égard, il y aura abondance, fi les Particuliers riches , au lieu de défricher leurs bois, veulent diriger leurs vues économiques, en faifant de nouvelles plantations dans les terreins incultes, pour augmenter leur revenu, & fi , en faifant un facrifice momentané, ils fe déterminent à ne couper les taillis qu'à 25 ou 30 ans.

La bonne adminiftration des bois des Gens de main-morte & de ceux du Roi, affure une très-grande partie de bois pour les différentes confommations, parce que l'on coupe annuellement à peu près le même nombre d'arpens.

Les gros bois pour toutes fortes d'ufages, deviendront peut-être par la fuite plus rares, fi l'on diffère de prendre des précautions ; mais on peut affurer que l'abondance a toujours régné jufqu'à préfent, & que tous les ports & les chantiers font fuffifamment garnis de bois de charpente, fans que les prix en foient augmentés : ainfi il y a lieu d'efpérer que la difette ne fe fera pas fentir, fur-tout fi la confommation n'augmente pas confidérablement, & fi l'on ne force point les coupes de futaies.

Les bois de menuiferie de France n'ont jamais manqué ; ceux d'Hollande font devenus très-rares & fort chers depuis long-tems, quoique les Hollandois en achètent toujours de nos forêts de Lorraine & des Vofges ; mais il eft aifé d'y remédier, fi l'on veut perfectionner nos fcieries, ou en conftruire de nouvelles parcilles à celles d'Hollande, & fi l'on obferve la manière de refendre les bois, (ainfi qu'on l'a indiqué article 100 des bois de fciage) il eft certain qu'on en fera toujours fuffifamment pourvu.

ART. 143. *Du produit des Bois depuis 1694.*

CE n'eft que fur des bafes certaines qu'il eft poffible d'affeoir des conféquences relatives à l'état des bois paſſé & préſent. Toutes les allégations répandues dans les écrits du ſiècle , ſont vagues. On s'eſt acharné juſqu'a préſent à décrier les bois , & on a jugé le Royaume ſur des cantons en mauvais état ; on ne s'eſt pas même donné la peine de dire les cauſes du dépériſſement de certaines parties , par l'envie de re-jetter la faute ſur ceux qui ſont chargés de veiller à la conſervation des forêts.

On a répandu avec affectation que les bois du domaine du Roi ne lui rapportoient rien , & même qu'ils lui étoient à charge. Dans la vue de ſe faire aliéner , concéder ou échanger les forêts du Roi , on n'a rien épargné pour donner de fauſſes impreſ-ſions ſur cette partie du domaine de la Couronne. Ce domaine eſt le plus beau , le plus utile , & il a fait l'objet de l'attention dès les premiers tems de la Monarchie. Dans tout ce qui a paru , pour le décrier , on s'eſt bien gardé de citer le produit des forêts du Roi , c'eſt ce qui a déterminé à en faire l'objet de cet article.

Pour développer ce myſtère , qu'on a ſoigneuſe-ment caché , on ne rapportera les produits que depuis les 6 dernières années du ſiècle paſſé. Les produits de 10 années , à compter depuis 1694 juſques & compris 1703 , ont été de 2 millions 200 mille livres. Le produit de l'année 1704 a été à 2 millions 160 mille livres. Le produit commun des années 1719 , 1720 , 1721 & 1722 , a été de 3 millions 120 mille livres , ce qui fait une augmentation d'un million dans l'eſpace de 17 ans.

Dans la révolution de 32 ans , depuis 1722 juſ-qu'en 1753 , les produits ont toujours augmenté. En 1754 , il a été d'environ 5 millions , & les 10 années communes de 1754 à 1763 , donnent à peu près les mêmes produits. Depuis cette dernière époque, juſ-qu'en 1777 , ils ſe ſont encore accrus. Enfin , en 1778 , le produit a monté à 5 millions 500 mille livres. Il ſeroit porté à plus de 6 millions , ſans les aliénations , les apanages nouveaux & les échanges faits depuis 15 ou 20 ans.

On ne comprend pas dans ces réfultats les produits des bois de la Lorraine, qui font à peu près d'un million par an depuis 1766 , que ces bois font réunis au domaine du Roi.

Ainfi depuis 80 ans ou environ , les produits des bois font triples. Il y a donc eu un accroiffement au moins du double fur cette partie , d'autant qu'il eft certain que le prix des denrées & des objets de confommation n'a augmenté environ que de moitié depuis 1694. Ces obfervations font voir que le dépériffement des bois n'eft pas tel , à beaucoup près , que M. de Réaumur & fes Sectateurs l'ont publié.

ART. 144. *Apperçu du dénombrement des forêts & des Habitans du Royaume.*

LES produits des bois & les confommations connues , qui ont fervi de bafe pour affeoir un jugement fur le fait des forêts , va donner une idée jufte fur cet objet. On va effayer de faire voir par des détails & des comparaifons, s'il y a affez de forêts en France pour le nombre de fes habitans.

En 1721 , époque où M. de Réaumur a donné de l'inquiétude fur les bois, on comptoit en France 18 millions d'habitans. On prétend que M. l'Abbé d'Expilly, qui s'eft occupé depuis très-long-tems à faire un nouveau dénombrement , eftime qu'il y en a actuellement 24 millions ; mais comme ce dénombrement n'a point encore été rendu public, & qu'il eft permis d'en douter , on ne portera ici le nombre d'habitans qu'à 21 millions feulement. Voyons s'il y a fuffifamment de bois pour les différens ufages.

Si l'on étoit fûr du nombre & de l'étendue des forêts qui font en France, il ne feroit pas difficile de faire des calculs certains à cet égard ; mais comme on n'eft point encore parvenu à cette connoiffance,

ou

on va effayer d'approcher le plus près qu'il fera poffible de la vraifemblance , par les objets qui font connus & ceux qui feront fuppofés.

Le Roi poſsède à différens titres , non compris la Lorraine & la Champagne , environ 12 cents mille arpens de bois.

Il y a en Champagne & en Lorraine au moins 1500 mille arpens appartenans au Roi , aux Gens de main-morte, aux Seigneurs & aux Particuliers. Ces deux Provinces, qu'on croit être les plus peuplées en bois , compofent deux départemens.

On ignore ce qu'il peut y avoir de bois dans les 17 autres ; mais comme il eft certain que toutes les Provinces de France ne font point également peuplées en bois , fuppofons feulement dans chaque département 200 mille arpens, ce qui paroît foible relativement à la Lorraine & à la Champagne. Dans cette fuppofition les 17 départemens contiendront 3 millions 400 mille arpens , fans comprendre les bois du Roi , & même ceux du Clermontois qui ne font point fous la Jurifdiction des Eaux & Forêts, où il peut y avoir 100 mille arpens au moins.

Ces objets réunis , font 6 millions 200 mille arpens de bois. En les réglant à 30 ans , il en fera exploité 213 mille (compris 6334 , à quoi on évalue les quarts de réferve des Gens de main-morte) , qui donneront 8 millions 540 mille voies de Paris , d'après les Marchands de bois qui efti-ment qu'un arpent de taillis âgé de 30 ans, fur lequel on prend partie des modernes & les futaies dépériffan-tes , donne 20 cordes.

Il faut aufli apprécier les coupes des parcs & des arbres épars plantés dans les terres aux bords des rivières , des ruiffeaux , les arbres des grands che-mins & de traverfe , les avenues , les quinconces , même les vieux fruitiers , les remifes , les char-milles & les haies. Ces bois , dont on coupe tous

les ans une partie, avec ceux provenant du déchi-
rage des bâtimens de mer & de rivière, & des
démolitions des maisons &c., peuvent produire un
million 48 mille voies, ce qui, réuni aux coupes
réglées, fera un total de 10 millions de voies
pour le chauffage du Royaume.

Le bois de charbonnette (appellé ainsi par les
Marchands), qui se trouve après le choix qui a
été fait du bois de corde, est employé à différens
usages, quoiqu'on pourroit encore ôter le plus
gros pour le chauffage. Chaque arpent en produit
60 cordes. Ainsi, les coupes réglées & les bois
épars peuvent encore donner 15 millions de voies.
Ce bois de charbonnette n'a que deux pieds de
long ; mais quoiqu'il soit destiné à être converti en
charbon, cependant on peut le débiter avant la coupe,
en échalas, en perches, en fagots, en bourrées &
en menus bois d'ouvrages, &c.

D'après ces vraisemblances & ces suppositions, on
va faire ensorte d'établir la consommation des
Villes & de la Campagne sur le nombre d'habitans
qui peut s'y trouver. Les anciens dénombremens de
Paris ont fait monter le nombre des habitans à sept
cents cinquante mille ; mais comme il y a lieu de
croire qu'il est augmenté, on le portera à huit
cents mille. Suivant le Livre de M. Doisy, intitulé :
le Royaume de France, imprimé en 1753, le nombre de feux se monte à 3 millions 550 mille 489. En
supposant une augmentation depuis 27 ans, de 49551,
le total sera de 3 millions 600 mille feux ou ménages
pour les 33 Provinces de France. En y ajoutant
200 mille feux pour la Lorraine Françoise &
Allemande & le Duché de Bar, le total général
sera de 3 millions 600 mille feux. Comme on compte
qu'un feu ou ménage est composé au moins de
cinq personnes, cela fera 19 millions d'habitans :
ainsi, reste 2 millions d'habitans pour les Villes.

La confommation de Paris, prife fur les dix dernières années, eft de 5 cent 71681 voies. Celle
des Invalides & des Hopitaux, de 13500 voies.
En évaluant celle des Privilégiés à 28 mille trois cents
dix-neuf voies, il a été confommé année commune
à Paris, qui contient 800 cent mille habitans,
600 mille voies, ce qui fait trois quarts de voie
par chaque habitant.

Les confommations de la Campagne font plus
difficiles à établir ; elles font sûrement bien au-
deffous des Villes, où dans chaque maifon il y a
un grand nombre de cheminées. Un feul feu à la
Campagne fuffit pour un ménage, encore n'eft-il
allumé que le matin & le foir pour cuire les alimens.

On eftime en Champagne qu'une corde de bois
fuffit pour un ménage, non compris les fagots,
les bourées & le charbon de braife ou de bois. En
adoptant cette confommation pour tout le Royaume,
les 3 millions 800 mille feux confommeront 7
millions 600 mille voies. La confommation des
Villes de Provinces ne peut être auffi confidérable
que celle de Paris. On l'évalue à une demi-voie
par habitant, ce qui fera pour les 1200 cent mille
qu'on fuppofe compofer les Villes de Provinces,
600 mille voies. Tous ces objets réunis, donneront
un total de 8 millions 800 mille voies pour le
chauffage de tous les habitans de la France & de
la Lorraine.

On a vu précédemment que les coupes annuelles
& les bois épars produiroient 10 millions de voies :
ainfi il fe trouve 1200 milles voies de plus qu'il
n'en faut pour les confommations du Royaume.
Quoiqu'on ait évalué très-bas, c'eft-à-dire à deux
cents mille arpens de bois, chacun des 17
départemens, dont on ignore le nombre, quoiqu'il fe trouve un excédent de confommation de
1200 mille voies de bois, il eft poffible que
certaines Provinces n'aient pas leur fuffifance en
bois, par la raifon que la diftribution des forêts eft

inégale , & qu'il y a des Provinces qui en ont plus qu'elles n'en peuvent confommer , telles que le Berri , le Nivernois , la Lorraine , la Champagne & le Clermontois.

On fouhaite que ce tableau puiffe raffurer les gens inquiets, dont les raifonnemens fur cette partie n'ont jamais eu de bafes certaines. D'après leurs écrits , on croit pouvoir rifquer des apperçus pour donner une idée des confommations en bois. Si on doute de ces calculs , qu'on ne donne que comme des vraifemblances , du moins on ne peut difconvenir que jufqu'à préfent le nombre des forêts a fuffi pour le chauffage de tous les habitans du Royaume.

On penfe avoir porté trop haut la confommation de la Campagne , à caufe de l'économie néceffaire qui règne dans tous les ménages , & relativement aux différens climats, aux occupations ou travaux, & aux ufages de plufieurs Provinces. Il y a lieu de croire qu'il y a un nombre infini de ménages qui ne confomment pas une voie de bois , & qui ne fe chauffent qu'avec des fagots ou des bourrées de braife ou du charbon de bois. Les habitans des pays méridionaux font de ce nombre. Tous les Ouvriers & Ouvrières employés aux ufines à feu n'en confomment guère. La plus grande partie des habitans de la Flandre , du Hainaut , de la Picardie & du Dauphiné & autres , où il y a de la tourbe & du charbon de terre , ne brûlent point de bois , ou n'en brûlent que très-peu. L'ufage des poëles en Alface, peut auffi diminuer les confommations dans cette Province. Combien y a-t-il de miférables dans la campagne qui ne chauffent leurs fours qu'avec du chaume , & d'autres qui ne fe chauffent point du tout Cela n'eft pas difficile à croire fur la maffe des habitans , portée à vingt-un millions. Dans ce nombre immenfe , il y en a malheureufement qui fouffrent de la rigueur des faifons.

Il n'eft pas poffible de fixer les confommations

des bois de charpente & autres pour les différens
ufages , & combien l'on abat annuellement de futaies ; mais on croit que dans toutes les coupes annuelles qu'on a fait monter à 2 cent 13000 arpens ,
on peut évaluer le nombre d'arbres à couper , à
4 par arpent commun , & que chacun peut fournir
10 folives ou 30 pieds cubes , ce qui fera quatre millions de pièces de bois , ou douze millions
de pieds cubes par an pour les différentes confommations , non compris les arbres épars , qui doivent
en produire beaucoup.

On ne fait point état des bois qui viennent de l'E-
tranger , parce qu'il peut en fortir du Royaume à
peu près autant qu'il en entre. Comme le bois de
charpente & autres n'ont point manqué jufqu'à préfent , & que l'abondance a même toujours régné à
cet égard , malgré l'augmentation de trois millions
d'habitans & la confommation doublée depuis 1721 ,
époque où M. de Réaumur a écrit fur les bois , on
voit que nous ne fommes pas dans une pofition
aufli fâcheufe qu'on a voulu le faire croire , & qu'on
cherche encore à le perfuader.

Art. 145. *De la garde des Forêts.*

L a garde de tous les bois du Royaume eft confiée
pour l'ordinaire à des gens qui ont à peine de quoi
fubfifter eux & leur famille , & à des fujets reconnus
mauvais. C'eft aux Gardes qu'on peut en partie attribuer le dépériffement des forêts , foit parce qu'ils fe
laiffent corrompre , ou qu'ils s'occupent d'autres chofes, en fe livrant au braconnage. C'eft fur cette claffe de
mercenaires qu'il convient de porter fon attention. On
fait en général que les bois font mal gardés , cela
doit être dans les Provinces où les gages que l'on
donne , fuffifent à peine pour affurer la fubfiftance
des Gardes , & fournir à leur entretien. Cela peut
venir aufli de la difficulté de trouver de bons fujets.

Il est possible de remédier à ces deux points essentiels. 1°. En confiant la garde des forêts à des Soldats ou Cavaliers sans reproches, qui ont obtenu les Invalides, & qui sont cependant encore en état d'agir ; 2°. en ajoutant à la paye & à l'habillement de l'Hôtel de bons gages ; 3°. en accordant à ces Gardes-Invalides la faculté de revenir à l'Hôtel en cas d'infirmités ; 4°. en leur donnant une petite pension qui seroit prise sur les gages des Gardes successeurs. Toutes ces conditions avantageuses, regardées comme récompenses de services Militaires, feront sûrement trouver de bons sujets qui chercheront à se conserver dans leur place, par la crainte de la perdre ; ils n'auront sûrement pas de complaisance pour les délinquans ; alors les bois seront bien gardés, & ils ne dépériront plus par leur faute.

ART. 146. *De la conservation des Forêts.*

Ce n'est pas seulement la garde des forêts qui contribue à leur conservation ; il est d'autres moyens d'en empêcher la dévastation. Pour y parvenir, il faut 1°. être exact & même sévère sur les pâturages des bestiaux dans les bois. Il seroit à souhaiter qu'il fût défendu absolument pendant six semaines, à partir du moment où le jeune bourgeon paroît. 2°. Il faudroit aussi supprimer la glandée dans les nouvelles coupes de taillis pendant six ans au moins, parce que les porcs empêchent le progrès des glands tombés, en foulant & grouinant la terre pour les chercher. 3°. Il seroit à propos de renfermer dans des parcs entourés de bons murs, les bêtes fauves, destinées au plaisir de la chasse, ainsi que cela se fait en Angleterre pour toute l'année ; mais il suffiroit en France de les y laisser l'hiver & les six premières semaines du printems, pour empêcher la bête fauve de peler le chêne & le châtaignier, & de manger les boutons & les bourgeons tant de ces bois que des autres espèces, ce qui fait un tort inappréciable. Les frais de nourriture dans les parcs plantés en bouleau, feroient bien payés par l'augmentation qu'on obtiendroit lors de la vente des bois. Les garennes forcées pour les lapins, prouvent l'avantage qu'on retireroit de ces parcs pour les bêtes fauves. On employeroit les mauvais terreins & les plus irréguliers, que l'on planteroit en pins ou en bouleaux, s'ils ne l'étoient pas. La première dépenfe pour les clôtures, les hangars, & les frais de nourriture, ne doivent point arrêter, fi l'on confidère ce qu'il en coûte pour fe procurer le plaifir de la chaffe, dont non-feulement on ne retire aucun fruit, mais qui caufe tant de dommages aux bois & à la culture des terres, & nuit également aux Seigneurs & aux Particuliers, & par contre-coup au Souverain pour la perception de fes droits.

ART. 147. *Du dépériffement des Forêts.*

CEUX qui ont écrit fur l'état des bois, n'ont point dit la véritable caufe du dépériffement, fur-tout de certaines forêts à portée des Villages, dont les habitans n'ont point de bois communaux, & qui, pour la plus grande partie, font compofées de Manouvriers à qui leurs facultés ne fournifent pas les moyens d'acheter du bois. Pour y fuppléer ils vont eux-mêmes ou envoient leurs enfans dès le bas âge, ramaffer du bois dans les forêts qui les avoifinent : c'eft auffi l'occupation des femmes & des filles. Non contens du bois mort ou du mort-bois, qui ne fuffit pas pour leur chauffage, ils commettent toutes fortes de délits. Cette manière de fe procurer de quoi fe chauffer, étant répétée très-fouvent, il n'eft pas poffible qu'à la longue les forêts ne foient dégradées, & c'eft une des caufes principales du dépériffement des bois.

Il feroit à fouhaiter, pour l'amélioration des forêts, qui ne dépend pas feulement de la garde & de la confervation, que l'on pût affurer à chaque ménage (dans les lieux où il n'y a pas de bois communaux), à peu près ce qui lui eſt néceſſaire pour ſon chauffage. Si l'on pouvoit y parvenir, ce que je ne crois point impoſſible, alors il faudroit être plus ſévère ſur les délits , & rendre reſponſable le Corps des Communautés , pour ceux qui ſeroient commis par les habitans quelconques.

Les précautions qui ont été priſes, il y a très-long-tems, pour éviter la fraude, en faiſant payer le trop bû & en obligeant de prendre du ſel pour la conſommation de toute l'année , ont ſûrement arrêté les fraudes & les abus qu'on vouloit abolir dans ce genre. Pour empêcher la dévaſtation des forêts, ne doit-on pas chercher les moyens de pourvoir au néceſſaire , mais d'une manière qui ne ſoit point onéreuſe aux gens de la Campagne ?

Le chauffage eſt de première néceſſité : il contribue à la ſanté & à la vie ; il faut abſolument du bois pour la cuiſſon des alimens, & pour ſe préſerver des rigueurs de l'hiver. On ne peut élever des enfans ſans feu, ſur-tout dans les Provinces qui ſont au nord. On doit gémir de ſavoir qu'il y a un nombre infini d'habitans qui manquent de bois, & qui ſont obligés de ſubir la peine que la Loi impoſe à ceux qui n'en ayant point, s'en procurent illicitement lorſqu'ils ſont à portée de le faire ; il eſt également fâcheux de ſavoir qu'il y a des habitans qui , à défaut de bois, ſont dans la néceſſité d'employer le chaume , & quelquefois la paille , pour chauffer leur four. Les habitans de la Champagne pouilleuſe ſont forcés d'avoir recours à cet uſage, ce qui porte le plus grand préjudice aux terres , qui par ce moyen ſe trouvent privées d'engrais, faute de paille.

Je ne doute pas qu'on ne cherche un jour à prendre des meſures pour ſoulager les miſérables. En les faiſant jouir de ce qui leur eſt néceſſaire, on parviendra à l'amélioration des forêts , dont le dépériſſement eſt cauſé par la dévaſtation de ceux qui manquent de bois, & qui n'ont pas les moyens de s'en procurer.

ART. 148. *Plantations au profit des Communautés.*

LES trois articles précédens ont fait voir ce qui étoit néceſſaire pour l'amélioration des bois exiſtans. Celui-ci a pour but de les multiplier, en faiſant uſage des terreins qui ſont en friches, & en procurant des bois aux Communautés d'Habitans, pour prévenir les délits. Si l'on veut faire attention aux défrichemens qui ont été faits dans le tems où le bois étoit à vil prix, & même depuis que ce prix eſt augmenté, on ſentira la néceſſité de faire des plantations dans des terreins qui ne ſont point en valeur, & qui étoient peut-être autrefois en bois.

Les moyens économiques qu'on peut employer, ſont 1°. d'engager les Communautés d'Habitans à planter pour leur uſage les terreins vains & vagues, en affranchiſſant ces plantations des impoſitions pendant 60 ans, & en leur donnant encore d'autres ſecours & facilités. Si l'avantage que préſente ce moyen ne détermine pas les Gens de la campagne à faire des plantations, on peut 1°. établir des corvées modérées, dont tout le travail tournera au profit des Communautés. 2°. Engager les Propriétaires de terres en friches à les planter. Ceux qui ſont riches & qui ont des enfans, doivent ſe porter naturellement à cette culture, parce qu'ils en jouiront ou leur poſtérité.

Tout ce qu'on propoſe dans cet article & les 3 précédens, étant mis en pratique, il eſt très-ſûr qu'il y aura annuellement plus de bois à conſommer, & que par la ſuite la Marine y trouvera de grandes reſſources.

ART. 149. *Economie en Bois dans les Uſines.*

APRÈS avoir indiqué ce qui peut procurer plus de bois, il convient d'examiner s'il n'eſt pas poſſible de l'économiſer dans les différens uſages, ſoit en ſuppléant aux bois, ſoit en proſcrivant les abus ſur les confommations. L'ufage du charbon de terre pour certaines ufines étant adopté , on peut être affuré qu'il n'y aura plus de difette à craindre. Rien ne s'oppofe à ce que les Chaufourniers & certaines ufines n'en employent , ainfi que les Plâtriers & les Braffeurs , qui en ont brûlé en 1778 pour leurs fours & leurs chaudières , 65 mille voies , ce qui fait plus d'un douzième de la confommation de Paris. On ignore celle des Provinces ; elle doit être confidérable.

En Flandre & en Hainaut on fait ufage du charbon de terre pour les fours à chaux & pour les brafferies ; en Dauphiné , pour cuire le plâtre ; dans le pays de Liége on s'en fert pour les fonderies , les martinets & tous les travaux de la ferronnerie & de la clouterie , qui occupent au moins 30 mille Ouvriers ; mais on ne l'emploie point dans les fourneaux & dans les forges , parce que le feu de charbon de terre ne rapporte pas la vingtième partie de la dépenfe, & que le fer fondu avec du charbon ou de la houille , eft très-caffant. C'eft ce qui m'a été affuré par M. l'Abbé de Saint-Hubert ; cependant en Dauphiné on en fait ufage. Les effais qui ont été faits en Champagne , ont démontré qu'on pouvoit s'en fervir pour fondre la mine , en mêlant le charbon de terre défoufré avec celui de bois.

La verrerie de Séve qui , dans les premières années de fon établiffement , ne brûloit que du bois , eft à préfent alimentée de charbon de terre. Ce feu eft très-économique : ainfi l'on pourroit obliger les Baigneurs , les Salpêtriers & autres qui fe fervent de bois , d'y fuppléer par du charbon.

La Flandre , une partie de la Picardie , le Hainaut & les autres Provinces qui peuvent fe procurer du charbon de terre ou de la houille , en confomment journellement. Les petits ménages ne brûlent point de bois , qui eft très-cher. Dans les grandes maifons on en chauffe les poëles. Les plus grandes cuifines s'en fervent habituellement ; il y a même des Gens économes qui en brûlent dans leurs appartemens. Dans ces Provinces, les Hopitaux Militaires & autres, & les Maifons publiques, ne confomment que de la houille. Il feroit à fouhaiter qu'on adoptât ce chauffage au moins pour tous les établiffemens publics, les Monaftères, les Communautés, & qu'on en fît ufage dans toutes les Auberges & les Cabarets.

Ce feroit un grand foulagement pour les forêts, fi l'on pouvoit parvenir à procurer du charbon de terre à ceux qui peuvent en confommer, & un moyen d'affurer à ceux qui font obligés de brûler du bois, de n'en jamais manquer. Il eft certain qu'en diminuant la confommation des Villes & des Ufines, on pourroit parvenir à régler à 30 ans les forêts qui en font fufceptibles, que l'on coupe au-deffous de cet âge, ce qui procureroit de plus beaux arbres pour la Marine, & même plus de bois de chauffage par la fuite.

ART. 150. *Economie en Bois de charpente.*

COMME il eft à craindre que les bois de charpente deviennent rares, il eft poffible, par une économie dans les conftructions, & en fupprimant de mauvais ufages, d'empêcher qu'on n'en manque un jour. En confidérant qu'il faut 120 & 150 ans pour former un chêne de 12 à 15 pouces d'équarriffage, on doit fe refufer à l'employer pour des objets qui durent très-peu de tems, étant expofé à l'air ou recouvert de plâtre, parce qu'il fe conferve des fiècles dans l'eau fans être altéré, & dans l'intérieur des maifons, lorfqu'il eft abrité.

D'après ces faits il faut abfolument profcrire l'ufage des barrières, qui confomme une très-grande quantité de bois de charpente, qui eft en pure perte, & qu'on eft obligé de renouveller au moins tous les 20 ans, puifqu'on peut y fuppléer par des barrières

de fer , foutenues par des bornes de pierres dures
ou de fonte , telles qu'à Verfailles , en avant des
Ecuries du Roi, où l'on a fait un trottoir pour les
gens de pied , à Paris à la nouvelle Halle , à l'Opéra
& dans plufieurs grandes maifons. La première dépenfe , quoique plus confidérable , procure de
l'économie, parce qu'on n'eft point obligé de la renouveller.

Par une autre mauvaife habitude , on débite en
petites billes , pour faire du bois de fente, les plus
beaux chênes qui font précieux pour la Marine.
Les Boiffeliers en font des caiffes de tambours , des
bordures , des tamis , des minots , des boiffeaux &
autres mefures : on en fait auffi des corps de fceaux
pour les porteurs d'eau. On choifit les plus beaux
arbres de 4 à 5 pieds de diamètre, qui font fans
défauts, pour faire les fceaux de 10 à 13 pouces
de largeur , attendu qu'il faut carteler les chênes ,
c'eft-à-dire les fendre en quatre, pour en ôter le cœur ,
qui eft toujours confommé, enfuite on les fend en planches de 3 à 4 lig. d'épaiffeur , & on les dreffe à la plane.

Tous ces menus ouvrages , qui durent très-peu
de tems, & auxquels on peut employer le fer blanc &
le cuivre, confomment les plus belles charpentes. Il
y a des Provinces où l'on débite les plus gros chênes
pour faire du merrain, ce qui eft encore abufif.

Les conftructions des maifons font fufceptibles
d'économie ; il eft poffible de les faire plus folides , & d'employer un tiers de moins de charpente.
La pierre de meulière, le moëlon & le plâtre, font
affez communs, pour défendre les conftructions en
pans de bois, qui coûtent davantage & qui durent
moins , parce qu'on les recouvre de plâtre. D'ailleurs elles font plus fujettes à être la proie des
flammes. Les poitreaux , les linteaux des fenêtres &
des portes, peuvent être fupprimés dans les grandes conftructions qu'on veut rendre durables. Il n'arrive
que trop fouvent qu'on eft obligé de remettre des

poitreaux, foit parce que les bois fe confommer t naturellement, ou parce que l'eau qui filtre entre les murs & les planchers les pourrit. Si l'on faifoit attention aux dépenfes de différentes natures qu'entraînent ces fortes de réparations, on ne balanceroit pas de ceintrer les ouvertures qu'il eft néceffaire de laiffer, pour l'agrément & la commodité des bâtimens. Si l'on préféroit de leur donner une forme quarrée, ainfi qu'aux fenêtres, on le pourroit, en foutenant les pierres de taille avec des barres de fer, qui affureroient encore la folidité.

Depuis les conftructions à l'Italienne, on eft dans l'ufage de mettre du bois dans les entablemens des maifons, pour leur donner plus de faillie, & afin de pouvoir y mettre affez de fer pour foutenir des charges de plâtre confidérables. Ces mauvaifes conftructions expofent immanquablement les Propriétaires à de fréquentes réparations, parce que les bois enfoncés dans le plâtre humide, ne manquent pas de fe pourrir, fur-tout lorfqu'ils reçoivent l'égoût des toîts, par les léfardes qui fe forment. On ne fauroit croire combien on emploie de bois de charpente fans néceffité, dans toutes les nouvelles conftructions qui font furchargées d'ornemens. En obfervant une fage économie fur cette partie, on diminueroit confidérablement la confommation des bois, ce qui en procureroit davantage à la Marine.

Les manfardes font encore des conftructions très-coûteufes ; elles employent auffi beaucoup de bois. On peut y fuppléer, en élevant un dernier étage droit en maçonnerie, qui eft bien plus commode pour placer des fenêtres. En adoptant cette conftruction, on ne fera plus en danger de fe bleffer à des charpentes & aux lucarnes, auxquelles d'ailleurs on peut mettre le feu. Si on les fupprime, il y aura auffi plus de folidité, & moins d'entretien aux couvertures, parce qu'il eft poffible de donner plus de pente aux greniers, qui ne peuvent être d'aucun ufage, par leur peu d'élévation, & à caufe de la difpofition des charpentes qui les tra- verfent. On trouvera peut-être que ces détails font minutieux ; mais lorfqu'on fera attention à la pro- digieufe confommation des bois de charpente & de chauffage, on ne pourra fe refufer de convenir qu'il eft néceffaire d'adopter un plan général d'é- conomie fur les chauffages des ufines, & de fup- primer une infinité de mauvais ufages dans l'em- ploi de la charpente. Ce font là en effet les vrais moyens de fe procurer des bois pour la Marine & les bâtimens civils, & de n'en jamais manquer.

Tels font, en fubftance, les principes & les idées que j'ai cru devoir raffembler fur les bois de Marine. C'eft le réfultat des connoiffances que j'ai acquifes par une longue expérience. Je défire avoir rempli l'objet d'utilité que je me fuis pro- pofé : j'efpère au moins qu'on me fera gré de mon intention patriotique.

FIN.

PRIVILÉGE DU ROI.

LOUIS, par la grace de Dieu, Roi de France & de Navarre : A Nos amés & féaux Conseillers, les Gens tenans nos Cours de Parlement, Maîtres des Requêtes ordinaires de notre Hôtel, Grand-Conseil, Prévôt de Paris, Baillifs, Sénéchaux, leurs Lieutenans Civils, & autres nos Justiciers qu'il appartiendra : SALUT. Notre amé le Sieur CLOUSIER, Imprimeur-Libraire à Paris, Nous a fait exposer qu'il désireroit faire imprimer, & donner au Public, *l'Instruction sur les Bois de Marine, contenant des détails sur la Physique du Chêne, &c.* par M. TELLÈS D'ACOSTA, Grand-Maître des Eaux & Forêts de Champagne, s'il Nous plaisoit lui accorder nos Lettres de Privilége pour ce nécessaires. A CES CAUSES, voulant favorablement traiter l'Exposant, Nous lui avons permis & permettons par ces Présentes, de faire imprimer ledit Ouvrage autant de fois que bon lui semblera, & de le vendre, faire vendre & débiter par tout notre Royaume, pendant le temps de dix années consécutives, à compter de la date des Présentes, & encore pendant la vie dudit Sieur TELLÈS, si celui-ci survit à l'expiration du présent Privilége, conformément à l'article IV de l'Arrêt du Conseil du 30 Août 1777, portant Réglement sur la durée des Priviléges en Librairie. Faisons défenses à tous Imprimeurs, Libraires, & autres personnes, de quelque qualité & condition qu'elles soient, d'en introduite d'impression étrangere dans aucun lieu de notre obéissance ; comme aussi d'imprimer, ou faire imprimer, vendre, faire vendre, débiter, ni con-

trefaire ledit Ouvrage, fous quelque prétexte que ce puiffe
être, fans la permiffion expreffe & par écrit dudit Expofant,
fes hoirs ou ayant-caufes, à peine de faifie & de confifcation des Exemplaires contrefaits, de fix mille livres
d'amende, qui ne pourra être modérée pour la premiere
fois, de pareille amende & de déchéance d'état en cas
de récidive, & de tous dépens, dommages & intérêts,
conformément à l'Arrêt du Confeil du 30 Août 1777,
concernant les contrefaçons. A la charge que ces Préfentes
feront enregiftrées tout au long fur le Regiftre de la Commu-
nauté des Imprimeurs & Libraires de Paris, dans trois mois
de la date d'icelles; que l'impreffion dudit Ouvrage fera
faite dans notre Royaume, & non ailleurs, en bon papier
& beaux caractères, conformément aux Règlemens de la
Librairie, à peine de déchéance du préfent Privilége; qu'a-
vant de l'expofer en vente, le Manufcrit qui aura fervi de
Copie à l'impreffion dudit Ouvrage, fera remis dans le
même état où l'Approbation y aura été donnée, ès mains de
notre très-cher & féal Chevalier, Garde des Sceaux de France,
le Sieur HUE DE MIROMENIL; qu'il en fera enfuite remi
deux Exemplaires dans notre Bibliothèque publique, un
dans celle de notre Château du Louvre, un dans celle
de notre très-cher & féal Chevalier, Chancelier de France,
le Sieur de MAUPEOU, & un dans celle dudit Sieur HUE
DE MIROMENIL; le tout à peine de nullité des Préfentes.
Du contenu defquelles vous mandons & enjoignons de faire
jouir ledit Expofant, & fes ayant-caufes, pleinement &
paifiblement, fans fouffrir qu'il leur foit fait aucun trouble ou empêchement. Voulons que la copie des Préfentes,
qui fera imprimée tout au long, au commencement ou à la
fin dudit Ouvrage, foit tenue pour duement fignifiée, &
qu'aux copies collationnées par l'un de nos amés & féaux
Confeillers, Secrétaires, foi foit ajoutée comme à l'original.
Commandons au premier notre Huiffier ou Sergent fur ce
requis, de faire pour l'exécution d'icelles, tous actes requis
& néceffaires, fans demander autre permiffion, & nonobftant
clameur de Haro, chartre normande & Lettres à ce contraires; CAR tel eft notre plaifir. DONNÉ à Paris le trei-
zieme jour du mois de Décembre, l'an de grace mil fept
cent quatre-vingt, & de notre Règne le feptieme. Par
le Roi en fon Confeil.

Signé, LEBEGUE.

*Regiftré fur le Regiftre XXI. de la Chambre Royale & Syn-
dicale des Libraires & Imprimeurs de Paris, N°. 2092, fol.
421, conformément aux difpofitions énoncées dans le préfent
Privilège; & à la charge de remettre à ladite Chambre les
Exemplaires prefcrits par l'Article CVIII du Réglement de
1723. A Paris, ce 2 Janvier 1781.*

Signé, LE CLERC, *Syndic.*

ERRATA

De l'Instruction sur les Bois de Marine.

PAGES viij, lign. 4, anlyse ; *lis.* analyse.

ix, lign. 4, vetrs ; *lis.* verds.

Idem. lign. 7, toisième ; *lis.* troisième.

4, à la fin du quatrième alinéa, panche ; *lis.* penche.

18, troisième alinea, qui intterrompent ; *lis.* interrompent.

42, lign. 4, Lancaste ; *lis.* Lancastre.

Idem. deuxième alinea, montagne de pin ; *corrigez* couverte de pins & de sapins.

44, ligne 6, de racines ; *lis.* chevelus.

48, lign. 32, couvert, sont ; *lis.* ce ....

51, lign. 31, aura ; *lis.* a

53, lign. 4, rétablissement ; *lis.* repeuple....

75, lign. 34, n'aye ; *lis.* n'ait.

77, lign. 17, qu'il s'en fait ; *lis.* qui.

Idem. lign. 25, puissent ; *lis.* pûssent.

88, lign. 6, étouffées ; *lis.* étoffées.

Idem. 88, lign. 22, de grands filandres ; *lis.* grandes.

93, lign. 13, tois sixièmes ; *lis.* trois.

99, lign. 31, solives, *lis.* solides.

110, lign. 21, occasionne ; *lis.* occasionnent.

115, lignes 17, 18, 20, argue, *lis.* arquent.

120, ligne dernière, & es arrasemens ; *lis.* les arrasemens.

124, ligne dernière, scieure ; *lis.* sciûre.

129, lign. 30, couré, *lis.* coûté.

137, lign. 23, augmenter ; *lis* augmenter.

148, lign 2, extérieur ; *lis.* intérieur.

155, le folio est mal mis. 55 ; *lis.* 155.

Idem. A l'article des pompes ordinaires, on voit 6 chiffres de suite ; ôtez les 2 chiffres du milieu 32.

162, lig. 11, frétés ; *lis.* frettes.

167, lign. 5, extrémirés ; *lis.* extrémités.

172, lign. 12, tels que soient ; *lis.* quels.

174, lign. 17, Appollinus ; *lis.* Apollonius.

Pages. 175 , lign. 27 , piroques *lif.* pirogues.
176 , lig. 2 , Carthagiens ; *lif.* Carthaginois.
179 , quatrième & troisième avant dernières lignes,
endommage, cause ; *lif.* endommagent , causent.
188 , lign. 10 , *du mois*, lif. *du moins.*
193 , ligne 1 , troises ; *lif.* toises.
194 , lign. ante penult., Pots de l'Ocean ; *lif.*
Ports.
196 , lign. dernière , la Saune ; *lif.* la Saône.
199 , lign. 34 , communatoire ; *lif.* comminatoire.
206 , lign. 17, M. le Sage ; *lif.* M. Sage.
209 , lign. dernière, y reprendre la graine ; *lif.*
épandre.
213 , lign. 13 , livres ; *lif.* voies.

Deuxième Errata.

Page XX. ligne 25, *lisez* titre 5, art. 54.

XXI. ligne 1, *lisez* 45 liv. au lieu de 30 liv.

44. ligne 30, *lisez* 4 pieds & demi cubes, & 164 pouces cubes.

66. ligne 3, *lisez* revenus, au lieu de réserves.

69. ligne 33, *lisez* 20 cordes.

ligne 34, *effacez* de port ou 28.

108. ligne 15, *effacez* font.

ligne 16, *lisez* peuvent être destinés.

164. ligne 25, le Pin (*Pinus stobus*), au lieu du Canada.

167. ligne 9, *lisez* melesse ou sapin, au lieu de melisse.

ligne 31, *effacez* les Espagnols l'employèrent, & *lisez* les Espagnols emploient une autre espèce de cédre.

168. ligne 6, *effacez* il croît, & *lisez* le cédre croît en.

ligne 9, *effacez* le cédre du Liban.

ligne 10, *effacez* en, & *lisez* Espagnols font usage de l'Acajou.

ligne 12, *lisez* font de ce bois.

ligne 13, *lisez* l'Oxcicédre, dit vulgairement le petit Cedre ; est du genre des Genevriers, & non des Cédres ; il croît &c.

218. ligne 34, *lisez* 800, au lieu de 600.